デモンストレーション物理学

Physics Demonstration

河盛阿佐子 [編著]

関西学院大学出版会

デモンストレーション物理学

Physics Demonstration

河盛阿佐子［編著］

関西学院大学出版会

三原色

(1) 光の3原色　　　　　　　(2) 色の混合

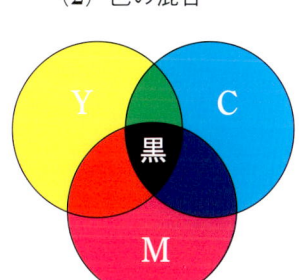

放電管（真空放電）

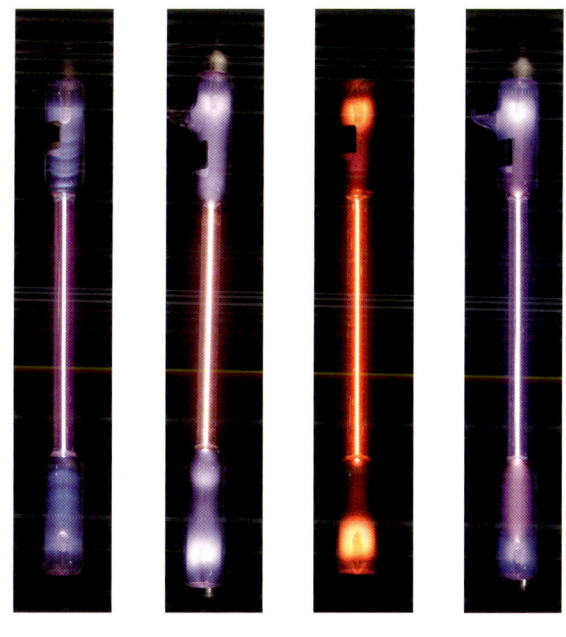

(a) 水素　　(b) ヘリウム　　(c) ネオン　　(d) 窒素

は　し　が　き

　物理学は自然科学のあらゆる分野でその基礎として重要であるだけでなく，その進展に指導的役割を演じており，文化の発達に寄与し，政治，経済を動かし，原子爆弾のように人類の存亡にまで関わってきた．したがって物理学はこれを専攻するものだけでなく，あらゆる分野で基礎として身につけることが必要である．多くの人にとって単に物理の原理を数式などで理解するだけでなく，実験を通じて目で見て経験することにより，さらに理解を助けることが大切である．このテキストは関西学院大学理学部での長い歴史を持つ講義実験を紹介方々まとめて物理教育者の指針となるよう編集したものである．

　関西学院大学理学部創設2年目の1962年に北大理学部より赴任した堀健夫教授は若かりし頃デンマークのBohr研究所のNiels Bohrのもとに留学した折，体験した欧米の講義実験のすばらしさに驚嘆された．日本においても物理学の講義実験を是非実現したいと考え，関西学院大学で赴任した際一年早くより在職した山地健次助教授，山口実験助手らの助けのもとに講義実験を開始した．テキストとして物理学総論を2年にわけ，1こま1時間半の授業を行った．この講義実験の準備は大変な労力で，かかわった者はいわゆる研究などの時間を生み出すことは至難の技であった．最初は手作りの器具を使用することも多く，器具つくりのための時間が相当なものであった．年数を重ねるに従ってその負担が軽減されていったのは設備が整ってきただけでなく，島津製作所などの教育用設備が利用できるようになったことも大きい．この講義実験は聴講した理学部学生の評判がよく，物理学の理解が進むことが周りの教員にも認められて来た．実に100聞は1見に如かずとはこのことである．堀教授の在籍は5年であったが，山地健次が受け継ぎ，実に30年余その内容に磨きをかけたものである．そして講義実験を準備し，補佐する実験助手もトレイニングされてきた．現在は物理教員が物理学を5つの章にわけ，数名の教員で分担している．講義を教員が行い，2名の助手が見せる形式をとっているが，1名でもまた助手の手助けがなくとも講義実験は可能であろう．

　章は力学，熱と波動，電磁気，光学に分けている．各章には基本的な事柄を説明するためのデモンストレーションをあげ，参考の実験セットとその他のメニューから成り立つ．このテキストは大学1,2年の物理学科の学生に対する授業で講義の補いや高校において教員が生徒の理解をたすけるためのデモンストレーション指針とするだけでなく，一般教養の物理においても使用されることを念頭においている．これらの配列と内容は堀健夫教授執筆の物理学総論（上下）と基準物理学をもとにアレンジしている．しかし，当初総論になかった量子光学を補っている．設備を自作するのは相当な負担になるので出来る限り市販の使えるものは紹介している．またビデオなども適宜使用することを薦めている．聴講する学生にとってデモンストレー

ションをフォローすると筆記する時間がなくなるようで，大学のホームページに講義中に使用した図や式，また要点を適宜掲載するか，レジメを配布するなどのことを行うのがさらに復習のときの理解を助けるであろう．

なお基本事項のまとめ，式の導出，演習問題を各章末に記載した．また一般物理学の参考書としても使えるよう，デモンストレーションとは直接関係はないが基礎的な事項も加えてある．デモンストレーションの機会のないところでは写真や図をその代わりとして参考にして頂きたい．

実際の実験設備や展示物はカラーがわかりやすいので，テキストの図の番号のすぐあとに「#」のあるものはCDに同じ内容の図を関連する説明とともにカラーで入れてある．またテキストにないデモンストレーションを実験リストとして付録に示している．

このデモンストレーション物理学は2002年度より「情報メディア教育センター研究プロジェクト」，また2004年度より「総合教育研究室公募研究プロジェクト」により2004年度まで3年にわたって最初は大学のホームページにのせ，プロジェクトの後半から終了後にかけて教科書または参考書として使用できるよう仕上げたものである．

本学部の卒業生で総合政策学部の中條道雄教授にはプロジェクトに参加し，色々助言を頂きました．北海道大学教育学部助教授大野栄三氏も本学の卒業生で，記述について具体的な助言を頂き，高校から小学校の物理教育の現状についても参考になるご意見を頂いたことに深く感謝致します．島津製作所の三嶋徳三氏には現在製造中の機器のカタログと照らし合わせて助言を頂き感謝いたします．招待講演でデモンストレーションを実施していただき，このテキストを著すまでに数々のアドバイスを頂いた東京大学理学部名誉教授で物理教育学会の会長霜田光一氏に感謝いたします．

物理学の最初の授業は実験ができて，見て面白いことだけにすべきです……
若い精神を，数式などに決して近づけないことが大切です．

アインシュタインより

デモンストレーションのための準備

準備室と機器

物理の講義で実際に学生，生徒の理解を助けるためにはそれなりの準備が必要である．ここに示したものをすべて見せることは時間的には不可能な場合が多いので，いくらか重点的に選別することが第1である．

デモンストレーションの種目は最初1講時または2講時に1個，最低は講義回数の半分5個

ぐらいから始めよう．種目が決まれば，必要な機器を購入または自作する．購入の場合はメーカーのカタログを調べる．自作するときは，材料や工具を用意する．

なお教員が自分で設備を工夫して市販品を利用して安価に実験設備を作ることも可能である．これらの工夫は物理教育学会に照会するとよい．

これらのものを置いておく場所として最小 3.3 m^2 の準備室が必要となろう．もしなければ教室の1隅をそれにあてる．ほこりをかぶらぬよう，またみだりに触られぬよう鍵つき戸棚などを用意し，カーテンで仕切れば十分であろう．

関西学院大学理工学部のように始めから意図して準備室を作るときは，50 m^2 の部屋の中に器具棚，本棚実験台などを設備し，撮影用のビデオカメラ，ビデオ上映用の AV 機器，その他を備えつけてある．

常に使用する機器は次に挙げる．

熱電対　温度計，音さ，デジタルボルトメータ（テスター，電流計，電圧計），ガルバノメータ，直流電源（6V），スライダック（500W），2現象シンクロスコープ，顕微鏡，各種レンズ，プロジェクター，フィルター　スリット（簡単に手作り可）放電管（数種のガス），方位磁石，永久磁石の様々な形のもの，棚板，レーザー　赤色（He-Ne または半導体のレーザーポインター）など．

講義の補助としてビデオを用意する．

またコンピュータ1式を用意する．これはデモンストレーションの配置詳細などみせるため OHP を作ったり，講義の要点を示すのに便利がよい．

講義の補助としてのビデオ

メカニカル・ユニバース
- 第1巻　ニュートンの法則　　　　　　　　　　　　（丸善株式会社）
- 第2巻　りんごと月　　　　　　　　　　　　　　　（丸善株式会社）
- 第3巻　調和振動　　　　　　　　　　　　　　　　（丸善株式会社）
- 第4巻　宇宙の航行　　　　　　　　　　　　　　　（丸善株式会社）
- 第5巻　エネルギーの保存　　　　　　　　　　　　（丸善株式会社）
- 第6巻　運動量の保存　　　　　　　　　　　　　　（丸善株式会社）
- 第7巻　角運動量　　　　　　　　　　　　　　　　（丸善株式会社）
- 第8巻　四つの力　　　　　　　　　　　　　　　　（丸善株式会社）
- 第9巻　落体の法則　　　　　　　　　　　　　　　（丸善株式会社）
- 第10巻　慣性　　　　　　　　　　　　　　　　　（丸善株式会社）
- 第11巻　円運動　　　　　　　　　　　　　　　　（丸善株式会社）
- 第12巻　ミリカンの実験　　　　　　　　　　　　（丸善株式会社）

- 第 13 巻　ケプラーの法則　　　　　　　　　　　　（丸善株式会社）
- 第 17 巻　電場と電気力　　　　　　　　　　　　　（丸善株式会社）
- 第 18 巻　電位差と電気容量　　　　　　　　　　　（丸善株式会社）
- 第 19 巻　等電位と電場　　　　　　　　　　　　　（丸善株式会社）
- 第 20 巻　簡単な直流回路　　　　　　　　　　　　（丸善株式会社）
- 第 21 巻　磁場　　　　　　　　　　　　　　　　　（丸善株式会社）
- 第 22 巻　電磁誘導　　　　　　　　　　　　　　　（丸善株式会社）
- 流体力学講座 1，2　　　　　　　　　　　　　　　（ジエムコ出版株式会社）
- レーザー　　　　　　　　　　　　　　　　　　　　（ジエムコ出版株式会社）

　本書で 16mm フィルムを使用しているところがかなりあるが，これについては現在市販されているとは限らないので各地方の図書館などに保存しているものを利用されたい．

当テキストの使い方

1) 実際にデモンストレーションの参考に
2) 図や写真をデモンストレーションのかわりに
3) ビデオなどでよくできたものは実験のかわりに見せるとよい．
4) 島津製作所のカタログの最新版：白黒写真であるが，詳細がわかる．

　本テキスト中では島津製作所の製品で現在製造されていないものについては「旧−島津製」，型番その他がかわっているが今も類似品のあるものは「島津製−前」としている．現在も同じものが製造されているものは「島津製」としている．全部でなく部品のみはそのページに注釈を入れている．

CD の使い方

　本文は白黒であるが元の写真や図でカラーのものは＃マークをつけ CD 部に収録してあるので，カラー版を参照のこと．コンピュータは Windows と Macintosh いずれでも使えます．CD 部は図だけでなく本文をそのたびに見直す必要がないように関連のあるテキスト部をいっしょにのせている．

付録実験のリスト

　本書に載せている実験の数は 2 年間の物理の授業で実演できる程度の数である．実際に 30 年間に開拓した実験種目は相当数あり，これについてはその名称を載せている．本書の実験の一部と入れ替えや追加の必要なときに利用されたい．

目　次

	ページ
三原色と放電管	巻頭カラー図
基本的なことがら：物理量測定と単位	1
第1章　力と運動	3
1.1　ニュートンの運動の法則	5
1.2　摩擦	7
1.3　衝突	8
1.4　回転運動	18
1.5　単振動	25
1.6　歳差運動	31
1.7　弾性体の力学	34
1.8　流体の静力学	38
1.9　表面張力と毛管現象	40
1.10　運動する流体	43
まとめ	49
演習問題	52
第2章　熱現象	55
2.1　温度とは	57
2.2　熱とは：熱力学の第1法則	64
2.3　エントロピー：熱力学の第2法則	67
2.4　実在気体	71
2.5　相変化	72
2.6　熱の移動	74
2.7　希薄溶液の熱的性質	77
2.8　低温の物理	78
まとめ	79
演習問題	80

第3章　波動　81

- 3.1　簡単な周期運動（振子の運動：単振動）　83
- 3.2　減衰振動　84
- 3.3　強制振動と共振　85
- 3.4　連成振動　88
- 3.5　多原子分子の規準振動モード　90
- 3.6　横波・縦波　92
- 3.7　波動　95
- 3.8　音波　102
- 3.9　ドップラー効果　105
- まとめ　108
- 演習問題　110

第4章　光　113

- 4.1　光速の測定　115
- 4.2　光源と色　116
- 4.3　幾何光学　123
- 4.4　波動光学　139
- 4.5　量子光学　153
- まとめ　156
- 演習問題　160

第5章　電気と磁気　161

- 5.1　静電気　163
- 5.2　物質の誘電現象　175
- 5.3　電流と電気抵抗　181
- 5.4　電流の作る磁場　186
- 5.5　電磁誘導　194
- 5.6　荷電粒子の運動　205
- 5.7　交流回路　207
- 5.8　電磁波　214
- まとめ　218
- 演習問題　222

付録
- A. 物理量をあつかう数学　225
- B. デモンストレーション実験リスト　230
- C. 参考書　242
- D. デモンストレーションカラー版目次　243

索引　255

物理学の基本定数　264

基本的な事がら：物理量測定と単位

　物理学ではいろいろな量を取り扱うが，その量を表すのに統一された単位が必要で万国共通の単位を決める会議が開かれて来た．

　1960年の国際度量衡総会において，長さの単位としてメートル [m]，質量の単位としてキログラム [kg]，時間の単位として秒 [s]，それに電流の単位としてアンペア [A] を基本単位とするMKSA単位系が採択され，その後広く用いられてきた．現在では，それらに温度の単位ケルビン（K），光度の単位カンデラ [cd]，物質量の単位モル [mol] を加え，さらに補助単位の平面角ラジアン [rad]，立体角ステラジアン [sr] と組立単位（基本単位の組合せ．そのうち20の単位には，例えばニュートンNのように，固有の名称と記号が与えられている）を加えたものを国際単位系（SI単位系）と名づけて使用されている．

　長さ，質量，時間の単位について簡単に述べる．

〈長さ〉

　長さの単位 [m] は，地球の北極から赤道までの子午線の長さの1千万分の1の原器を白金で製作し，それに記された2本の標線の間の長さを1mと定めたのに始まる．普遍性や精度の問題から光の波長を標準にしたこともあったが，現在の基準としては，1秒の299792458分の1の間に光が真空中を伝わる行程の長さを1mと決めている．

　長さを測るのに日常利用されるのは物指しである．竹，プラスチック，鋼など材料はいろいろあるが，鋼製のものが精度では勝る．副尺つきのキャリパー，ネジマイクロメーターの精度は高い．トラベリングマイクロメーターは顕微鏡を精密なネジで移動させるもので千分の1ミリ以上の精度がある．精密工作等に利用される端度器ブロックゲージは長方形で平行な測定面をもち，光の波長程度の精度がある．レーザー光の波長や進行距離と時間との関係を利用した計測では地球や宇宙規模の長さの測定にも応用されている．

〈質量〉

　長さの単位 m が決められたことで1立方デシメートル [1dm^3] の体積の水の質量をもとにして質量の単位 [kg] が定められた．水の密度が4°Cで最大になることがわかったので，4°Cの蒸留水 1dm^3 の質量が 1kg と定められた．それに等しい質量の白金の原器が作られたが，その後腐食と磨耗に強いイリジウム10%入りの白金で新原器が作られ，現在はこれが kg 原器になっている．

　質量の測定は歴史的にみると物体と分銅をバランスさせて測る天秤と台秤が使われてきた．

科学の発達に伴って秤は次第に精巧になり精度を増した．化学天秤ではナイフエッジや支持台に良質な材料が用いられ，分銅も正確さを増して空気の浮力まで考慮に入れる程になった．自動直示天秤が出現するに及んで質量測定は画期的な進歩を遂げ，手軽に正確な値が得られるようになった．

〈時間〉

　物理学において物体の動きを記述するには時間と空間の位置が必要である．時間の座標は過去から現在にそして未来へと続く座標軸によって定めることができる．その座標上に瞬間，瞬間の時刻を考える．ある時刻からある時刻までの間隔が時間である．時刻や時間は空間における物体の座標のように位置で表すことはできないので物体の運動を使って時刻や時間を測定する．例えば時計の動きは一定だとして文字盤上で針が指す位置で時刻をきめるのである．

　太古から地球の自転によって生じる太陽の見かけの動きが時間の測定に使われてきた．しかし地球の自転の軸が黄道に対して約 23.5°傾いていることや，地球の公転軌道が楕円であることから 1 年を通して 1 日の長さが一定でない．そこで，1 年間を通して平均した一様な速さで運動する太陽を仮想的に考え，それを基準にして 1 日の長さが定められた．時間を測るのに昔は砂時計や水時計を使ったこともあった．その後一様な動きをするものとして振子時計やひげぜんまいつきの天府時計が使用されるようになった．さらに精度が高くなって音叉時計，水晶時計，原子時計と進歩した．時計の発達に伴って時間の標準は地球の自転から公転の周期運動に移った．地球の公転周期である回帰年を時間の基本単位として採用したのである．原子時計で回帰年を分，時，日と分割することで時間の精度は大幅に増した．原子時計の発達にともない各国の原子時計を国際的に統一して国際原子時と定めた．精度は原子時計の方が良いのだが，回帰年とのずれを時々修正して時計の標準としている．

　物理学実験などにおける時間の測定にはストップウォッチをはじめ各種の時計が使われる．現象の時間的変化が電気信号に変えられるときはオッシロスコープを使うと短い時間まで観測できる．我が国では独立行政法人情報通信機構（旧郵政省電波研究所）が JJY のコールサインで発信している標準電波を受信すると正確な時間，時刻などがわかる．実際これを受信して盤上の指示時刻を補正しているのが電波時計である．

第 1 章　力と運動

第 1 章 力と運動

はじめに

　物理学の中で力学がすべての分野の基本であり，また歴史的にも最も早く確立された学問である．力学現象の歴史は古く有史以前の浮力についてのアルキメデスの原理に始まる．人類始まって以来，星が動くと認識されていたが，コペルニクスは地動説を 1543 年に提唱した．ガリレイは振子の等時性を発見し，その後 1604 年に落下実験を行い，物体の運動に規則性があることを発見した．ケプラーは天体について第 1 から第 3 法則を発見している．デカルトが運動量の概念を導入したのは 1650 年頃である．

　ニュートンがこれらの成果を集大成し，運動の 3 法則と万有引力の法則を確立し，1687 年プリンキピアを出版した．現在も使われているニュートン力学である．運動の 3 法則については，実験でいろいろ体験できるが，キャヴェンディッシュの実験は万有引力の法則をも目で確かめる方法を提供した．

　ガリレオが地動説を固持したのは有名であるが，落体の運動について慣性を見出し，またひとつの慣性系に対して等速度運動する他の慣性系への座標変換（ガリレオ変換）によって導かれる運動が変わらない，いわゆるニュートン力学における相対論を示唆した．20 世紀に入り，正確な光速度の実験で光の速度が座標系によらず一定であることを立証したマイケルソン・モーリーの実験結果に基づいて，アインシュタインが特殊相対性理論を展開した．この場合の座標変換はローレンツ変換と呼ばれている．

　また 20 世紀に入って分光学の発展により原子のスペクトルが線スペクトルであることからボーアが量子仮説を提唱，量子力学が発展した．ミクロの世界では原子や分子の状態をニュートン力学やマックスウエルの電磁気学では記述できないといわれているが，この場合でも量子数の大きい極限ではニュートン力学となる（対応原理）．また量子条件のもとではニュートン力学や電磁気の法則は成立している．現在マクロの世界での典型的な応用は人工衛星やロケットである．

　ニュートンは微積分学にも大きく貢献した．微積分学は力と運動の関係を記述するのに不可欠な数学である．必要な数学は巻末を参照されたい．ベクトルとスカラー，微分，積分について簡単に述べている．またその応用としてのガウスの定理（発散定理は万有引力だけでなく距離の 2 乗の逆数に比例する任意のベクトル場について成立する法則）は，空間の各点での力の性質について知るのに便利な法則である．

　ここでは，質点，剛体，弾性体，流体の運動がニュートン力学の運動の 3 法則によって理解できることをさまざまな実験を通して紹介する．

1.1 ニュートンの運動の法則

物体の運動について研究を行っていたガリレイは，滑らかな地面を転がる球はどこまでも転がると考えた．一方，ニュートンは力が働かない物体はいつまでも同じ運動を続けると考えた．ニュートンは運動状態が変化するのは力が働くからだと考え，運動の法則に到達した．つまり，物体が運動するときの規則性がなぜ生じるかを明らかにしたのである．こうして物体に働く力と運動の関係を扱う力学が生まれた．私達が観察できるどのような物体の運動もニュートンの運動の3法則に従っている．

ニュートンの運動の法則（3法則）について

(1) 運動の第1法則（慣性の法則）
物体には慣性があり，他から力を受けないとき，静止している物体は静止を続け，運動している物体は等速度運動を続ける．

(2) 運動の第2法則（運動の法則）
質量 m の物体が力 $\boldsymbol{F}$ を受けると加速度 $\boldsymbol{a}$ を生じ，次の運動方程式が成り立つ．

$$\boldsymbol{F} = m\boldsymbol{a} \tag{1-1}$$

これを解けば物体の運動状態が決まる．
〈参考：質量1kgの物体に1N（ニュートン）の力が働くと $1\mathrm{m/s^2}$ の加速度を生じる〉

(3) 運動の第3法則（作用・反作用の法則）
物体が他の物体に力を及ぼすとき（作用），他の物体からは大きさと方向が同じで向きが反対の力（反作用）を受ける．

(3) を検証もしくは体験するための実験をつぎにあげる．

1.1.A 作用・反作用をはかりで見る

図1-1のように固定の柱，ばねばかり，滑車，おもりを配置する．各部には作用・反作用の法則が働き，重力 mg と張力 T が釣り合う．おもりを2倍にしてみよ．それぞれの力がばねばかりが示すように2倍になるであろう．

図1-1 (a) のように棒の片方にばねばかりを固定し，他方は滑車にかけておもりをつるす．このときばねばかりは500gを示す．

次に，図1-1 (a) と同じおもりを2個使って，図1-1 (b) のように，ばねばかりの両端を滑車にかけおもりをつるした．このときのばねばかりの目盛は図1-1 (a) と同じ500gを示す．つまり (a) では糸を固定した柱による反作用がおもりの代りをしている．

第1章　力と運動

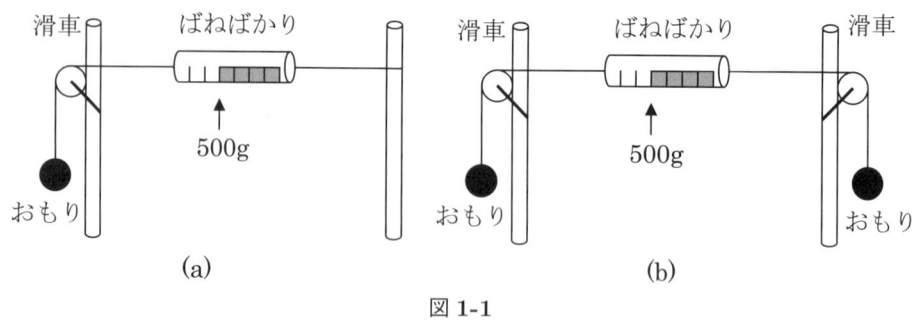

図 1-1

1.1.B　浮力による作用反作用

重さを量るはかりに水の入ったビーカーを置く．力と目盛りは比例し，はかりの目盛りは重力を示す（図 1-2）．

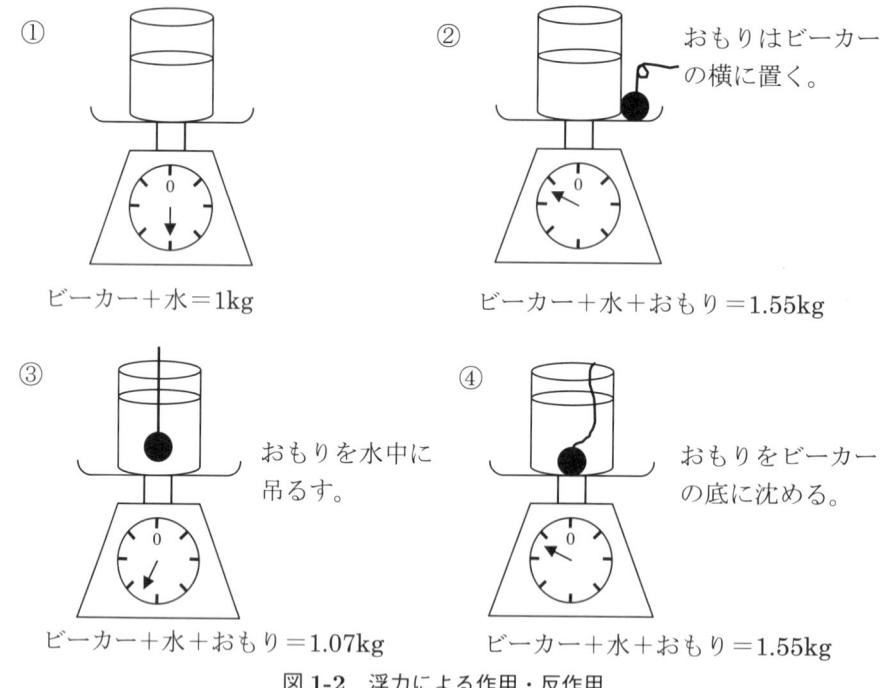

図 1-2　浮力による作用・反作用

①の表示と③の表示の差は水の浮力を表し，③の状態ではおもりに働く浮力の反作用を水が受けている．水の密度はほぼ 1.0 g/cm^3 であるから③のデータは物体の体積が 70 cm^3 であることを示すに等しい．これより物体の比重が計算される（問題 1）．

＊④の状態でおもりは浮力を受けていないだろうか．

1.2 摩擦

摩擦について

水平に物体を引っ張るときの摩擦力を図 1-3 で表す。鉛直方向に重力と抗力 N が釣り合っている。水平左方向に引っ張る力 f を増していく。反対右向きの摩擦力が最大摩擦力 F_m より小さいときは物体は動かない。このとき、右向きに働いている摩擦力の大きさは f であり、引っ張る力とつり合っている。f を F_m より大きくすると、物体には $f - F_m$ の力が左向きに働き、物体は左に動く。

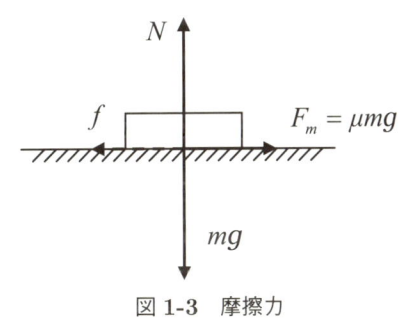

図 1-3　摩擦力

最大摩擦力は $F_m = \mu mg$ と表され、μ は**摩擦係数**（静止摩擦係数）と呼ばれる。また F_m は静止摩擦力である。物体が運動しているときに生じる摩擦力を運動摩擦力といい、一般に静止摩擦力より小さい。運動摩擦には"すべり摩擦"と"ころがり摩擦"があり前者に比べて後者ははるかに小さい。

1.2.A　摩擦角（島津製－前）

図 1-4 の斜面の角度を徐々に大きくしていくと斜面上の物体が滑り始める。このときの角度を摩擦角という。図 1-5 から

$$N = mg\cos\theta \qquad (2\text{-}1)$$
$$\mu N = mg\sin\theta \qquad (2\text{-}2)$$
$$\therefore \mu = \tan\theta \qquad (2\text{-}3)$$

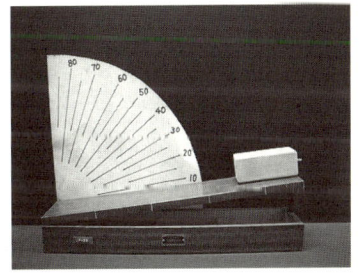

図 1-4#

参考）摩擦角 45° のとき $\mu \fallingdotseq 1$

図 1-4 の装置による実験例：木製斜面に対する摩擦角

　ゴム面……約 34°

　木の面……約 28°

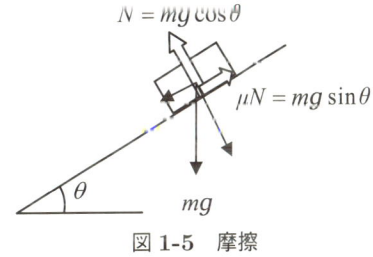

図 1-5　摩擦

1.3 衝突： エネルギー保存と運動量保存則

2つの物体，それぞれの質量 m_1 と m_2 が弾性衝突するときにその後の運動を予測するには，エネルギーと運動量の保存を使う．力学的エネルギーが保存されない場合を非弾性衝突と呼んでいる．

仕事とエネルギー

仕事：物体に力を加え，物体が力の向きに動いたとき'仕事をした'といい，W で表す．動いた距離を変位という．加えた力を F，力と変位のなす角を θ，移動距離を s とすると

$$W = Fs\cos\theta \tag{3-1}$$

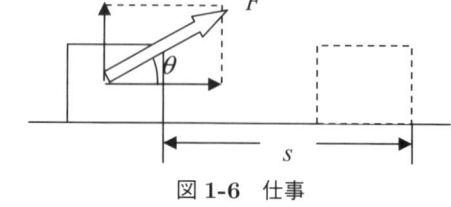

図 1-6 仕事

$0° \leq \theta < 90°$ のとき：力は物体に正の仕事をする．
$\theta = 90°$ のとき：力は物体に仕事をしない．
$90 \leq \theta \leqq 180°$ のとき：力は物体に負の仕事をする（物体が仕事をする）．

力の単位は N（ニュートン）で，1kg の物体を摩擦のない平面上で引張って $1\mathrm{m/s^2}$ の加速度が得られたとき，その力は 1N であるという．

1N の力を加えて力の向きに物体を 1m 動かしたときの仕事は 1J（ジュール）である．これらの単位は SI 単位系で表されている．

〈例〉人が質量 m の物体に力 F を加えながら距離 s だけ動かしたときにした仕事を W とする．はじめの速度を v_1，移動後の速度を v_2，速度が変化するのに要した時間を Δt とし，加速度を α とすると

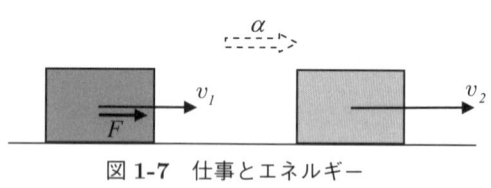

図 1-7 仕事とエネルギー
F：人が物体に与える力

$$W = Fs = m\alpha s \tag{3-2}$$
$$\alpha = \frac{v_2 - v_1}{\Delta t} \tag{3-3}$$

速度の平均 $\langle v \rangle = (v_1 + v_2)/2$ を使うと

$$s = \langle v \rangle \Delta t$$
$$\therefore W = m\alpha \langle v \rangle \cdot \Delta t$$
$$= \frac{1}{2}m\left(v_2^2 - v_1^2\right) \tag{3-4}$$

物体になされた仕事は速度の 2 乗の差に比例する．つまり運動する物体は，$mv^2/2$ のエネルギーをもっていて，それが式 (3-4) だけ増加したと見なせる．これを"運動エネルギー"という．

エネルギー：物体が持っている仕事をする能力
① 位置エネルギー

物体が重力の場の中で，ある位置を占めることによって持つエネルギー（U）として定義される．

$$U : U = mgh \tag{3-5}$$

② 運動エネルギー
$$K : K = \frac{1}{2}mv^2 \tag{3-6}$$

③ 弾性エネルギー

バネに結ばれた質点がのび x に比例する引力（弾性力），$-kx(k > 0)$ を受けて運動する．そのエネルギーを E とすると，

$$E : E = \frac{1}{2}kx^2 \tag{3-7}$$

働く力が重力や弾性力などの保存力だけのときは，エネルギーは保存される．

力学的エネルギーが保存されている例

等加速度運動の場合

初期条件を，$t = 0$ のとき，位置 $h = h_0$，速度 $v = v_0$，加速度を α として

$$h = \frac{1}{2}\alpha t^2 + v_0 t + h_0, \tag{3-8}$$
$$v = v_0 + \alpha t \tag{3-9}$$

t を消去して

$$v^2 - v_0^2 = 2\alpha(h - h_0) \tag{3-10}$$

質量 m の物体を投げ上げる場合には両辺に $m/2$ を掛けて，$\alpha = -g$（重力加速度の場合）とする．

$$\frac{1}{2}mv^2 - \frac{1}{2}mv_0^2 = mg(h_0 - h)$$

第1章 力と運動

$$\frac{1}{2}mv^2 + mgh = \frac{1}{2}mv_0^2 + mgh_0 \tag{3-11}$$

となる．はじめと終わりで運動エネルギーと位置エネルギーの和は等しい．
これより力学的エネルギーが保存されていることがわかる．

運動量：質量 m の物体が速さ v で運動しているとき，運動量の大きさ p は

$$p = mv$$

で定義される．一方，一般に運動量はベクトル量だと考えるので，質量 m の物体が速度 $\boldsymbol{v}$ で運動しているとき，運動量 $\boldsymbol{p}$ は

$$\boldsymbol{p} = m\boldsymbol{v} \tag{3-12}$$

である．単位は kg·m/s で表す．

力積：力 $\boldsymbol{F}$ とその力の働いた（微小）時間 Δt との積

$$\boldsymbol{F}\Delta t \tag{3-13}$$

単位は N·s で表す．

運動量と力積

物体の運動量の変化はその間に物体が受けた力積に等しい．

質量 m の物体が，図 1-8 のように速度 $\boldsymbol{v}$ で直線運動している．この物体に，運動方向（$\boldsymbol{v}$ の向き）に一定の力 $\boldsymbol{F}$ が Δt の間働き，物体の速度が $\boldsymbol{v}'$ に変わったとする．物体の加速度 $\boldsymbol{\alpha}$ は一定で

$$\boldsymbol{\alpha} = \frac{\boldsymbol{v}' - \boldsymbol{v}}{\Delta t} \tag{3-14}$$

であるので，運動方程式は

$$\frac{m\boldsymbol{v}' - m\boldsymbol{v}}{\Delta t} = \boldsymbol{F} \quad \to \quad m\boldsymbol{v}' - m\boldsymbol{v} = \boldsymbol{F}\Delta t \tag{3-15}$$

となり，運動量の変化は物体が受けた力積に等しい．

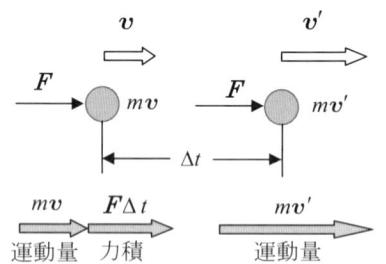

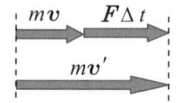

図 1-8#　運動量と力積

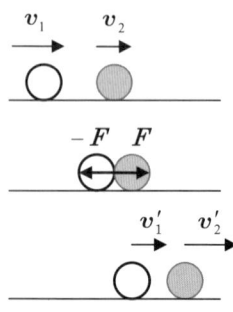

図 1-9　運動量保存の法則

運動量保存の法則

図 1-9 のような衝突を考えると，2 つの物体それぞれに式 (3-15) を入れて

$$m\boldsymbol{v}_1' - m\boldsymbol{v}_1 = -\boldsymbol{F}\Delta t, \quad m\boldsymbol{v}_2' - m\boldsymbol{v}_2 = \boldsymbol{F}\Delta t \tag{3-16}$$

となり，$\boldsymbol{F}\Delta t$ を消去すると，

$$m\boldsymbol{v}_1 + m\boldsymbol{v}_2 = m\boldsymbol{v}_1' + m\boldsymbol{v}_2' \tag{3-17}$$

となる．すなわち 2 つの物体の運動量の和が衝突の前後で変わらない．

反発係数（跳ね返り係数）：2 球の衝突

速度 v_1 の物体が壁に衝突し，速度 v_1' ではねかえされたとする．このとき，速度の比を反発係数 e で表す．

$$e = -\frac{v_1'}{v_1} \quad 0 \leq e \leq 1 \tag{3-18}$$

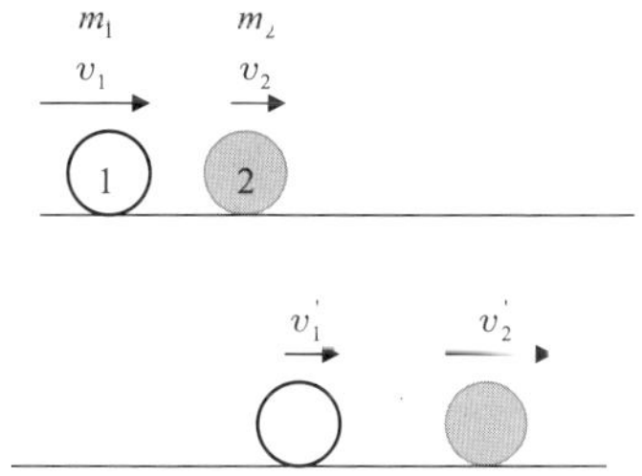

図 1-10 のような 2 球の衝突を考える．
運動量保存則（3-17）より

$$m_1 v_1 + m_2 v_2 = m_1 v_1' + m_2 v_2'$$

図 1-10　反発係数

反発係数 e は衝突の前後における相対的な速度，$v_1 - v_2$ と $v_1' - v_2'$ の比となる．

$$e = -\frac{v_1' - v_2'}{v_1 - v_2} \tag{3-19}$$

ここで，衝突が起こるためには $v_1 - v_2 > 0$ でなければならない．また，$v_1' \leq v_1$, $v_2' > v_2$, $v_1' \leq v_2'$ である．

上の 2 式より衝突後の各球の速度は

$$v_1' = \frac{(m_1 - em_2)v_1 + m_2(1+e)v_2}{m_1 + m_2} \quad \to \text{変形すると } v_1' = v_1 - \frac{m_2(1+e)}{m_1 + m_2}(v_1 - v_2) \tag{3-20}$$

$$v_2' = \frac{m_1(1+e)v_1 + (m_2 - em_1)v_2}{m_1 + m_2} \quad \to \text{変形すると } v_2' = v_2 + \frac{m_1(1+e)}{m_1 + m_2}(v_1 - v_2) \tag{3-21}$$

$m_1 = m_2$ で $e = 1$（完全弾性衝突）であれば，$v_1' = v_2$, $v_2' = v_1$ となり，**速度交換**が行われる（$v_2 = 0$ の場合は $v_1' = 0$）．

また，$v_2 = 0$ であれば $v_1' = \frac{m_1 - m_2 e}{m_1 + m_2} v_1$ で，$m_1 - m_2 e < 0$ ならば，<u>1 の球ははね返される</u>．$e < 1$ のときは，力学的エネルギーは保存されない．

第1章 力と運動

1.3.A 斜面を転がる球

図 **1-11** の球は転がった後放物運動をして，地面に落下する．

もし，あらかじめ A の位置に斜面を滑らせる鋼球 a と同じ条件（$m_a = m_b$）の鋼球 b を置き，a を b に衝突させたとき，それぞれの鋼球はどのような運動をするのか（図 **1-12**）．

A に別の鋼球 b を置いて衝突させたときの a と b の運動は下図のようになる．

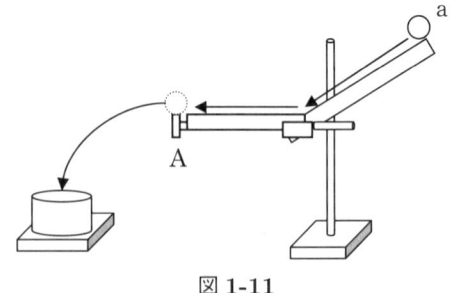

図 1-11

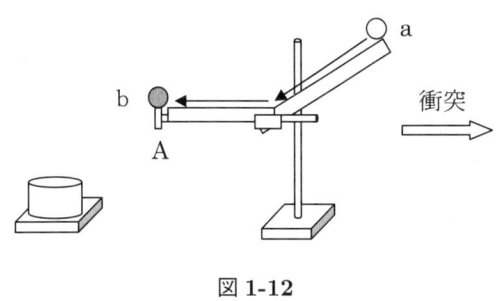

図 1-12

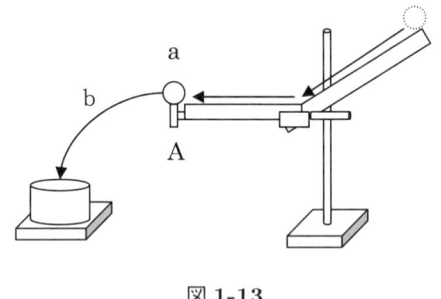

図 1-13

A の位置で鋼球 a と b が衝突すると a の持っている（力学的）エネルギーが b に移動し，a の代わりに図 **1-11** と同じ位置に b が落下する．また，a は図 **1-13** のように A の位置で停止する．

1.3.B 弾丸の衝突速度測定実験：弾丸が衝突した振り子の最大振幅を測る

(1) 弾丸および振り子部分の質量を量っておく．弾丸：m，振り子：M とおく．
(2) 弾丸を発射し，振り子部分の移動距離を測定する．

弾丸が衝突して振り子が動いた分だけ竹の棒も動く．動いた長さを振り子の横軸方向の移動距離 d とする（図 **1-16, 17, 18, 19** の写真参照）．

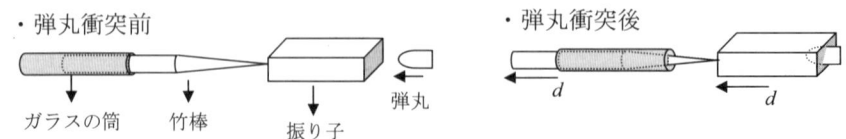

図 1-14 振り子部分の移動距離の測定方法

12

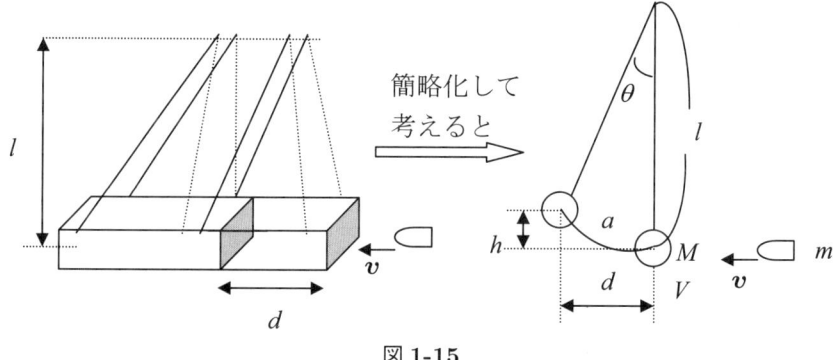

図 1-15

(3) 以上の測定値により弾丸が振り子に衝突する瞬間の速度が算出できる．弾丸が振り子にめり込むので衝突前後での運動量の保存則より

$$mv = (M+m)V \tag{3-22-①}$$

衝突後の振り子のエネルギー保存則より $\frac{1}{2}(M+m)V^2 = (M+m)gh$ (3-22-②)

②より $V = \sqrt{2gh}$ (3-22-③)

③に $h = l(1-\cos\theta)$, $1-\cos\theta = 2\sin^2\frac{\theta}{2}$ を代入

$$V = \sqrt{2gl(1-\cos\theta)} = 2\sin\frac{\theta}{2}\sqrt{gl}$$

θ: 小さいなら $\sin\theta \fallingdotseq \theta$, $l \gg d$ $\theta l = a \fallingdotseq d$ と考えると

$$V = 2 \cdot \frac{\theta}{2}\sqrt{gl}$$
$$= \frac{d}{l}\sqrt{gl}$$
$$= d\sqrt{\frac{g}{l}} \tag{3-23}$$

①に（3-23）で算出した V とあらかじめ測定しておいた M と m の値を代入することで，振り子に衝突する瞬間の弾丸の速度 v が求められる．

実験値：$M = 810\,\text{g}$　$m = 13.7\,\text{g}$　$l = 75\,\text{cm}$　$d = 10\,\text{cm}$　$g = 980\,\text{cm/s}^2$ より

$$V = 10 \cdot \sqrt{\frac{980}{75}} = 36.15 \fallingdotseq 36\,(\text{cm/s})$$

$13.7 \cdot v = (810 + 13.7) \cdot 36$　　$v = 2164.5 \fallingdotseq 2200\,(\text{cm/s}) = 22\,(\text{m/s})$

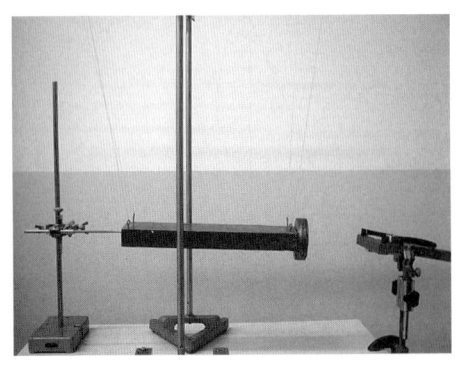
図 1-16#　実験装置全体

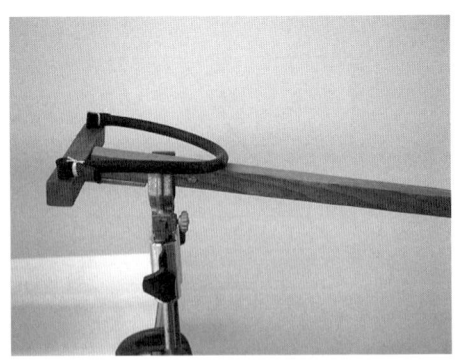
図 1-17#　弾丸発射装置部分

図 1-18#　弾丸受け取り用振り子部分

図 1-19#　振り子の移動距離測定部分（振り子の端に竹の棒が接するようにセットする.）

1.3.C　モンキーハンティング

速度独立（重力に対する水平方向と鉛直方向の速度は独立していること）を検証する実験である.

ハンターが木にぶらさがったサルを狙って打ち落とそうと銃を発射する. 音に驚いて発射と同時にサルが木から手を離して落ちても必ず命中する.

弾丸の初速を v_x, v_y とし，サルは h の高さにおり，銃口から水平方向に d だけ離れているとする. 銃を向ける角度を θ とすると次の関係が成り立つ.

$$\tan\theta = \frac{v_y}{v_x} = \frac{h}{d} \tag{3-24-①}$$

また銃弾がサルのいる（水平）位置まで達する時間を t とすると，

$$t = \frac{d}{v_x} \tag{3-24-②}$$

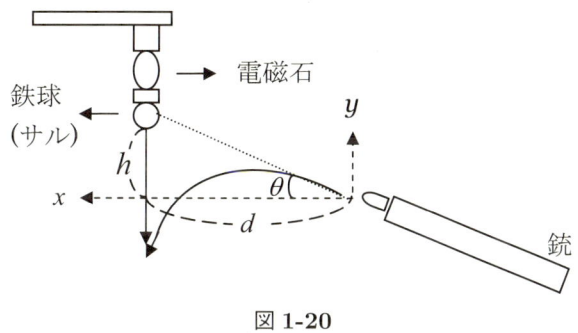

図 1-20

y 座標を調べると

$$y_m = h - \frac{1}{2}gt^2 \quad (サルの \ y \ 座標) \tag{3-24-③}$$

$$y_b = v_y t - \frac{1}{2}gt^2 \quad (弾丸の \ y \ 座標) \tag{3-24-④}$$

ところが①と②より

$$v_y t = \frac{h \cdot v_x}{d} t - h \tag{3-24-⑤}$$

であるから $y_m = y_b$ となり，必ず命中する．

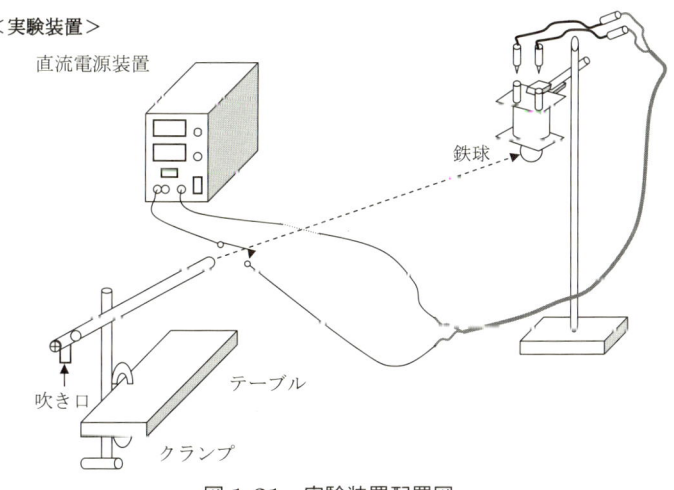

図 1-21 実験装置配置図

注意） 電磁石用の電圧の値は鉄球が安定して落ちない程度の小さい値に設定する．

第 1 章 力と運動

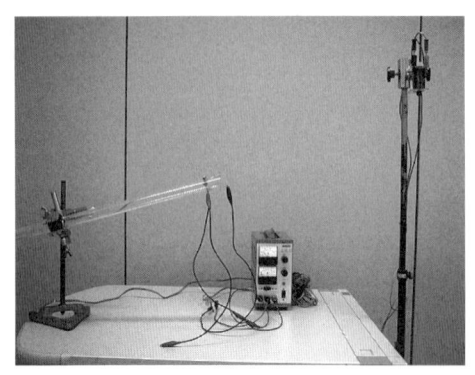

図 1-22#　実験装置全体

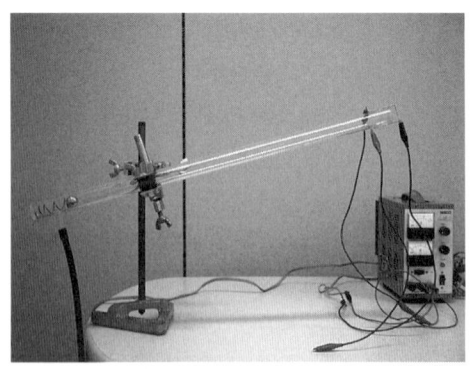

図 1-23#　弾丸発射装置〈銃〉

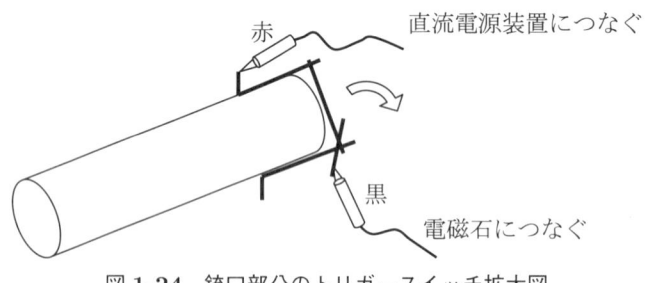

図 1-24　銃口部分のトリガースイッチ拡大図

注意） 銃口から弾丸が飛び出すとき電磁石に接続しているスイッチが切れる．

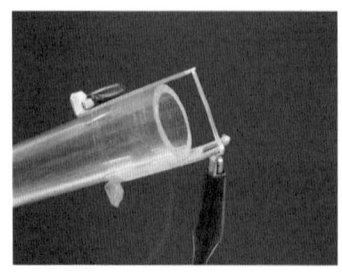

図 1-25#　銃口部分の拡大（その 1）

図 1-26#　銃口部分の拡大（その 2）

16

〈装置のしくみ〉

弾丸が銃から発射される際スイッチ A が開き,この瞬間回路が切断されることにより,電磁石にぶら下がっている鉄球が落下を始める.

〈その他の器具〉

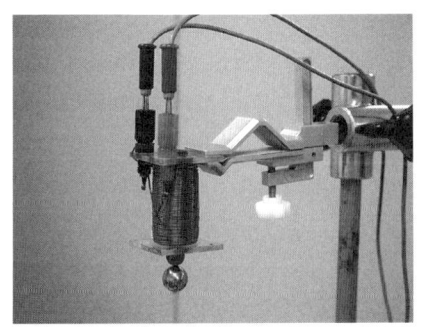

図 1-27#　鉄球(サル)保持の電磁石

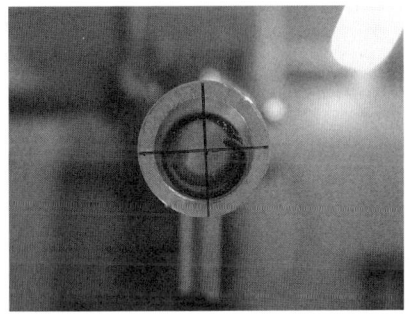

図 1-28#　照準を合わせるための標線

座標系

止まっていた電車が急に動き出すと,つり革は電車が動き出した向きと反対向きに傾く.このつり革の動きは,電車の外にいる(地上に静止している)人が見た場合と,電車の中にいる人が見た場合で見え方が違う.この動きについて考えてみる.

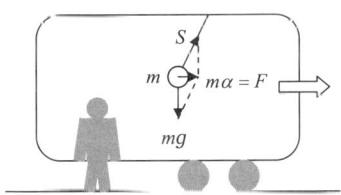

図 1-29　電車の外にいる人が観測者の場合　おもりは加速度運動している

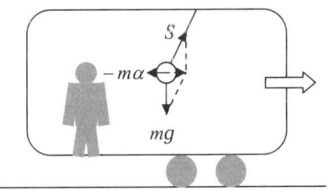

図 1-30　電車の中にいる人が観測者の場合　おもりは静止している

図 1-29, 30 のように,一定の加速度 α で直線運動している電車の中で,天井から糸でおもりをつるすと,糸は,鉛直方向から加速度の向きと反対向きに傾いた状態で進む.これを,地上に静止した観測者が見た場合(図 1-29)と,電車の中にいる(電車とともに加速度運動している)観測者が見た場合(図 1-30)で比較する.

地上に静止した観測者 A から見ると,おもりには糸の引っ張る力 S と重力 mg とが働き,これらの合力 F が,おもりに電車と同じ加速度 α を生じさせていると考えられる.よって,おもりの運動方程式は $m\alpha = F$ となる(図 1-29).

次に,電車の中にいる観測者 B が見ると,おもりは静止している．よって,観測者 B は,

おもりには糸の引っ張る力 S と重力 mg のほかに，S と mg の合力 F とつり合う力が働いていると考える．この力は図 **1-29** の F と逆向きで大きさは等しく，$-F$ つまり $-m\alpha$ である．つまり，α という加速度で運動している電車の中で見ていると，電車の中にある物体には，実際に働いている力のほかに，電車の加速度と逆向きの力 $-m\alpha$ が働いているように感じられる（図 **1-30**）．

このように，加速度運動をする電車を基準にして見たときのみかけ上の力を慣性力という．図 **1-29** のように，実際に働いている力だけを考えたときに，運動の法則が成り立つ座標系のことを慣性系という．また，図 **1-30** のように，実際に働いている力のほかに，慣性力が働いていると考えることによって，はじめて運動の法則が成り立つ座標系を非慣性系という．

1.4 回転運動

求心力と遠心力

回転台の一端に棒を立て，その先端から糸で質量 m の小球をつるす．台を一定の角速度 ω で回転させた．

① 加速度系 (非慣性系：回転台上) から見た場合 → **遠心力**（図 **1-31**）

回転台も小球も静止している．この場合遠心力という慣性力が存在して，重力と糸の張力と遠心力がつり合っていると考える．

② 静止系 (慣性系：回転台の外) から見た場合 → **求心力**（図 **1-32**）

小球が円運動をしている．この場合，重力と糸の張力の合力が求心力 ($mr\omega^2$) となって小球の等速円運動をおこしている．

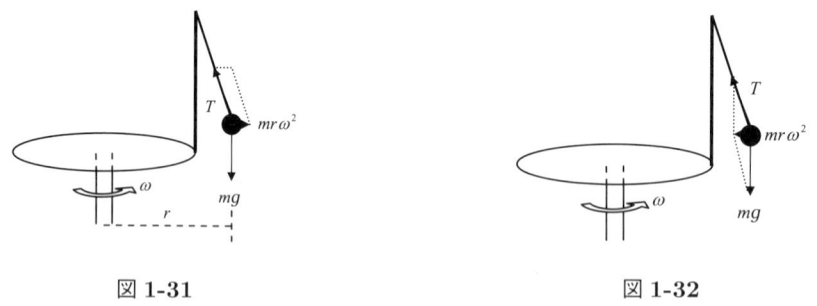

図 1-31 　　　　　　　　　　図 1-32

1.4.A おもりのついた糸を回転させる

両端におもりとゴム栓のついた糸を右図のように持ち，プラスチックの筒を回してゴム栓部分を回転させる．

下端のおもりの質量を M，ゴム栓の質量を m，糸の張力を S，回転の角速度を ω とすると，

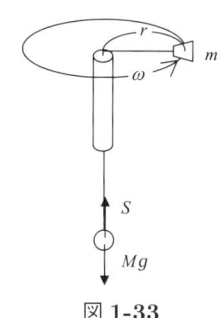

図 1-33

$$S = Mg, \tag{4-1}$$

また $\quad mr\omega^2 = S \tag{4-2}$

$$\therefore \omega = \sqrt{\frac{Mg}{mr}} = \frac{2\pi}{T} \tag{4-3}$$

$$\therefore T \propto \sqrt{r} \tag{4-4}$$

回転しているゴム栓の回転半径 r が小さくなると，つり合うためにはそれに応じて角速度 ω が大きくなる（周期 T が短くなる）．

1.4.B 回転する2つのおもり

両端に大きさ（重さ）の違うおもりをつけた回転体がある．2個のおもりがバランスして重心が回転軸にくるように調節して回転させたときは，回転軸がずれずに回転する．バランス重心を回転軸からずらすと，軸の部分がよじれながら回転する．

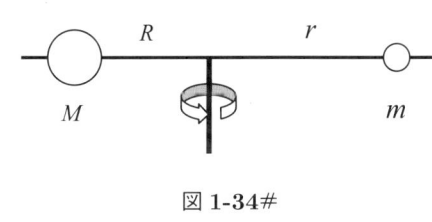

図 1-34#

2つの物体の質量を M, m とし，回転中心からの距離を R, r とし，遠心力のつり合いを考えると

$$MR\omega^2 = mr\omega^2 \quad \therefore MR = mr \tag{4-5}$$

となり，$MR - mr = 0$ すなわち回転軸は**重心**である．

$$\boxed{\text{注）重心の定義} \quad \sum_i m_i(\boldsymbol{r_i} - \boldsymbol{r_G}) = 0} \quad \begin{array}{l} \boldsymbol{r_i}：m_i\text{の位置ベクトル} \\ \boldsymbol{r_G}：\text{重心の位置ベクトル} \end{array} \tag{4-6}$$

1.4.C　フーコーの振り子（回転台：島津製）

　振り子自体の振動面は変わらないが，回転している地球上にいる観測者にとっては振動面が回転しているように見える．地球自転の証明をした実験である．

　コリオリの力により振り子の振動面が回転する現象を示す．回転台上に固定したビデオカメラで振り子の運動を観測すると，振り子の速度ベクトルに直交する方向に力を受けて振動面が回転していくように見える．

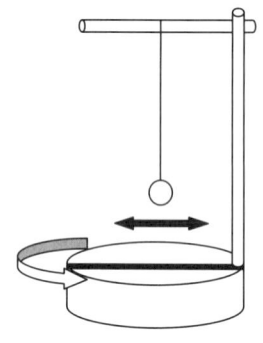

図 1-35　慣性系
回転台の外から見た振り子の振動面→振動面は常に一定

図 1-36　回転系
回転台上の観測者から見た振り子の振動面→軌道を描いて動く．回転台にカメラを固定して撮影する．

図 1-37#　実験装置

角速度ベクトル

　回転軸のまわりに角速度 ω で回転する運動を記述するために角速度ベクトル $\boldsymbol{\omega}$ を用いると便利である．$\boldsymbol{\omega}$ は回転の向きに右ねじを回すとき，ねじの進む向きのベクトルで，大きさは ω である．位置ベクトルの基準点を回転軸上におくと，$\boldsymbol{r}$ の位置にある質点の速度ベクトルは $\boldsymbol{\omega} \times \boldsymbol{r}$（ベクトル積）と表せる．

コリオリの力

　回転座標系において質点に働くみかけの力（慣性力）は遠心力の他にもコリオリの力が存在する．速度 $\boldsymbol{v}$ で運動する質点に対し，$\boldsymbol{v}$ と直交する方向にみかけの力 $\boldsymbol{f}$ が働く．

$$\boxed{\begin{array}{l}\bm{f} = 2m\bm{v} \times \bm{\omega} \qquad (4\text{-}7)\\[4pt]
\text{大きさは } 2m\omega\, v\sin\theta\\
\text{方向は右図の場合,運動の方向に対し}\\
\text{て右向き.}\ \bm{v}\text{ は加速度系でみた速度}\\
\text{①止まっているときは力を受けない}\\
\text{②回転中心からの距離に依存しない}
\end{array}}$$

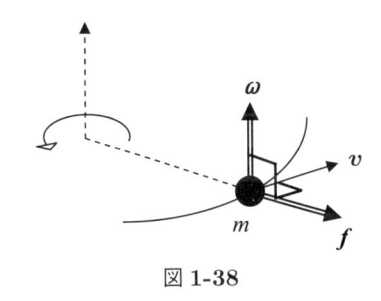

図 1-38

$\bm{\omega} \times \bm{v}$ は角速度ベクトル $\bm{\omega}$ と $\bm{v}$ のベクトル積である(付録 A「物理量をあつかう数学」参照).

フーコーの振り子

フーコー振り子の実験において,地球の自転によるコリオリの力の影響を考えてみよう.図 **1-39** に示されているように,地球の自転の角速度を ω_0 とすると,北緯 φ の地点の水平面にいる観測者は自転の角速度ベクトルによるコリオリ力の影響を受ける.角速度ベクトルの水平成分 $\omega_0\cos\varphi$ は鉛直方向の力を発生するので,振り子の水平方向の運動には影響を及ぼさない.地球の自転の加速度ベクトルの鉛直成分 $\omega_0\sin\varphi$ が振り子の振動に水平方向のコリオリ力を及ぼす.したがって,水平面を速さ v で運動する振り子には式 (4-8) の力が働いて,北半球では振動面がゆっくり上から見て時計回りに回転していく.回転台上の振り子の実験から考えると,フーコーの振り子の場合は非常にゆっくり回転する回転台に相当する.

北緯 φ での地表におけるコリオリ力の大きさ

$$\boxed{2m\omega_0\, v\sin\varphi} \qquad (4\text{-}8)$$

参考) 北緯 $34°55'$ では 1 時間での回転の割合(自転の角速度ベクトルの鉛直成分)

$$\frac{360}{24}\sin(34°55') \fallingdotseq 8.6°$$

振動面が 1 回転するのに緯度 φ のところでは

$$\frac{24}{\sin\varphi}\ (h)$$

関西学院大学理工学部(三田市)
 緯度 $34°\ 54'\ 54''$
 経度 $135°\ 9'\ 54''$

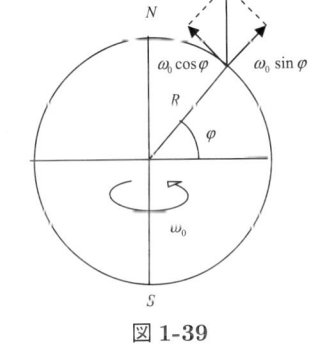

図 1-39

1.4.D 遠心分離機（島津製－前）

遠心分離機を回転させると，回転速度に応じて試験管ホルダーが重力と遠心力の合力の向きに傾きながら回転する．

牛乳などを試験管に入れて回すと，遠心力によって固形成分が沈殿し，液体成分と分離する．

図 1-40#　遠心分離機

力のモーメント（トルク）

ドアを開ける際，ノブを押すと小さな力ですむが，回転軸の近くを押すと，大きな力が必要である．このように，剛体を回転させる効果は，力の大きさだけでは決まらず，図 1-41 に示す力の大きさ f と，力の作用点から回転の中心までの距離 r との積で決まる．

$$N = r \times f \tag{4-9}$$

この N は力のモーメント（トルク）と呼ばれ，単位は N·m で表す．

$r \times f$ はベクトル r と f のベクトル積である．すなわち N もベクトルで図 1-41 の場合，紙面に直交して奥から手前に向うベクトルである．（ベクトル積については付録 A「物理量をあつかう数学」参照）

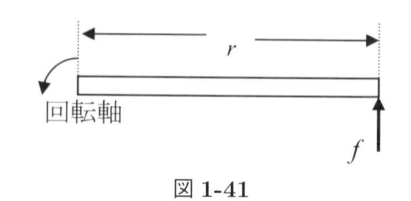

図 1-41

慣性モーメント

剛体には大きさがあるので，その回転運動は質点の円運動と同じように取り扱うことができない．図 1-42 のように，質量 M の円盤が回転軸 O の周りを，一定の角速度 ω で回転しているとき，その運動エネルギー K は，円盤の速度が各点で異なるため，$K = (1/2)Mv^2 = (1/2)M(r\omega)^2$ と表せない．

円盤を多数の質点 m_i の集合体と考えると，回転軸から r_i 離れた質点の運動エネルギーは，$(1/2)m_i v_i^2 = (1/2)m_i(r_i\omega)^2$ となるので，円盤全体としての運動エネルギー K は，次式で表される．

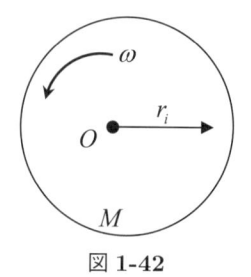

図 1-42

$$K = \sum \frac{1}{2} m_i (r_i \omega)^2 = \frac{1}{2} \omega^2 \sum m_i r_i^2 = \frac{1}{2} \omega^2 I \tag{4-10}$$

この $\sum m_i r_i^2$ を慣性モーメントといい，I で表す．

$$I = \sum m_i r_i^2 \tag{4-11}$$

慣性モーメントは，剛体の質量の分布と回転軸の位置によって決まる．

剛体の角運動量

剛体を質点 m_i の集合体と考えるとき，基準点のまわりの剛体の角運動量ベクトルは定義によって

$$\boldsymbol{L} = \sum m_i \boldsymbol{r}_i \times \boldsymbol{v}_i$$

である．ただし，$\boldsymbol{r}_i$, $\boldsymbol{v}_i$ は質点の基準点に対する位置と速度ベクトルである．

したがって，$\boldsymbol{L}$ の時間変化は

$$\frac{d\boldsymbol{L}}{dt} = \sum m_i \boldsymbol{r}_i \times \frac{d\boldsymbol{v}_i}{dt} = \sum \boldsymbol{r}_i \times \boldsymbol{f}_i = \boldsymbol{N} \tag{4-12}$$

$\boldsymbol{N}$ は剛体に働く力のモーメント（トルク）である．基準点を通る軸（z 軸とする）のまわりの回転運動の場合，角運動量ベクトル $\boldsymbol{L}$ の z 成分は z 軸まわりの慣性モーメント I と角速度 ω を用いて $L_z = I\omega$ となる．剛体が回転軸に対して軸対称な場合は，$\boldsymbol{L}$ が回転軸方向を向くので，角速度ベクトル $\boldsymbol{\omega}$ を用いて

$$\boldsymbol{L} = I\boldsymbol{\omega} \tag{4-13}$$

となる（問題 9）．

回転軸が固定されている場合，トルク $\boldsymbol{N}$ の z 成分 (N) だけを考えたらよいので，

$$I \frac{d\omega}{dt} = N \tag{4-14}$$

となる．$\dfrac{d\omega}{dt} = \alpha$ を角加速度という．

1.4.E 慣性モーメント実験器（図 1-43, 44）

2つのおもり m を車輪から出た両腕上の点に固定してバランスをとり，滑車の先のおもり M を支える手を離すと，車輪は徐々に回転速度（角速度）を増す．つぎに，おもり m を回転中心からもっと離して取り付け M の手を離すと，車輪は前よりさらにゆっくり回転を始め徐々に加速する．これは，おもり m の位置が遠いとき，車輪部の慣性モーメントが大きくなるので，角加速度 α が小さくなるからである（問題 10）．

図 1-43#　慣性モーメント実験器

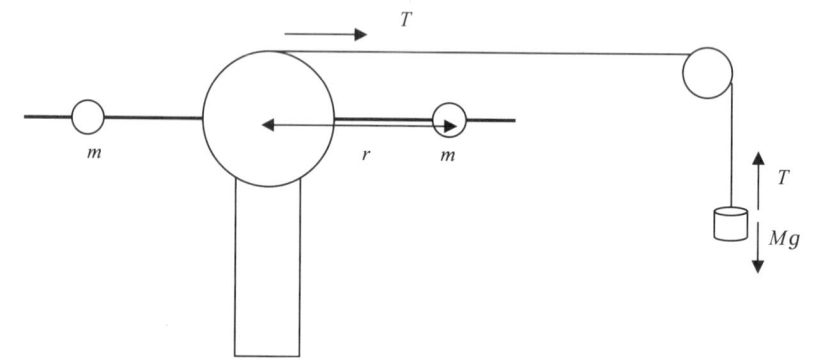

図 1-44　おもりの位置を中心から変化させて車輪の回転の角加速度を比較する．

1.4.F　回転台に乗った人が道具を使わずに自力で回転できるか（図 1-45）

力のモーメントがゼロのときは角運動量が変わらない．これを角運動量保存則といい，エネルギー，運動量保存則とならんで重要な法則である．

方法：① 回転台上で両腕を水平に前に上げる．
　　　② 両腕を伸ばしたまま同時に右方向に動かす．
　　　　 体全体の角運動量ははじめ 0 で，手を動かしてもこの状態を保とうとするため体は手の動きと反対の方向に動こうとする．そのため体が回転台上で左方向に廻る．
　　　③ 両手を静かに下ろし体の中央に戻す．
　　　④ ①～③を繰り返し行えば 1 回転できる．

＊手を戻すとき，逆回転して元の状態にもどらないのはなぜか．

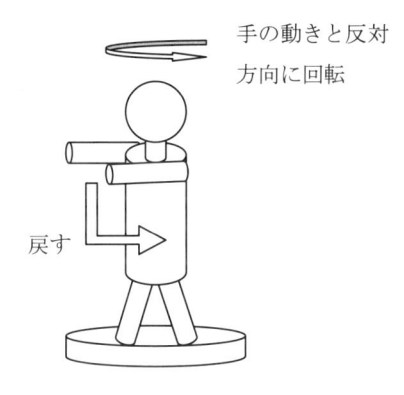

図 1-45

1.5 単振動

軽い糸の上端を固定し、下端におもりをつるす。おもりを少し横に引き寄せてから静かにはなすと、重力の働きにより、おもりは固定点を含む鉛直面内で往復運動を繰り返す。これを単振り子といい、単振り子の微小振動が調和振動（単振動）である。

単振り子の周期の振幅依存性

図 1-46 のような振り子の周期を求める。おもりの質量を m、振り子（糸）の長さを l、糸が鉛直線となす角を θ、おもりを引き寄せた距離（弧の長さ）を s とすると、運動方程式は次のように与えられる。

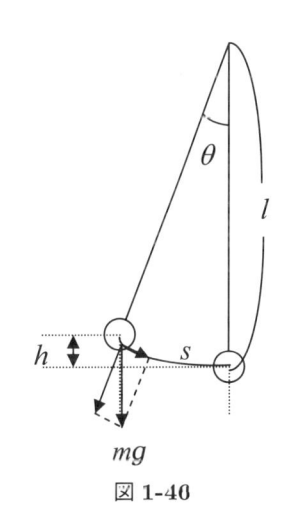

図 1-46

$$m\frac{d^2s}{dt^2} = -mg\sin\theta$$
$$= -mg\theta$$
$$= -\frac{mgs}{l} \tag{5-1}$$

（θ が小さいとき $\sin\theta = \theta$ と近似できる）

上記の式は単振動の微分方程式であり、その解の角振動数は

$$\omega = \sqrt{\frac{g}{l}} \tag{5-2}$$

となるので周期は

$$T = 2\pi\sqrt{\frac{l}{g}} \tag{5-3}$$

つまり，角度 θ が小さければ単振り子の周期は，重力加速度 g と振り子の長さ l だけで決まり，振幅やおもりの質量 m には無関係である．これを**振り子の等時性**という．

ここで，θ がそれほど小さくない（$\sin\theta = \theta$ の近似が使えない）場合を考えてみる．

$$\sin\theta = \left(\theta - \frac{1}{3!}\theta^3 + \frac{1}{5!}\theta^5 - \cdots\right) \tag{5-4}$$

となるので，単振動の周期は振幅が大きくなるほど高次項が効いて復元力が小さくなるので周期は長くなる．

振り子のより正確な周期は α をふれの最大角として次式のようになる．

$$T = 2\pi\sqrt{\frac{l}{g}}\left\{1 + \frac{\sin^2(\alpha/2)}{4} + \frac{9\sin^4(\alpha/2)}{64} + \cdots\right\} \tag{5-5}$$

慣性モーメントと相当単振り子の長さ

固定した水平軸のまわりに振動する剛体でつくられた振り子を実体振子という．図 **1-47** のような実体振子を考える．剛体の質量を m，重心を G とし紙面に垂直な支軸（点 O を通る）のまわりの慣性モーメントを I_O とする．G を通り支軸に直交する垂線の足 O を懸垂点という．距離 OG を h とすると，この振子の運動方程式は

$$I_O \frac{d^2\theta}{dt^2} = -mgh\sin\theta \tag{5-6}$$

となり，このときの周期は

$$T = 2\pi\sqrt{\frac{I_O}{mgh}} \tag{5-7}$$

となる．これは糸の長さ l が式 (5-8) で与えられる単振り子の周期と同じである．このときの l を**相当単振り子の長さ**という．

$$l = \frac{I_O}{mh}\left(=\frac{mk_O^2}{mh}\right) = \frac{k_O^2}{h} \tag{5-8}$$

ただし k_O は支軸の周りの回転半径で，$I_O = mk_O^2$ で与えられる．

振幅が小さいとき

$$\sin\theta = \theta \quad \frac{d^2\theta}{dt^2} = -\omega^2\theta$$

(5-6) 式との比較より

$$\omega = \sqrt{\frac{mgh}{I_O}}$$

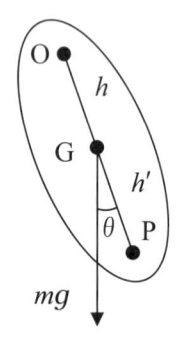

図 **1-47**

単振り子の周期

$$2\pi\sqrt{\frac{l}{g}}$$

懸垂点 O から相当単振り子の長さ l だけ離れた点 P を振動の中心といい，重心 G と点 P の間の長さを h' とする．

慣性モーメントに対する平行軸の定理（問題 11）より，

$$I_O = I_G + mh^2$$

重心のまわりの回転半径 $k_G (I_G = mk_G^2)$ を用いると，$k_O^2 = k_G^2 + h^2$ であるので，

$$l = \frac{k_O^2}{h} = \frac{k_G^2 + h^2}{h} = h + h' \quad \text{より} \quad k_G^2 = h \cdot h'$$

$$T = 2\pi\sqrt{\frac{h+h'}{g}} \tag{5-9}$$

であることがわかる．つぎに，「O を軸にしたときの振動の周期と P を軸にしたときの振動の周期は同じである」ことを示そう．

P を軸にして振らせた場合

平行軸の定理より $I_P = I_G + mh'^2$ $\therefore k_P^2 = k_G^2 + h'^2$ ただし $I_P = mk_P^2$

これを P 点に関する相当単振り子の式に入れて，

$$l' = \frac{I_P}{mh'} = \frac{k_G^2 + h'^2}{h'} = \frac{h \cdot h' + h'^2}{h'} = h + h' = l$$

相当単振り子の長さが同じになる．

実体振子を相当単振り子の長さのところで支えてひっくり返して振動させても周期は同じ，つまり，軸 O を懸垂点にすれば点 P が振動の中心となり，点 P を懸垂点にすれば O が振動の中心となる．

1.5.A 長さ 1m の一様な棒の支点をいろいろ変えて周期を測る（図 1-48, 49）
回転軸の位置を変化させたときの棒の振動周期

長さ $2L$ の円柱棒を用い，棒の中心軸に直交する回転軸を変化させたときの振動の周期を測定する．懸垂点と重心の距離を h とすると相当単振り子の長さ l は

$$l = \frac{k_G^2 + h^2}{h} = \frac{L^2}{3h} + h \quad \left(\because k_G^2 = \frac{1}{3}L^2\right) \tag{5-10}$$

となるので（問題 12），重心から端までの間で周期が極小値をとる点がある．

$$\frac{dl}{dh} = -\frac{L^2}{3h^2} + 1 = 0 \quad \therefore h_0 = \frac{L}{\sqrt{3}} (= k_G) \quad \text{したがって}$$

$$l_0 = \frac{2L}{\sqrt{3}}, \ T_0 = 2\pi\sqrt{\frac{l_0}{g}} = 2\pi\sqrt{\frac{2L}{\sqrt{3}g}} \qquad (5\text{-}11)$$

※実験で使用した棒の長さが $2L = 100$cm だとすると，$h = 28.86 \fallingdotseq 28.9$cm のとき $T_0 \fallingdotseq 1.53$ 秒となる．

実験 長さ $2L = 100$cm の棒を用いて，懸垂点を変えたときの振動周期の測定を行う．

図 1-48

上端からの距離 (cm)	周期 (秒)
0 (50)	1.632
5 (45)	1.593
10 (40)	1.556
15 (35)	1.531
20 (30)	1.518
25 (25)	1.525
30 (20)	1.568
35 (15)	1.674
40 (10)	1.929
45 (5)	2.617

表 1-1 （ ）内は重心からの距離 h

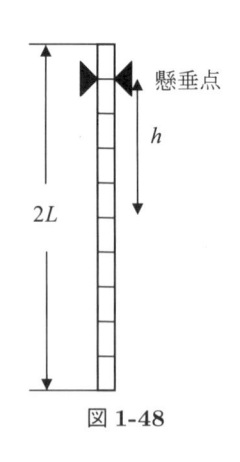

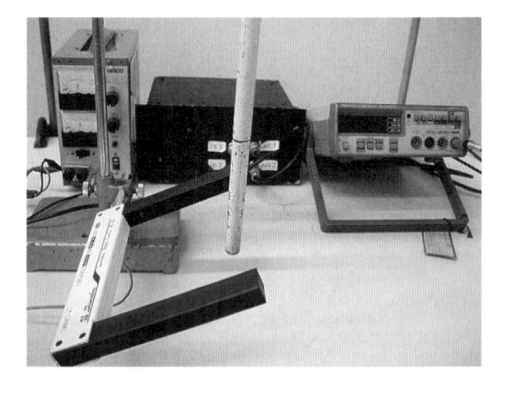

図 1-49# 実験装置全体図

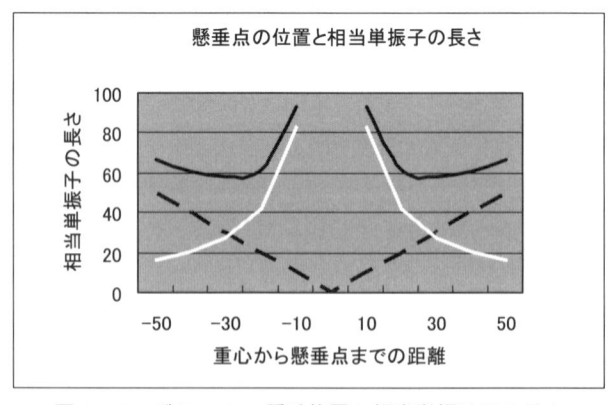

図 1-50 グラフ 1 懸垂位置と相当単振り子の長さ

黒（破線）$y = |x|$，白 $y = \dfrac{L^2}{3|x|}$，黒（実線）$y = \dfrac{L^2}{3|x|} + |x|$，$|x| = h$

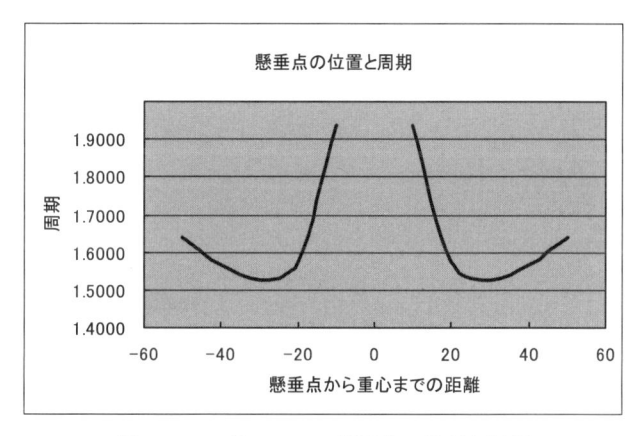

図 1-50　グラフ2　懸垂点の位置と周期

1.5.B　ケーター (Kater) の可逆振子 (島津製)

振動の中心 O′ (懸垂点から相当単振子の長さの位置) と懸垂点 O (回転の中心) は交換しても同じ振動周期で振れることを利用して重力加速度 g を求める実験.

剛体内に懸垂点 O と振動の中心 O′ との関係を満足する2点を選び，それぞれを軸として剛体を振らせれば，同振動周期 T で振動する. このような振り子を**可逆振子**という (図 1-52, 53).

可逆振子においては，両支軸間 (O–O′ 間) の距離は相当単振子の長さ l に等しいから，その周期 T は (5-3) より

$$T = 2\pi\sqrt{l/g} \tag{5-12}$$

となる. よって,

$$g = \frac{4\pi^2 l}{T^2} \tag{5-13}$$

となり，相当単振り子の長さ l と周期 T を測定することで，g の値を精密に求められる.

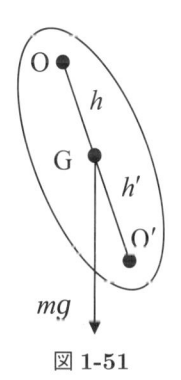

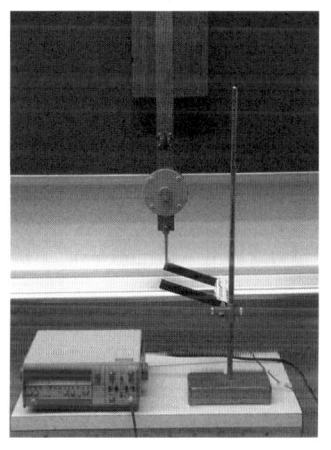

図 1-51

図 1-52#　実験装置

第1章　力と運動

実験　ケーターの可逆振子は懸垂のためのエッジを2箇所持った振り子．エッジ間の距離は固定されていて，その間にある可動おもり M で，重心の位置を移動させながら周期を測定し，2箇所のエッジでの周期が一致したところで相当単振り子の長さ l を知ることができる．

M の位置の 目盛 h(cm)	①での 周期 T(s)	②での 周期 T(s)
15	2.018	2.013
20	2.013	2.011
25	2.008	2.008
30	2.004	2.008
35	1.998	2.006
40	2.000	2.006
45	2.001	2.006
50	2.002	2.005
55	2.003	2.006
60	2.005	2.007
65	2.005	2.008
70	2.013	2.010

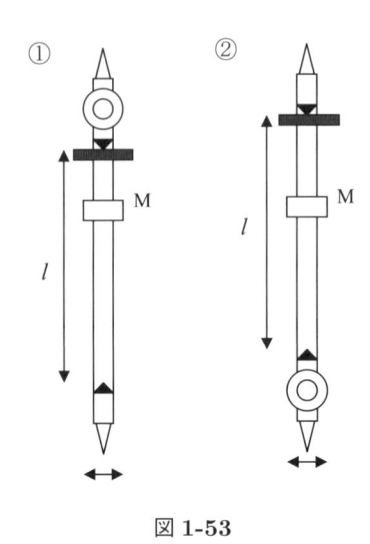

表 1-2

図 1-53

$l = 100$ cm　$T = 2.008$s を（5-13）式へ代入

$$g = \frac{4\pi^2 \cdot 100}{2.008^2} = 979.1 ≒ 979 \text{ cm/s}^2$$

1.5.C　ぶらんこに乗っている人が自力で振幅を増すには

ぶらんこが最も高い位置に来たときに腰を落とし，最下点に達する付近で腰を上げる．ぶらんこに乗っている人が腰を落としたり，上げたりすることを振り子の糸の長さの変化として考えてみよう（図 1-54）．

〈糸に吊るした球を使ったぶらんこ漕ぎの再現〉

① 糸が長い状態で最下点付近まで降りる．
② 糸を引いて慣性モーメントを小さくする．これにより，角運動量保存則によって，角速度が大きくなる．
③ ②の結果，糸は短いまま球が大きく振れる．
④ 最大振幅付近で糸を長くする．
⑤ 糸を長くしたまま最下点まで振らせる．

これは，振り子が最下点に到達したとき（①から②にかけて）振り子の進行方向に撃力が加わっ

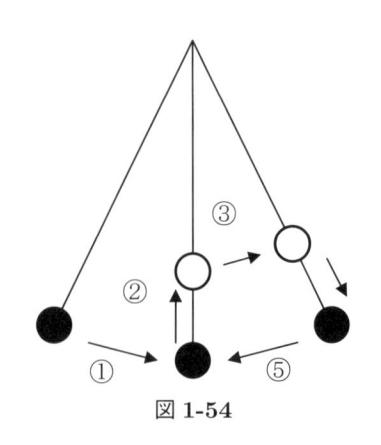

図 1-54

たと考えることができる．その結果，糸の長さを変化させている外力のエネルギーを得て振り子の振幅が増大する．

1.6 歳差運動

実体振子の回転軸は固定されているが，物体が自由に動く回転軸をもっているときはどのようなことが起こるだろうか．剛体は重心を通る軸のまわりで回転運動しているが，回転軸の方向が時間とともに変化する場合を考えてみよう．そのような運動をこまの運動という．

回転軸の方向を変えようとする外力が働くと，式 (4-12) から剛体の角運動量 $\boldsymbol{L}$ の変化量は外力のトルク $\boldsymbol{N}$ を用いて $d\boldsymbol{L} = \boldsymbol{N}dt$ と表される．こまのように軸対称な剛体の回転運動に対しては慣性モーメントと角速度ベクトル $\boldsymbol{\omega}$ を用いて $\boldsymbol{L} = I\boldsymbol{\omega}$ と表せるので，トルク $\boldsymbol{N}$ を $\boldsymbol{\omega}$ に平行な成分 $N_\parallel$ と垂直成分 $N_\perp$ に分けて考えると，

$$I\frac{d\boldsymbol{\omega}}{dt} = N_\parallel \boldsymbol{e}_\parallel + N_\perp \boldsymbol{e}_\perp \qquad (6\text{-}1)$$

図 1-55 地球ごまの歳差運動

$\boldsymbol{e}_\parallel$ と $\boldsymbol{e}_\perp$ は $\boldsymbol{\omega}$ にそれぞれ平行，垂直な方向の単位ベクトルである．$N_\parallel$ は $\boldsymbol{\omega}$ の大きさを変え，$N_\perp$ は $\boldsymbol{\omega}$ の方向を変える．$\boldsymbol{N}$ が常に $\boldsymbol{\omega}$ と直交している場合，ベクトル $\boldsymbol{\omega}$ は大きさが一定のまま $N_\perp$ の方向に向きを変えるだけである（問題 13）．

図 1-57 に示した地球ごまの運動を考えてみよう．こまを高速で回転させ，図 1-55 のように，こまの芯棒を水平にしてその足を支柱の点 P におくと，こまは落下することなく点 P を中心としてこまの芯棒が首振り運動（歳差運動）する．こまに働くトルク $N_\perp$ は Mgl でこまの回転軸に垂直な方向を向く．$N_\parallel = 0$ だからベクトル $I\boldsymbol{\omega}$ の大きさは変わらないので，Δt 秒間で $\Delta\theta$ だけベクトルが回転したと考えれば，図 1-56 から

$$N_\perp = Mgl = \frac{\Delta(I\boldsymbol{\omega})}{\Delta t} = I\omega \cdot \frac{\Delta\theta}{\Delta t} = I\omega \cdot \Omega \qquad (6\text{-}2)$$

$$\therefore \Omega = \frac{Mgl}{I\omega} \qquad (6\text{-}3)$$

図 1-56

ここで，l はコマの重心から芯棒の足までの距離，I はコマの慣性モーメントである．

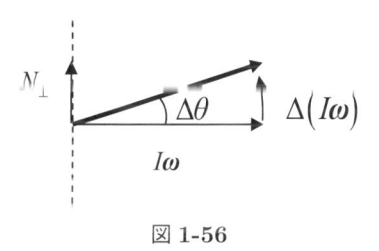

第1章　力と運動

図 1-57#

図 1-58#　コマが 90° 傾いても落ちない

　この場合上から見てこまの芯棒は角速度 Ω で反時計回りに歳差運動する．
　コマの**自転速度ω** が遅いほど，歳差運動の**角速度 Ω** は速い．

1.6.A　ジャイロスコープの歳差運動（島津製）

　互いに垂直な軸の周りを回転できる輪形の支持台（図 1-59 の内側の 2 つの枠は外側の枠に固定された 2 点を中心として自由に回転できる）でコマのように回る回転子を支え，回転子の回転軸が 3 次元のどの方向にも自由に動くような装置．回転儀（ジャイロスコープ）とも言う．たがいに直交する 3 つの回転軸は正確に回転子の重心を通っている．

ジャイロスコープの性質

① 　回転する軸が空間で一定方向を保つ（回転体の慣性）．1 度回転をはじめると，任意の方向で回転軸を一定に保ったまま回転し続けようとする．

② 　回転子の先端に鉛直下向きの力を加えると，回転軸は天頂角を保ったまま力の方向と垂直な方向に振れる（歳差運動）．

〈ジャイロスコープを使った実験例〉

　ジャイロスコープの回転子が回転している場合に，軸の先端に（おもりによって）トルクを加えてみると，どのように歳差運動するか．
　おもりの位置を回転軸の反対側につけるとどうなるか．おもりを重くするとどうなるか．

図 1-59#　ジャイロスコープ

こまの運動

1.6.B 芯棒の足が一点にとどまって回転している場合（図 1-60）

回転軸の先がとまっているのでそこを角運動量の基準点とする．
角運動量 $\boldsymbol{L}$ は次の式で表される．

$$\boldsymbol{L} = I\boldsymbol{\omega} \qquad (6\text{-}4)$$

基準点に対する重力のモーメントは $\boldsymbol{\omega}$ に垂直な方向を向いて，

$$N_\perp = Mgl\sin\theta \qquad (6\text{-}5)$$

トルクをベクトルで表すため，床に垂直な上向きの単位ベクトルを $\boldsymbol{e}_n$ とすると，

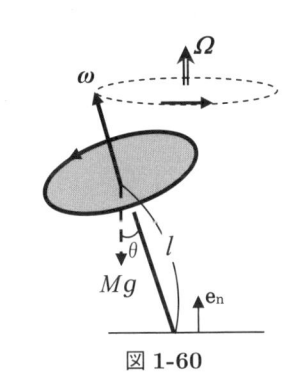

$$\boldsymbol{N} = N_\perp \frac{\boldsymbol{e}_n}{\sin\theta} \times \frac{\boldsymbol{\omega}}{\omega}$$

図 1-60

したがって

$$\frac{d\boldsymbol{\omega}}{dt} = \boldsymbol{\Omega} \times \boldsymbol{\omega}, \quad \text{ただし } \boldsymbol{\Omega} = \frac{N_\perp}{I\omega\sin\theta}\boldsymbol{e}_n \qquad (6\text{-}6)$$

と表される．式 (6-6) にしたがう $\boldsymbol{\omega}$ は一定の角速度ベクトル $\boldsymbol{\Omega}$ のまわりで歳差運動する（問題 14）．すなわち $\boldsymbol{\omega}$ は $\boldsymbol{e}_n$ を回転軸として角速度 Ω

$$\Omega = \frac{N_\perp}{I\omega\sin\theta} = \frac{Mgl}{I\omega} \qquad (6\text{-}7)$$

で歳差運動する．角速度 Ω はこまの傾き θ に依存しないが，こまの自転の角速度 ω が小さいほど速く歳差運動する．こまの自転の向きが逆になると，芯棒の歳差運動の向きも逆になる（問題 15）．

1.6.C こまの軸が傾いて芯棒が床を転がりながら運動する場合

こまの軸が傾くと，図 1-61 に示されるように回転軸の中心から少しずれた点 P で芯棒が床と接触し，芯棒の自転に応じて点 P を接点としてこまの芯が転がる．重心が動くので，重心 G を基準点としての力のモーメントを考えると，床の垂直抗力がこまの芯の転がる方向を

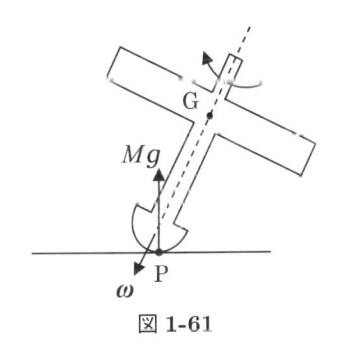

図 1-61

33

向くトルクを発生するので，こまの自転角運動量 ω は，軸の傾角を一定に保ったまま床の法線ベクトルを中心として歳差運動し，接点 P は円軌道を描いて転がる．接点 P に働く床の摩擦力は円軌道の中心方向を向いていて，これが重心の円運動の向心力となる．しかし床が平坦な場合，実際には接点 P でこまの軸がすべる．そのすべり摩擦力は直線 GP に垂直なトルクを発生するため，$N_\parallel$ 成分は自転の角速度を減少させ，$N_\perp$ は自転の角速度ベクトル ω を起き上がらせる方向に働く．その結果，接点の描く円軌道の半径が次第に小さくなり，やがてこまの芯棒が鉛直に立ち上がって静かに回転し続ける（眠りごま）．

〈自転車の転がり運動〉

自転車が直進していて何かの拍子で車輪が右に倒れかかると，車輪は右の方に曲がっていく．これも車輪の重心を基準点として，自転の角運動量変化を考慮すると説明できる現象の一つである．車輪が右側に倒れたとすると，地面の垂直抗力が車輪の重心を基準として，車輪の進行方向を向くトルクを発生する．それが車輪の角速度ベクトル ω の向きを変化させ，ω が上から見て右まわりの歳差運動を起こし，車輪が右に曲がり始める．

1.7　弾性体の力学

物体に外力を加えると歪み，すなわち形状や体積に変化を生じる．外力を除くと，元に戻ろうとする性質を弾性と呼ぶ．力の小さいときは変形は外力に比例し，力を取り去ると完全にもとに戻る．弾性の限界内での変形を扱うときの物体を弾性体という．変形の一部が残る性質を塑性という．固体と異なり，液体や気体では圧縮に対する弾性だけがあって形の変化に対する弾性はない．したがってその運動状態に注目するとき液体や気体をまとめて流体という．

弾性体

外力を与えたのち，これを取り去った後，完全にもとの体積と形に戻るような物体が**完全弾性体**で，外力を加えると，破壊こそしないが永久に形を変えてしまうような物体が**可塑性体**である．一般の物体は，弾性と可塑性との2つの性質を兼ね備えており，1つの物体でも，外力が小さい場合は弾性的にふるまうが，外力がある程度を超すと可塑性が現れる．また，外力の加わっている時間が短ければ，弾性的な性質を示すが，長ければ，外力を取り除いても変形を続ける物体もある．外力が取り除かれた後，瞬時に原形に戻るものもあれば，非常に長時間を要するものもある．

応力と歪み

物体に外力を加えると，物体内に変形を起こさせまいとする力が発生して外力と平衡を保つ．単位面積を通して互いに相手におよぼす力を応力という．外力を加えたために生じた変形の割合を歪みという．フックの法則は歪みが応力に比例することを表している．応力の歪みに対する比を弾性率とよび，変形の種類によって，ヤング率，剛性率，体積弾性率とよばれる．

ヤング率の定義と実験：長さの変形

フックの法則によれば，長さ l，断面積 S の細い一様な針金の上端を固定し，下端に重さ W のおもりをつるした場合の針金の伸びを Δl とすれば，その伸びがあまり大きくない範囲ではひずみの大きさ $\Delta l/l$ はその際の応力 W/S に比例する．このときの比例定数 E を針金をつくる物質のヤング（Young）率（伸びの弾性率）という．おもりの質量 M，針金の半径を r とすれば

$$\text{ヤング率}\quad E = (W/S)/(\Delta l/l) = Mgl/\pi r^2 \Delta l \tag{7-1}$$

基礎の物理学実験では，棒のたわみを利用してヤング率を測定するが，以下では簡単な実験例を紹介する．

1.7.A 弾性余効

レーザー光を用いてその直進性と光学テコによる変位の拡大によって正確にひずみを測ることができる (図 1-62).

① プラスチック板の場合

おもりを下げると，レーザー光の指す位置はある程度急速に下がり，その後も少しずつ下がり続ける．おもりを外すと，ゆっくり元の位置に戻る．この現象を弾性余効という

② ガラス板の場合

おもりを下げると，レーザー光の指す位置は平衡位置まで下がって止まる．おもりを外すと，元の位置にすぐ戻る．

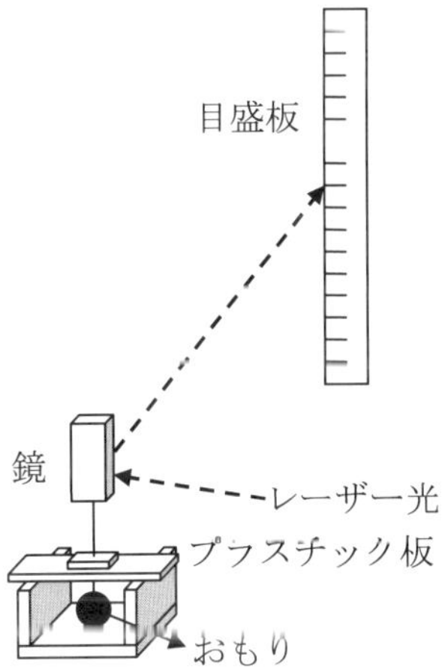

③ 銅板の場合

おもりを下げると，レーザー光の指す位置は平衡位置まで下がって止まる．おもりを外すと，元の位置にすぐ戻る．

図 1-62

第1章　力と運動

1.7.B　ポアソン比

図 **1-63** の矢印の部分にコルクを挟んで，少しづつ万力でコルクに圧力をかける．力を加えた方向の物体の単位長さ当りの縮み（または伸び）を $\alpha = \Delta d/d$，その垂直方向の単位長さ当たりの伸び（または縮み）を $\beta = \Delta l/l$ とするとき，

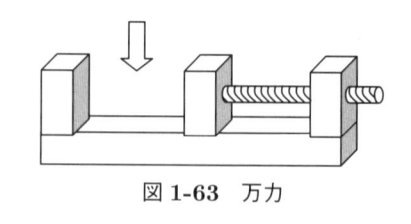

図 1-63　万力

$$\sigma = \beta/\alpha \tag{7-2}$$

をポアソン比といい，弾性の比例限度内で，物質に特有な定数である．

1.7.C　剛性率：形状の変形

図 **1-64** のように板をおもりで引っ張った時のスポンジの変形を測定し，剛性率を計算する．

直方体の上下両端面に，図 **1-65** のように，平行な相等しい逆向きの力 P を加えるとき，六面体は体積を変えずに，形のみのひずみを受ける．これをずれ（ずり）という．この場合，上下両端面の面積を S，その間隔を l，その相対変位を Δl とすれば，ずれ応力は $p = P/S$ で表され，ずれの大きさはずれの角 φ，つまり $\Delta l/l$ で表される．p の $\Delta l/l$ に対する比をその物質の剛性率 n または，ずれの弾性率という．

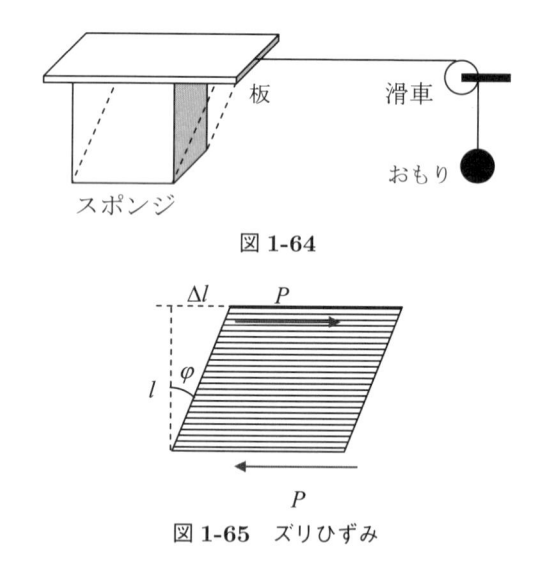

図 1-64

図 1-65　ズリひずみ

$$n = \frac{p}{\varphi} = p \bigg/ \left(\frac{\Delta l}{l}\right) \tag{7-3}$$

1.7.D　ねじり振子による剛性率の測定

式 (7-3) にしたがって n を求めることは難しいが，以下のような方法を用いれば，ねじり振子の振動周期から針金の剛性率 n を，便利に測定することができる．

図1-66のように，均質等方な長さl，半径aの針金または円柱状の棒の上端を固定し，下端で軸のまわりに偶力Nを加え，θだけねじるとき，棒を多くの薄い円板の集合体と考えれば，各円板面はそれぞれ棒の固定端からの距離に比例する角だけねじれる．

図1-66の影線をつけた円板部分を拡大して図1-67のように描くと，上下の円板は角度$\theta dy/l$だけねじれている．それを半径r，厚さdrの円筒状に分割して，その円筒の一部をみると，上下の面が$r\theta dy/l$だけずれた平行6面体が現れる．図1-65と比べると上下の面のずれの角φは

$$\varphi = r\frac{\theta}{l}dy/dy = \frac{r\theta}{l}$$

となる．したがってnを棒の剛性率とすると，ずれ応力pは

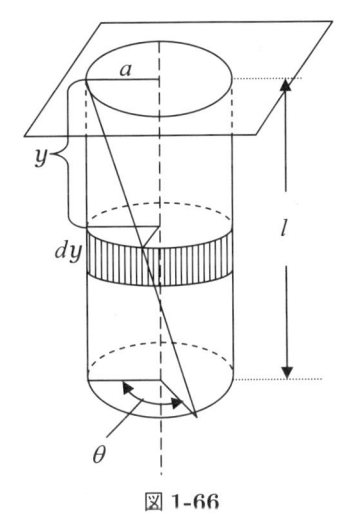

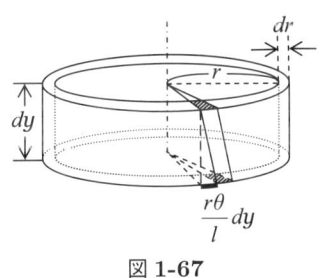

$$p = n\varphi = \frac{nr\theta}{l}$$

図1-66

図1-67

円筒の上下の面のずれを戻そうとする力のモーメント（中心軸まわり）は

$$dN = 2\pi r dr \cdot p \cdot r = 2\pi n\theta r^3 dr/l \tag{7-4}$$

これを$r=0$から$r=a$まで積分すれば厚さdyの円板の両端面に働くねじりモーメントNが求まる．

$$N = \frac{\pi n a^4 \theta}{2l} = \sigma\theta$$

ここでσはねじり係数である．ねじりモーメントは円板の位置yに無関係であるので，結局長さlの棒の下端に働くねじりモーメントもこれに等しい．

ねじり振子は，針金の上端を固定し，下端におもりをつるし，これをねじって回転振動させるものである．ねじり振子の単振動は波動の章で論じられているので省くが，

$$T = 2\pi\sqrt{\frac{I}{\sigma}} \tag{7-5}$$

$$\therefore \quad n = \frac{8\pi l}{a^4} \frac{I}{T^2} \tag{7-6}$$

ここで I は針金の先につけたおもりの慣性モーメントである．したがって，針金の半径 a，長さ l，周期 T を測って針金の剛性率 n が求められる．

体積弾性率：体積の変化

体積 V の物体に一様な圧力 Δp が加えられたときの体積の変化を ΔV とすると，体積弾性率 k は

$$k = -\frac{\Delta p}{\Delta V/V} = -V\frac{\Delta p}{\Delta V}$$

理想気体に対しては $pV = nRT$ から $k = p$ となる．すなわち体積弾性率は圧力に等しい．

1.8 流体の静力学

水や空気は固体と異なり，決まった形をもたず，外力を加えると流れていくので，液体と気体をまとめて流体とよんでいる．しかし，同じ流体でも，液体は固体と同程度の体積圧縮率をもっているが，気体の体積は圧力とともに容易に変化する．

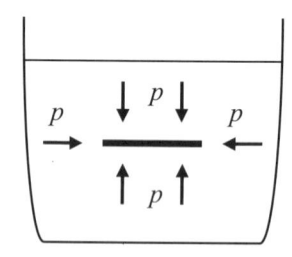

図 1-68 静水圧の等方性

気体では，分子は互いに自由に飛び回っており，容器内では多数の気体分子が絶えず壁面に衝突して，力を及ぼしている．壁面の単位面積当りのこの力が気体の圧力である．

一方，液体の中の静水圧は図 1-68 に示すように，水中の至る所で，下向きに働くばかりでなく，上向き，前後，左右にも同じ強さで等方的に働いている．

面積 S [m^2] に加わる力を F [N] とすると，単位面積当りに働く力 p [N/m^2 または Pa（パスカル）] を圧力の強さ，または圧力という．これに対して，圧力と面積の積 pS を全圧とよび，F で表す．

$$p = \frac{F}{S} \tag{8-1}$$

深さと圧力の関係

図 1-69 のように，密度 ρ の液体の中で，断面積 S，高さ h の液柱を考えると，液柱の上面には下向きの力 $p_1 S$ が，底面には上向きの力 $p_2 S$ が働き，液柱自身には重力 $\rho g h S$ が白い矢印のように下向きに働く．液柱が静止していることから，この 3 つの力はつり合っているので，次式が成り立つ．

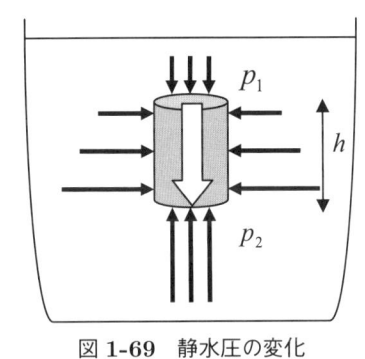

図 1-69 静水圧の変化

$$p_1 S + \rho g h S = p_2 S$$
$$\therefore \quad p_2 = p_1 + \rho g h \tag{8-2}$$

したがって，深さが h だけ深くなると，圧力は $\rho g h$ だけ高くなり，底面積 S には関係しない．よって，液面から深さ h の点の圧力 p は次式で与えられる（上式で，$p_1 = 0$ とする）．

$$p = \rho g h \tag{8-3}$$

液面に大気圧のような外圧 p_0 が働いていると，深さと圧力の関係は

$$p = p_0 + \rho g h \tag{8-4}$$

で与えられる．<u>圧力（水圧）は深さに比例して増大する</u>．

パスカルの原理：静水圧の伝達

密閉した容器の中で静止している流体の 1 点の圧力をある大きさだけ増すと，その圧力は損失なしに流体内のすべての点に伝達されて，どの点でもそれだけの圧力が増加する．この原理を応用した簡単な実験例をつぎに示す．

1.8.A 浮沈子（図 1-70, 71）

ゴム膜を指で(強く)押すと，試験管が沈み，指を離すと浮き上がってくる．

原理：ゴム膜を押すとメスシリンダー内部の空気の圧力が上昇する(水面の圧力が高くなる)．このため水圧が増加し，それが試験管にも伝わり，試験管内に水が入り込み空気が圧縮される．試験管が浮いているかぎりは，試験管内外の水面の高さの差は同じであるため，気体の体積が小さくなった分試験管は沈む．さらに圧力を上げると試験管は水中に没し，浮力が小さくなって沈下しはじめる．

第1章　力と運動

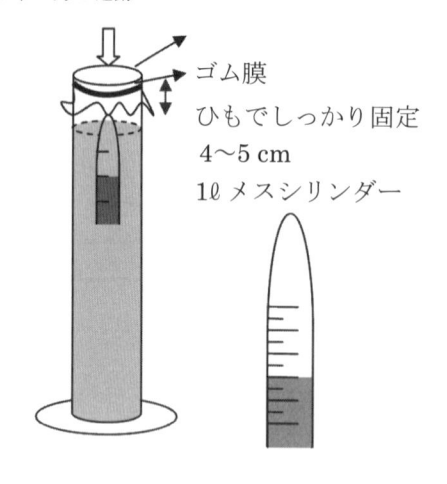

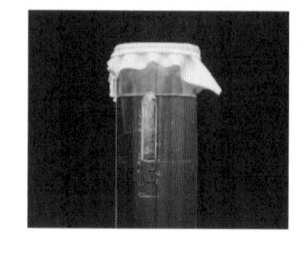

図 1-70#

図 1-71#　浮沈子

1.9　表面張力と毛管現象

表面張力：液体が持っている表面をできるだけ小さくしようとする性質.

液体の分子間に働く引力が，その表面でとぎれてしまい，図 1-72 のように表面から内部に向かう力（赤の矢印）が残る．その結果液体表面に沿って一種の張力が働くためである.

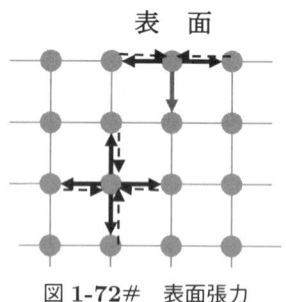

図 1-72#　表面張力

液体の表面に平行に液面上の単位長さの線に直角に働く応力として表される.

液体の表面積を dS だけ増やすのに必要な仕事を dW としたとき

$$dW = T \cdot dS \tag{9-1}$$

このときの T を表面張力という．単位は [N/m] で単位長さあたりの力である.

1.9.A　石けん膜の作る最小表面積

(1) 円環内に張った糸

図 1-73 に示されたように，熱した針を糸の間に差し込むと，中央部分は空洞になるが，上下部分は石けん膜が張っている．上下部分の石けん膜の面積が小さくなるよう糸は上下方向に分かれる.

図 1-73#

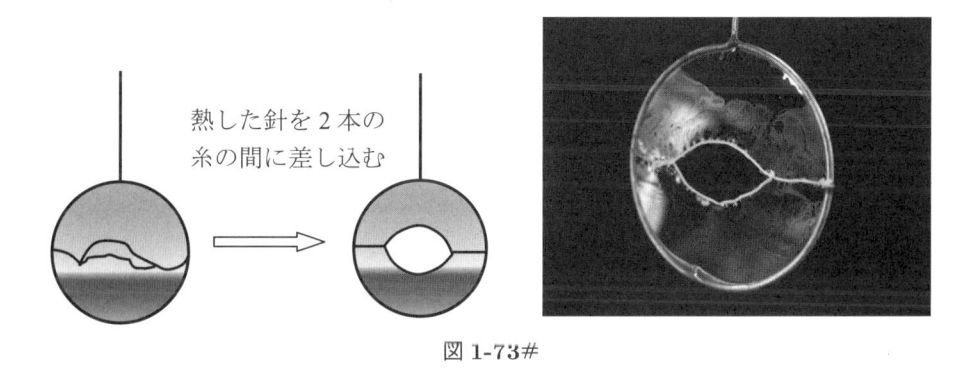

(2) 針金で作ったいろんな形状にできる石けん膜

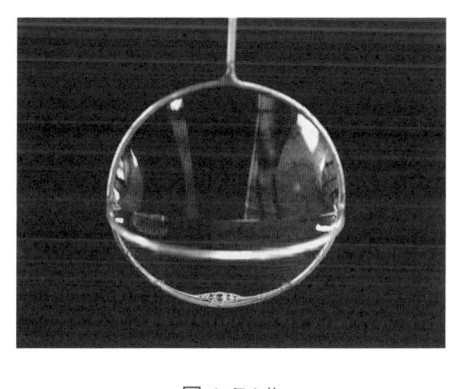

図 1-74#

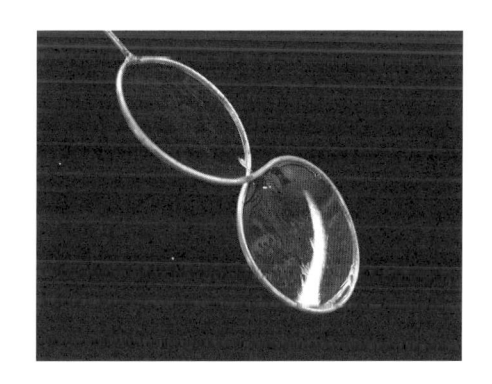

図 1-75#

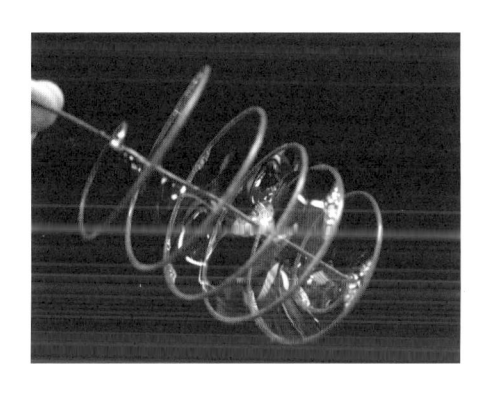

図 1-76#

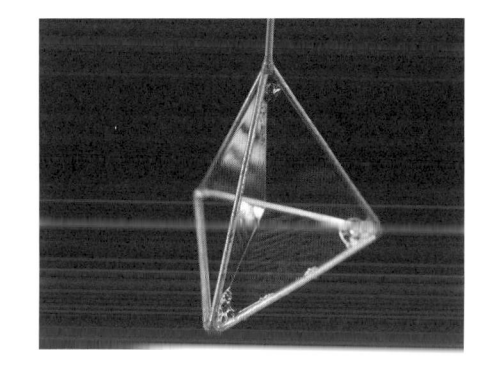

図 1-77#

第1章 力と運動

図 1-78#    図 1-79#

すべての場合において，表面張力によって表面積が最小になるように石けん膜ができる．

1.9.B　屏風＜毛細管現象＞

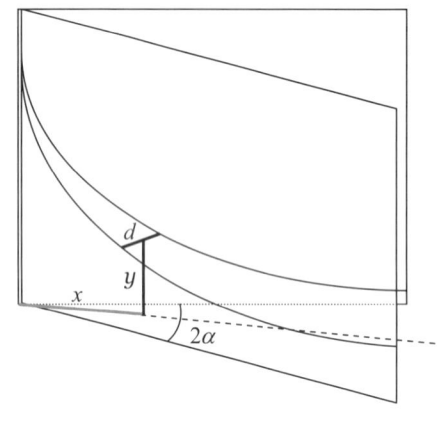

図 1-80# 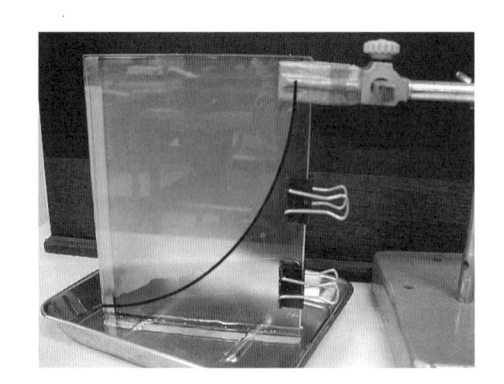   図 1-81#

2枚のガラス板をくさび型にして水中に立てると，ガラス板の間に吸い上げられる水は液面が図 1-80 のような曲線を描く．吸い上げられた水の高さ y は図中の x の関数である．幅 Δx，厚さ d の水を吸い上げる水の表面張力を考えてみよう．水とガラスの接触面で働く表面張力は，液面の描く曲線の法線方向を向いているが，その鉛直成分を考えると $T\Delta x \cos\theta$ となる．ここで θ は水とガラスの接触角である．したがって

$$d = 2x\tan\alpha, \quad y = \frac{2T\cos\theta}{\rho g d}$$

と表される．これらより d を消去すると

$$xy = \frac{T\cos\theta}{\rho g \tan\alpha} \tag{9-2}$$

となり，液面は**双曲線**になる．

1.9.C 親水性物質同士，疎水性物質同士は引き合い，親水性物質と疎水性物質は反発する

① ガラス棒と電球は水の表面張力によって引き合う．ガラス棒を電球から離すと，電球はガラス棒を追っかけて近づこうとする．

② ガラス棒と樹脂円筒は水の表面張力によって互いに反発する．ガラス棒を樹脂円筒に近づけると，樹脂円筒はガラス棒から遠ざかる．

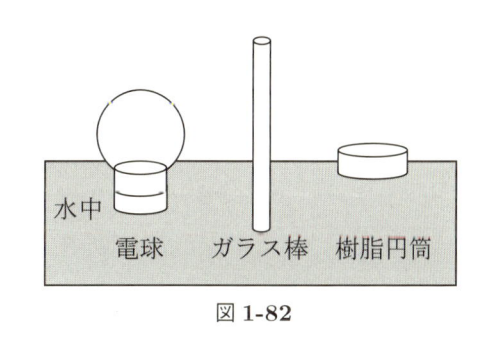

図 1-82

1.10 運動する流体

流体の流れ方

　静止している流体内の一点にかかる圧力は，四方八方から均等の大きさで作用していて方向性をもたないので，流れは生じない．流れを起こすためには，空間的な圧力差（圧力勾配）が必要である．流体が運動している場合，その隣り合った部分が異なる速度で流れていると，一般にはその両部分間に接線応力が発生する．それを粘性という．粘性が無視できるほど小さい理想的流体のことを完全流体という．

〈完全流体の場合〉

　流体の流れの中に引いた曲線で，各点での流れの方向がその点での曲線の接線になっているものを，**流線**という（図 1-83）．

　各点における流れの速度が一義的に決まり，流線が時間的に変化しない流れを「定常」であるという．

　定常流の中に小さな面積を考え，そこを通過する流線を作ると**流管**（1 つの管：tube of flow）ができる（図 1-84）．流線は交わったり，

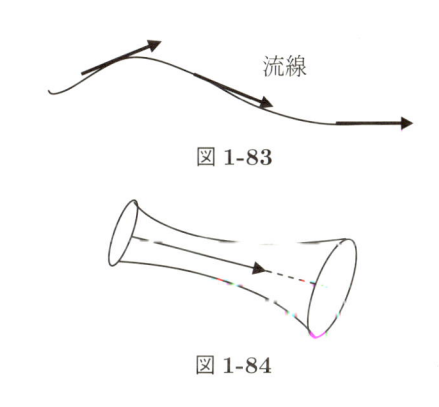

図 1-83

図 1-84

流管の外にはみ出すことはない.

連続の原理

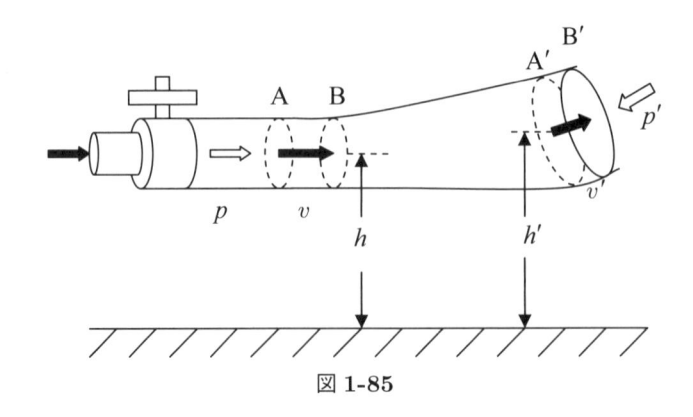

図 1-85

図 1-85 のような給水バルブに太さの違うパイプをつなぎ水を流す．(このとき水の流れは乱れのない層流で定常流であるとする．)

管内の流れに沿った 2 点 A, A' を考え, A における管の断面積を S, A' の断面積を S' とすると，単位時間に A と A' を通過する水の量は等しい．

断面 A, A' における平均流速をそれぞれ v, v' とすると

$$vS = v'S' \tag{10-1}$$

断面内で流速分布を考えるときは積分して $\int v dS = \int v' dS'$
すなわち

$$\int v dS = const \tag{10-2}$$

これを**連続の定理**という．また $\int v dS$ を**流量**とよぶ．

流体の流れる速度は断面積に反比例するので，流線が通過する断面積の小さなところ，すなわち流線密度の高いところでは，流速は速くなる．

ベルヌーイの定理：流速に差ができると圧力が変化する．図 1-85 で水が流れる方向をプラスにして考える．管内の A と A' の面に働く力はそれぞれ pS, $-p'S'$ なので, dt 時間内に A と A' の間にある水になされる仕事 W は

$$W = pSvdt - p'S'v'dt \tag{10-3}$$

となる．dt 時間内に管内の A にあった水は B まで，A′ にあった水は B′ まで進んだとすると，仕事 W は AA′ 間にあった水が dt 時間の間に BB′ の位置へ移動するまでに得たエネルギー（運動エネルギー＋位置エネルギー）の増加分に相当する．

$$W = （BB'間の水のエネルギー） - （AA'間の水のエネルギー）$$

また，BA′ 間は共通なので，

$$W = （A'B'間の水のエネルギー） - （AB間の水のエネルギー）$$
$$= \rho S'v'dt\left(\frac{v'^2}{2} + gh'\right) - \rho Svdt\left(\frac{v^2}{2} + gh\right) \tag{10-4}$$

となる．なされた仕事はエネルギー増加量に等しいので，これに連続の定理の式 (10-1) を使うと

$$\left(p - p'\right)Svdt = \rho\left\{\left(\frac{v'^2}{2} + gh'\right) - \left(\frac{v^2}{2} + gh\right)\right\}Svdt$$

これより次の結果が導かれる．

$$p + \frac{1}{2}\rho v^2 + \rho gh = p' + \frac{1}{2}\rho v'^2 + \rho gh' = const. \tag{10-5}$$

p：圧力
$\frac{1}{2}\rho v^2$：単位体積の流体の運動エネルギー
ρgh：単位体積の流体の位置エネルギー

(10-5) をベルヌーイの定理という．

1.10.A　穴の開いた水槽から飛び出す水はどこまで飛ぶか？

図 1-86 のように側面に穴を開けた容器に水を入れると，水は水圧によって側面から噴出し，その勢いは下の穴ほど強くなる．穴から飛び出す水は，実際にどれくらい飛ぶのかを考える．

容器の断面積に比べ，側面の穴のそれは極めて小さいとする（h の時間的変化が小さいとい

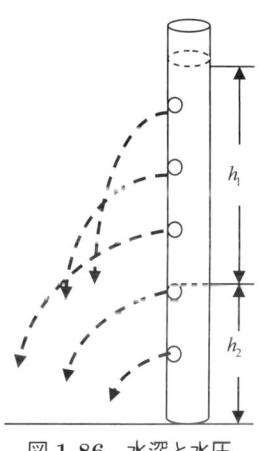

図 1-86　水深と水圧

うこと).さらに,水面の圧力 p_0（気圧）は小さな穴の位置での圧力と等しいとする.穴の位置を水面から h_1 の深さ,底から h_2 の高さにあるとすると,穴から飛び出す水の速度 v はベルヌーイの定理より

$$\rho g h_1 = \frac{1}{2}\rho v^2 \quad \text{より} \quad v = \sqrt{2gh_1}$$

速度 v で水平に飛び出した後は自由落下なので

$$x = v_0 t \quad (v = v_0)$$
$$h_2 = \frac{1}{2}gt^2$$

上の3式を解くと

$$x = 2\sqrt{h_1 h_2} \tag{10-6}$$

となる.今,底から水面までの高さ $(h_1 + h_2)$ が一定とすると

$$h_1 = h_2 \tag{10-7}$$

の場合,すなわち,図 **1-86** では下から **3** 番目の穴からが最も遠くまで飛ぶ.

1.10.B 管をつなぐと容器の水は速く流れ出る？

底の部分に水の出口がある容器の中の水をできるだけ早く排出するにはどのようにすればよいだろうか？

答え：出口の部分にホースをつなげる.ただし先端は出口より低い位置にする.ホースが長いほど水は速く流れ出る.

1.10.C 翼の揚力（揚力計：島津製－前*）

図 **1-87**, **88** のように翼に風を送ると,翼の上の方の流線密度が上り風速が速くなる.これによって上の方の圧力が下がり,翼が上向きに力を受ける.図 **1-88** はその翼の揚力をダイアル式のメーターで測ったところを示す.これが揚力（飛行機が飛ぶための力）になる.

落ちないピンポン玉

吹き出す空気の上にピンポン玉を持っていくと,図 **1-89** のような状態で安定してピンポン玉は落ちることはない.

---
*現在 ライボルト社製

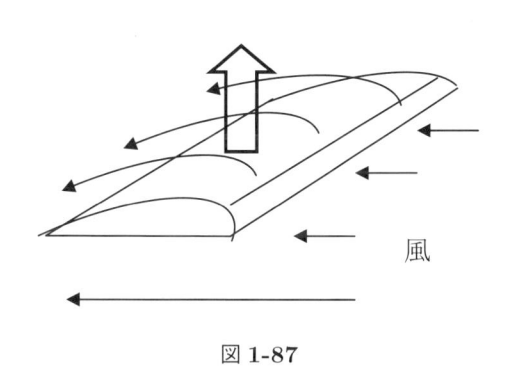

図 1-87

図 1-88#

　もし，ピンポン玉が図 1-90 のように中心部分からやや左にずれると，右側の部分に空気の流れが集中し，圧力が下がる．この結果，ピンポン玉は左から右方向に押され，元の状態 (図 1-89) に戻る．

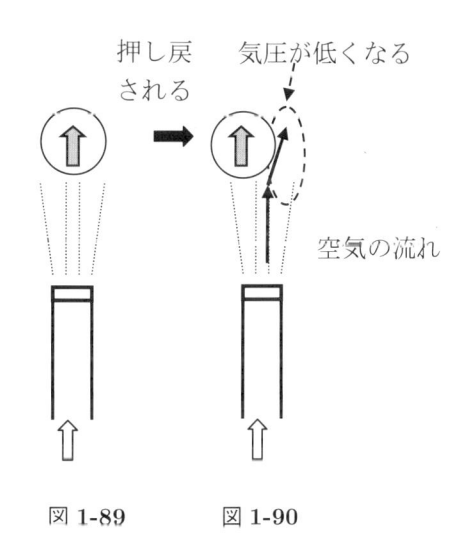

粘性流体
〈層流〉

　粘性のない完全流体に対し，実在の液体には粘性が存在するため粘性流体とよばれる．粘性流体がゆるやかに流れる場合，隣り合った流体部分が混じり合うことなく，すべるように層状に流れる．これを層流という．細い円管（半径 r，長さ l）を層流となって流体が流れるとき，単位時間当たりの流量 V は管の両端の圧力差 Δp と管の半径 r を用いてつぎの式で与えられる．

$$V = \frac{\pi r^4 \cdot \Delta p}{8\eta l}$$

この式をハーゲン-ポアズイユの法則といい，η は粘性率（cgs 単位はポアズ）である．水の粘性率は 0°C のとき $\eta = 1.79 \times 10^{-2}$，20°C のとき 1.00×10^{-2} ポアズである．グリセリン（20°C）の粘性は大きくて 15 ポアズである．

〈乱流〉

　運動している流体がある臨界速度以上になると，層流は突然乱れはじめ，流体の各部分がたがいに入り乱れた不規則な流れが発生する．これを乱流という．

第 1 章　力と運動

1.10.D　風洞実験（島津製－前）

様々な形状のものに発生する乱流を調べる．

図 **1-91**：背景の黒い幕上に白い糸束が規則正しく配置されている．図 **1-92**：風の出口の前にいろいろな物体（図 **1-93**）を置いたとき糸の乱れで乱流の発生を知る．

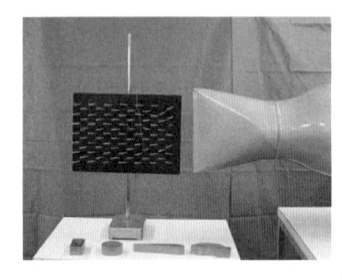

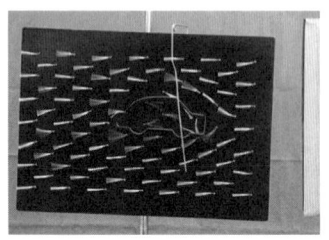

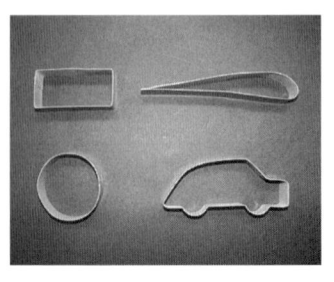

図 1-91#　　　図 1-92#　　　図 1-93#

① 四角形：あらゆる箇所で乱流が発生
② 円形：四角形より風の乱れは少ないが，特定の箇所で大きな乱流ができる
③ 涙（しずく）形：形状による風の乱れが最も小さい

力と運動　まとめ

1.1　ニュートンの運動の法則

(1) 運動の第1法則（慣性の法則）

物体には慣性があり，他から力を受けないとき，静止している物体は静止を続け運動している物体は等速度運動を続ける．

(2) 運動の第2法則（運動の法則）

質量 m の物体が力 $\boldsymbol{F}$ を受けると加速度 $\boldsymbol{\alpha}$ を生じ，次の運動方程式が成り立つ．

$\boldsymbol{F} = m\boldsymbol{\alpha}$

〈参考：質量 1kg の物体に 1N の力が働くと $1\mathrm{m/s^2}$ の加速度を生じる〉

(3) 運動の第3法則（作用・反作用の法則）

2つの物体が力を及ぼし合うとき，それらの力は大きさと方向がおなじで向きが逆向きである．

1.2　摩擦

鉛直方向に重力と抗力 N が釣り合っている．水平方向に引っ張る力を $\boldsymbol{f}$ とすると反対方向の摩擦力を $\boldsymbol{F}$ とする．物体が静止しているあいだは $\boldsymbol{f}$ を増して行くと摩擦力も $\boldsymbol{F} = -\boldsymbol{f}$ で増える．質量 m の物体が滑り出す直前の最大摩擦力 $\boldsymbol{F}_m$ は

$$F_m = \mu m g \qquad \mu: \text{静止摩擦係数}$$

で与えられる．$\boldsymbol{f}$ が $-\boldsymbol{F}_m$ より大きくなると，物体が動き出す．

1.3　衝突〈エネルギー保存と運動量保存則〉

仕事　$W = Fs\cos\theta$　；θ は力と変位ベクトルのなす角

運動エネルギー　$K = 1/2\, mv^2$

位置エネルギー　$U = mgh$

衝突の前後で K + U は保存する（**エネルギー保存則**）

$$\frac{1}{2}mv^2 + mgh = \frac{1}{2}mv_0^2 + mgh_0$$

反発係数 e　壁に衝突する前後の速度を $v,\ v'$　$e = -v'/v$　$0 \leq e \leq 1$

2球の衝突の場合：$e = -\dfrac{v_1' - v_2'}{v_1 - v_2}$　ここで $v_1 > v_2,\ v_1' \leq v_2'$

完全弾性衝突　$e = 1$, エネルギーを保存する

非弾性衝突　$e < 1$ エネルギーが失われる．

運動量の変化は力積に等しい

運動量　$\boldsymbol{p} = m\boldsymbol{v}$

力積　$\boldsymbol{F}\Delta t = \Delta \boldsymbol{p}$

2つの質点が衝突しても，衝突前後で運動量が保存される．

$$m_1\boldsymbol{v}_1 + m_2\boldsymbol{v}_2 = m_1\boldsymbol{v}_1' + m_2\boldsymbol{v}_2'$$

1.4　回転運動

〈求心力と遠心力〉

静止系で求心力　$mr\omega^2$

回転系で遠心力　同じ大きさで方向が反対

おもりのついた糸を回転させた場合（**1.4.A** 参照）

$$mr\omega^2 = Mg$$

$$\omega = \sqrt{\frac{Mg}{mr}} = \frac{2\pi}{T}, \quad T \propto \sqrt{r}$$

回転する2つのおもり $MR\omega^2 = mr\omega^2$　回転軸は重心

コリオリの力　$\boldsymbol{f} = 2m\boldsymbol{v} \times \boldsymbol{\omega}$

① 止まっているときは力を受けない（$\boldsymbol{v}$ は加速度系でみた速度）

② 回転中心からの距離に依存しない

1.5　単振動：糸の長さ l の単振り子の場合

$$\text{周期 } T = 2\pi\sqrt{l/g}, \quad \omega = \sqrt{g/l}$$

1.6　歳差運動

トルク　$\boldsymbol{N} = \boldsymbol{r} \times \boldsymbol{f}$　こまの場合　角運動量 $\boldsymbol{L} = I\boldsymbol{\omega}$

$I\dfrac{d\boldsymbol{\omega}}{dt} = I\boldsymbol{\Omega} \times \boldsymbol{\omega}$　$\boldsymbol{\omega}$ はこまの自転の角速度ベクトル

$\boldsymbol{\Omega}$ は歳差運動の角速度ベクトル（時間的に一定）

慣性モーメント $I = \Sigma m_i r_i^2$

1.7　弾性体

ヤング率　$E = (W/S)/(\Delta l/l) = Mgl/\pi r^2 \Delta l$　：長さ l，半径 r の針金に質量 M のおもりをつるした場合

剛性率　$n = \dfrac{p}{\varphi} = p \Big/ \left(\dfrac{\Delta l}{l}\right)$　**1.7.C**
ポアソン比　$\sigma = \beta/\alpha$　**1.7.B**

1.8　流体の静力学
パスカルの原理

1.9　表面張力と毛管現象
石けん膜の作る最小表面積
毛細管現象

1.10　運動する流体
ベルヌーイの定理　$p + \rho v^2/2 + \rho g h = $ 一定
翼の揚力，層流．乱流

演 習 問 題

1. 図 **1-2** で体積 V を導き，このおもりの比重を計算せよ．

2. 摩擦のない滑らかな滑車に軽いひもをかけ，その両端に質量 $m_1 = 3\text{kg}$ と $m_2 = 5\text{kg}$ の 2 つのおもりを結ぶ．最初，m_1 のおもりは床面にあり，m_2 のおもりは床面より 6m の高さにあるとする．

   (1) ひもにかかる張力を T，重力の加速度を g，おもりの加速度を a とする．おもりのそれぞれについて運動方程式をつくり，おもりの加速度を求めよ．

   (2) 高さ 6m にあるおもりが床につくときの速度を求めよ．

   (3) おもり m_1 の最終位置（床からの高さ）を求めよ．

3. スキーヤーが勾配が 30°，長さ 100m の雪の斜面上にいる．スキーと雪のまさつ係数を 0.2 とするとき，スロープの下端でのスキーヤーの速度は何ほどか．

4. 質量 m の質点が，床面に固定された半径 r の滑らかな球体の頂上に置かれている．この質点が鉛直面内の円に沿って滑りはじめ，θ だけ回転したところで球から離れ，接線速度 v を得て床面へ落ちていった．重力の加速度を g として，次の問いに答えよ．

   (ア) エネルギー保存則を用いて，球体から離れる寸前の速度 v を求めよ．

   (イ) 質点が球面から受ける抗力がゼロとなるとき，質点は球体から離れる．この条件を式で表し，そのときの θ を求めよ．

5. 体重が 600N に相当する人が秤の上に座ってローラーコースターに乗っている．

   (ア) 半径 80m の登りの頂点に達したとき，秤は 0（無重力状態）を示した．コースターの最小速度を求めよ．

   (イ) コースターが急降下で速度を増しながら，80m 下の最下点を通過するとき，秤は何 N を示すか．

6. ひもの先にとりつけた質量 $m = 0.1\text{kg}$ の小球が，まさつのないテーブル上を回転半径 $r = 0.2\text{m}$，回転速度 1 回転/s で回っている．ひもを手で $r = 0.1\text{m}$ まで引っ張ったとすると，新しい回転のスピードはいくらか．

7. 半径 a の一様な円板が円板面を鉛直にして細い真直ぐな棒で吊り下げられ，鉛直面内で振動している．支点から円板の中心までの長さを h として，相当単振子の長さとその周期を求めよ．

8. 加速度 a で直線上を走る電車の中で，質量 m の物体を静かに落とすときの物体の軌跡を求めよ．

9. 一般の形をした剛体の回転運動に対して，回転軸（z 軸）上の基準点に対する角運動量 $\boldsymbol{L}$ の z 成分 L_z が $I\omega$ に等しいことを示せ．また z 軸対称な剛体の回転運動に対して，$L_x = L_y = 0$ であることを示せ．

10. 図 1-44 における車輪部の慣性モーメントを I，回転円板の半径を a とするとき，角加速度 α と糸の張力 T を求めよ．

11. 質量 m の剛体に対して，任意の軸 O のまわりの慣性モーメントを I_{O}，重心 G を通ってこの軸に平行な軸のまわりの慣性モーメントを I_{G} とする．両軸間の距離を h とすると

$$I_{\mathrm{O}} = I_{\mathrm{G}} + mh^2$$

が成り立つことを示せ．

12. 長さ $2L$ の細い棒の重心 G を通り棒に直交する軸のまわりの慣性モーメントを求め，その回転半径が $k_{\mathrm{G}} = \frac{1}{\sqrt{3}} L$ と表せることを示せ．

13. $N_{\parallel} = 0$ のとき $\frac{d}{dt}|\omega|^2 = 0$ であることを示せ．

14. 微分方程式 (6-6) を解いて，ベクトル $\boldsymbol{\omega}$ が角速度ベクトル $\boldsymbol{\Omega}$ のまわりで歳差運動することを示せ．

15. こまの自転の向きが逆になると，微分方程式 (6-6) の右辺の符号が反転することを示せ．

第 2 章　熱現象

はじめに

　温度の低いものに触れると冷たく感じる．これは温度の高いものから低い方へ熱が移動するために，手から熱が奪われて冷えるからである．逆に，お湯に手を入れると熱が手に伝わって暖かく感じる．2つの物体間で熱の移動がつり合う熱平衡状態になると，2つの物体の温度が等しくなる．このように温度は熱の移動の方向を示す物理量であり，熱は物体がもつエネルギーの一形態である．

　ボイル–シャルルの法則は理想気体の圧力と体積の積が温度に比例する事を述べている．したがって体積を一定にして理想気体の温度を下げていくと圧力は下がる．理想気体の圧力が0になる温度が存在し，そのとき気体分子は完全な静止状態に対応する。気体分子運動論にしたがうと，気体分子の平均運動エネルギーは温度に比例し，その温度を絶対温度とよぶ．またこのとき熱は気体分子の運動エネルギーとして系にたくわえられる．

　熱が物体に移動してくると，それは系の内部エネルギーとしてたくわえられ，外部に力学的仕事をすると内部エネルギーを失う．熱と仕事と内部エネルギーの間のエネルギー保存則が熱力学第1法則である．熱エネルギーを仕事に変える熱機関の熱効率を考察するために導入されたカルノー・サイクルという仮想的熱機関は不可逆過程という概念を明確にするために大きく貢献した．エントロピーという系の状態を定義する物理量が新しく発見され，それを用いて熱力学第2法則という経験法則が物理的に明確な基礎を得ることになった．巨視的な物理系をミクロな分子の存在状態から考察する統計熱力学においても，エントロピーは重要な役割を果たし，$S = k_B \log W$ という有名なボルツマンの関係式に至るが，ここではその問題に言及しない．

　熱現象を身近に知るために，様々な温度計とその測定原理を取り上げてみた．また，断熱圧縮，断熱膨張などの熱膨張現象を考察し，実在気体の状態方程式から相変化が起きること，蒸発熱，対流，輻射熱，融点降下などの現象を身近な実験で示した．

2.1 温度とは

熱的性質を表す重要な物理量は熱と温度である．この2つの量は混同して用いられることが多いが，はっきりと区別されるべき概念である．熱とは物体内のミクロな分子の運動エネルギーとしてたくわえられたエネルギーの一形態である．2つの物体を熱的に接触させると熱エネルギーがやりとりされて，十分に時間がたつと変化がやみ平衡状態に到達する．そのとき等しくなる物理量が温度である．AとBが熱平衡にあり，同じ状態のAがCとも熱平衡にあるならば，BとCを接触させても熱平衡が保たれるという熱力学の第0法則が温度計を用いて温度を測ることができる基礎となっている．

温度はSI（国際単位系）の7つの基本単位の一つで，物理学者は，ケルビン温度目盛り（Kelvin scale，絶対温度）で温度を測り，ケルビン（K）という単位を用いる．物体の温度には上限はないが，下限がある．絶対温度ではこの最低温度をゼロとする．氷がとける温度0°Cは273.15Kである．

2.1.A 色々な温度計

温度を測定するさいは，目的によって種々の温度計を使用する．したがって，目的にあった温度計の選択および正しい使用法が温度測定の基本である．なお，より精度の高い温度を必要としたり，古い温度計を使用する場合は，凝固点や沸点のわかっている標準物質や標準温度計を用いて温度の補正を行う必要がある．

1°C程度の精度で温度を手軽に測定する場合は，水銀温度計やアルコール温度計などの液体温度計を用い，さらに精度を必要とする場合は，熱電対温度計や抵抗温度計などがよい．

〈主な温度計の使用温度範囲と特徴〉

水銀温度計	$-30 \sim 350°C$ の範囲の温度測定が可能．精度も高いので化学実験などでよく使用されるが，ガラス製でこわれやすい．
アルコール温度計	$-20 \sim 200°C$ の範囲の温度測定が可．液体温度計の一つであるが，水銀温度計に比べて精度が劣る．アルコールのかわりにトルエンやペンタンを封入したものは $-100 \sim -200°C$ 程度のごく低温の温度測定も可能．

熱電対温度計	−200〜2000°C の範囲の温度測定が可能. 2種の金属または合金を接続したものを熱電対といい，その2つの接点を異なる温度にすると起電力が発生する．この起電力は2種の金属または合金の組合せと温度に依存するため，一方の接点を既知（標準）温度に保ち，他方の接点を未知（測定）温度としたときに生じる起電力を測定して温度を求めるのが熱電対温度計． 〈金属の組合せによる測定温度範囲〉 白金ロジウム合金（＋）と白金（−）：0〜1064°C クロメル（＋）とアルメル（−）：−250〜1200°C 銅（＋）とコンスタンタン（−）：−200〜400°C （参考） ・アルメル：ニッケルとアルミニウムの合金 ・クロメル：ニッケルとクロムの合金 ・コンスタンタン：ニッケルと銅の合金 0°C の接合端で＋の金属から−の金属へ電流が流れる．
サーミスター温度計	半導体の種類によって様々な範囲の温度測定が可能．電気抵抗の温度係数が大きい負の値を持つ半導体を使用した抵抗温度計の一つで，温度に敏感なためわずかな温度差や急激な温度変化の測定も可能である．このような特性を利用して，恒温槽などの温度制御にも使用されている．半導体としては，マンガンやニッケルなどの数種類の金属酸化物を混合焼結したものが用いられている．
白金抵抗温度計	−260〜630°C の範囲の温度測定が可能. 白金の電気抵抗が温度に伴って変化することを利用した温度計．安定性がよく，微小温度変化などの精密測定に適するため，標準温度計や精密恒温槽の温度制御などにも使用される．
光高温計	700〜2000°C の範囲の温度測定が可能. 黒体放射の法則を利用して温度を測定する温度計で，溶鉱炉や電気炉などの高温測定に有効．

2.1.B 熱電対

上に挙げた表のなかで熱電対について実験を示す（図 **2-1**, **2-2**）.

<u>用意するもの</u>　デジタルボルトメータ，ビーカー 2 個（いずれも水を入れ，一つに氷を入れる），銅コンスタンタン熱電対

① 熱電対をデジボルに接続する．（電圧測定ボタンに切換える）
② イの先端を温める（手で握る）と電圧値が大きくなり，冷やすと小さくなることを確認する．
③ アを氷水につけ，イを水につけると温度差の違いによって電圧値が変化する．

　<u>電圧は温度差に比例する</u> ので以上のような方法によりかなりの精度で水の<u>温度 θ を測定</u>することができる．

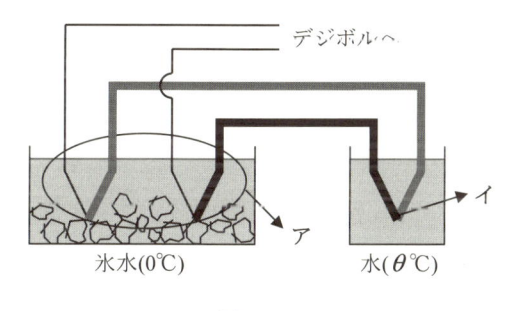

図 **2-1**# 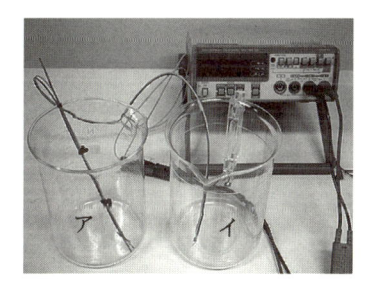　　　　　　　　　　　　　図 **2-2**#

　金属の両端に温度差をつけると，伝導電子の密度勾配が生じて，それが回路の起電力を発生する．2 種の異なる金属を 2 箇所で接続して，図 **2-3** のようにその接合点を異なる温度 T_1, T_2 に保つと，金属によって起電力の強弱の差があるため，それが回路の起電力となって現れる（ゼーベック効果）．

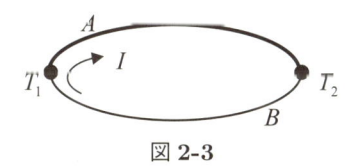

図 **2-3**

　この一対の素子を **熱電対** という．両接点の温度がそれぞれ $t, t+dt$ のとき発生する熱起電力を dE とすると，次のように表せる．

$$\frac{dE}{dt} = \eta \tag{1-1}$$

$$\eta = a + bt \tag{1-2}$$

η は **熱電能** で a, b は定数である．

熱起電力の性質（図 2-4, 2-5）

① 異種金属の一方の中間に第3導体を接続しても，その両端の温度差が同じであれば全体の熱起電力は変わらない（中間物質の法則）．この性質があるので図 2-1 のような方法で直接熱起電力を測ることができる．

② 接点温度が T_2, T_1 と T_1, T_0 の2つの熱電対があるとき，その起電力の和は接点温が T_2, T_0 の熱電対の起電力に等しい．

③ 端子温度が T_2, T_1 の熱電対（A, B）の起電力と他の熱電対（B, C）の起電力の和は同じ端子温度の熱電対（A, C）の起電力に等しい．

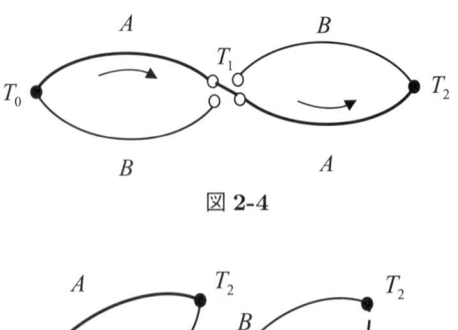

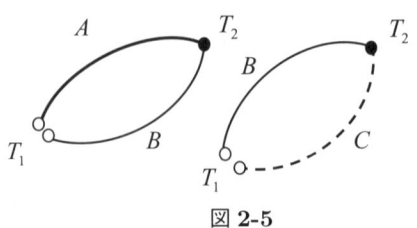

図 2-4

図 2-5

2.1.C 熱膨張

多くの物体の体積は一定の圧力下において温度が高くなるのに伴い膨張する．熱膨張の程度は物質の性質によって異なり，固体の長さの変化率は

$$\alpha = \frac{1}{l_0}\left(\frac{dl}{dt}\right)_t \quad l_0：0°\text{C での長さ，} t：温度 \tag{1-3}$$

と表され，α は**線膨張率**と呼ばれる．

線膨張率：α（$\times 10^{-5} K^{-1}$）（0°C～100°C）

鉄	1.22	ゲルマニウム	0.6
アルミニウム	2.3	シリコン	0.24
真鍮	1.9	クラウンガラス	0.90
銅	1.6	石英ガラス	0.05
タングステン	0.44	木材	0.5～5
インバー ※	0.12		

※ インバー：ニッケルと鉄の合金

液体温度計

液体や気体はきまった形状を持たないので**体膨張率**β だけが考えられる．一般に液体は固体よりも体膨張率が大きいので，液体を適当な容器に封入して温度を上昇させると，温度の変化

を内部の液体の体積変化として読み取ることが出来る．それが液体温度計である．

$$\beta = \frac{1}{v_t}\left(\frac{dv}{dt}\right)_t \qquad v_t : t°C における体積, \ t : 温度 \tag{1-4}$$

液体の体膨張率 $\beta[K^{-1}]$ の例．水銀：0.181×10^{-3}，エチルアルコール：1.08×10^{-3}

バイメタル：指針温度計（バイメタル説明器〈旧島津製〉図 2-6）

熱膨張率の異なる 2 枚の薄い金属を張り合わせたもので，熱すると膨張率の大きい金属の方が余計に伸びるので，目に見えるほど曲がる．金属としては膨張率の大きい真鍮（67%Cu，33%Zn 合金）と熱膨張の小さいインバー（36%Ni，64%Fe 合金）の組み合わせが用いられる．2 枚の金属を重ねて圧延して一体にする．これを水平に支えて片端に糸を張っておくと，温度変化によってバイメタルがたわむと糸が指針を回転させて温度を指示する

図 2-6#　バイメタル説明器

蛍光灯のスタータ（点灯管）〈バイメタルの応用 2〉（図 2-7）

電圧がかかると点灯管がグロー放電を起こしてバイメタル部分（青色）が熱によって伸び，反対側の極板に近づく．両極板が接触すると放電が止み，バイメタルが冷えて接触が切れる．

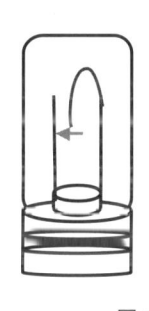

図 2-7#　点灯管

第 2 章 熱現象

その瞬間チョークコイルに発生する逆起電力を利用して蛍光灯が点灯する．すると点灯管にかかる電圧は大きく下がるためバイメタル部分は冷えて接点が完全に切れる．

2.1.D　ラパート滴（オランダの涙）

　ガラス棒をバーナーで溶解し，熱いうちに水に滴下すると急速に固まる．割れてしまうものもあるが，割れずに残ったしずく状のものをラパート滴（オランダの涙）という（図 2-8）．表面は急速に冷えて固まり，内部はゆっくり冷えるため，ガラスにはひずみが生じる．ラパート滴を偏光板の間に置いて観察すると，ひずみに応じいろいろな干渉縞が見える（図 2-9）．またラパート滴の細い部分を折るとひずみのバランスがくずれるためガラス全体が壊れて粉々になる (図 2-10)．

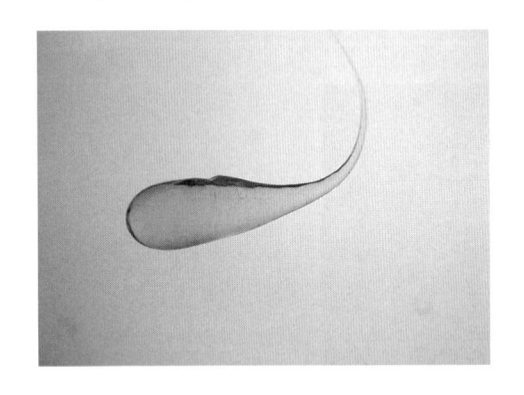

図 2-8#　ラパート滴（オランダの涙）　　　　図 2-9#　ラパート滴の干渉縞

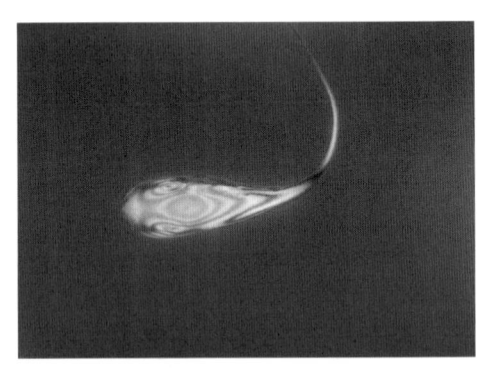

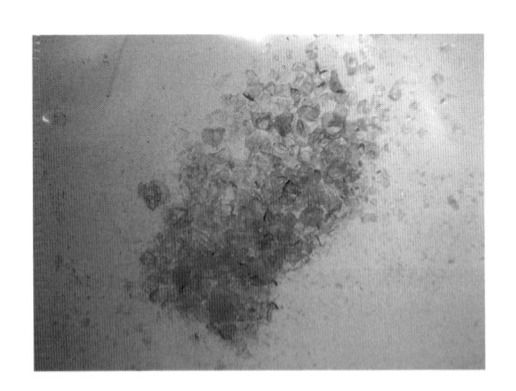

図 2-10#　粉々になったラパート滴
細い部分を折っただけで全体が粉々になる

2.1.E 線膨張率測定装置(島津製)

金属棒の線膨張率 α を測定する装置の概略を以下に示す.

一般に温度変化 Δt による金属棒の長さの変化 Δl は以下のように表される.

$$\Delta l = l_0 \cdot \alpha \cdot \Delta t \tag{1-5}$$

α:線膨張率,l_0:金属棒のはじめの長さ

Δt および Δl を図 **2-11** の測定装置で測れば線膨張率 α が求められる.

図 **2-11** 熱膨張率測定装置の概要

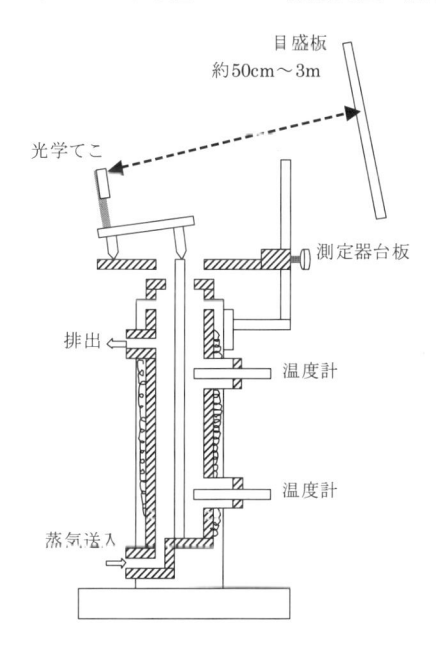

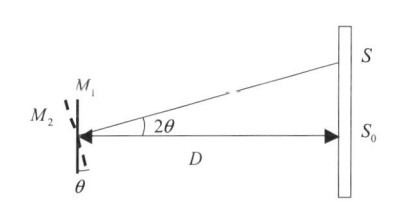

図 **2-12** 鏡と目盛板部分の詳細

〈温度 Δt および長さ Δl の変化測定方法〉

上下の温度計の値を読み,その平均値を t_1 とし,鏡が M_1(最初の位置)のときの目盛板の値を S_0 とする(図 **2-12** 参照).次に蒸気を送り,上下の温度計の読みがそれぞれ一定になったとき,上下の温度計の読みの平均値を t_2 とすると,$\Delta t = t_2 - t_1$ である.蒸気の熱により試料棒が膨張し,光学てこの足を押し上げるために,鏡面が M_2 の位置に傾く.このときの目盛板の値を S とする.

$$\tan 2\theta = \frac{S - S_0}{D} \tag{1-6}$$

θ が小さいときは $\theta \fallingdotseq \dfrac{S - S_0}{2D}$

第 2 章　熱現象

また，光学てこと試料棒との接触点と鏡の回転軸との距離を r，回転角を ϕ とすると，試料棒の膨張した長さ Δl は，$\Delta l = r \cdot \tan \phi$ である．ここで $\phi = \theta$ なので，

$$\Delta l = r \cdot \tan \theta = r \cdot \frac{S - S_0}{2D} \quad \therefore \alpha = r \frac{\frac{S-S_0}{2D}}{l_0 \cdot \Delta t} \tag{1-7}$$

2.2　熱とは：熱力学の第 1 法則

　容器に入った気体にヒータから熱を与えると，気体分子の運動がさかんになる．すなわち熱が気体分子の運動エネルギーという形で物体にたくわえられる．また熱エネルギーを与えられた気体は膨張して外界に力学的仕事をする．すなわち，熱は仕事に変換することができるエネルギーである．19 世紀に至るまでは，熱素という質量のほとんどない一種の物質が熱の正体であると考えられていた．熱が力学的エネルギーや電気的エネルギー，光のエネルギーなどと同様にエネルギーの一形態であることが確立されたのは 19 世紀半ばのことである．このような意味での熱エネルギー保存則が熱力学の第 1 法則である．

$$dU = d'Q + d'W \tag{2-1}$$

ここで $d'Q, d'W$ は気体という作業物質に与えられた熱エネルギーと仕事量である．dU は熱運動にもとづく力学的エネルギーとして作業物質にたくわえられた内部エネルギーの増加量である．

2.2.A　理想気体の状態方程式：気体分子運動論

　理想気体の状態方程式はボイル・シャルルの法則 $pV = nRT$ で表される．ここで n は気体のモル数，R は気体定数，p, V, T はそれぞれ圧力，体積，絶対温度である．理想気体とは，分子間の相互作用をほとんど無視することができる理想的な気体である．
　p と V の積が理想気体の内部エネルギー U に比例することは，気体分子運動論にもとづいて以下のように示すことが出来る．N 個の気体分子が一辺の長さ L の立方体の容器に閉じ込められているとする．分子の質量を m とし，気体分子は容器の壁で完全弾性衝突しているとする．いま i 番目の分子が速度 $\boldsymbol{v}_i = (v_{ix}, v_{iy}, v_{iz})$ をもっていたとすると，分子の x 軸方向の運動は速さが $|v_{ix}|$ で長さが L のところを等速往復運動することになるので，単位時間に x 軸に垂直な片側の壁に $|v_{ix}|/2L$ 回衝突する．この壁は衝突のたびに $2mv_{ix}$ の力積を受けるので単位時間当たり mv_{ix}^2/L の力積を受けることになる．したがって，これをすべての分子について加えたものが，壁が気体から受ける圧力となるので，

$$pL^2 = \sum_{i=1}^{N} mv_{ix}^2 / L = mN \langle v_x^2 \rangle / L$$

となる．ここで $\langle ....\rangle$ は N 個の分子についての平均を表す．分子の運動が等方的であることを考慮して $\langle v_x^2 \rangle = \langle \bm{v}^2 \rangle /3$ と $L^3 = V$ を用いると，次の式が得られる．

$$pV = mN\frac{\langle \bm{v}^2 \rangle}{3} = \frac{2}{3}N\left\langle \frac{1}{2}m\bm{v}^2 \right\rangle \tag{2-2}$$

$N\left\langle \frac{1}{2}m\bm{v}^2 \right\rangle$ は理想気体の内部エネルギー U に等しいので，(2-2) は次式となる．

$$pV = \frac{2}{3}U \tag{2-3}$$

一方，1 モルの理想気体に対して，$pV = RT$ が成り立つことを用いれば，

$$\frac{1}{2}\langle m\bm{v}^2 \rangle = \frac{1}{2}\langle m(v_x^2 + v_y^2 + v_z^2)\rangle = \frac{3}{2}\frac{R}{N_A}T = \frac{3}{2}k_B T \tag{2-4}$$

という式が得られる．ただし N_A はアボガドロ数，k_B はボルツマン定数である．これは気体分子の並進運動1自由度あたり $\frac{1}{2}k_B T$ のエネルギーが等分配されていることを示している（エネルギー等分配則）．したがって，絶対0度において気体分子の運動エネルギーは0である．

2.2.B 等温膨張と等温圧縮

理想気体が入った容器を一定温度の熱源に接触させてゆっくりと膨張させる．いつも熱平衡状態を保ったままゆっくり状態変化させるので準静的変化と呼ばれる．理想気体の内部エネルギーは温度だけの関数なので，等温膨張過程では $dU = 0$ である．気体が膨張するときに外界になした仕事量は pdV であるから，熱力学の第1法則によって理想気体が熱源から吸収した熱エネルギー $d'Q$ はすべて仕事として変換されたことになる．一定温度 T のもとで，1 モルの理想気体の体積が V_A から V_B まで膨張したとすると熱源から受け取った熱量は $Q = RT\ln(V_B/V_A)$ である（演習問題1参照）．その逆の等温圧縮過程では，外からなされた仕事の分だけの熱量を理想気体の系から外界に排出することになる．

2.2.C 断熱膨張と断熱圧縮

外界との熱的接触を完全に遮断して，容器内で気体を準静的に膨張させる過程を断熱膨張と呼ぶ．熱力学第1法則によると $d'Q = 0$ なので，理想気体が断熱膨張するとき，外になした仕事の分だけその内部エネルギーを失う．したがって気体の温度は下がる．断熱膨張によって気体の温度が T_2 から T_1 に下がったとすれば，理想気体の定積熱容量を C_V とすると $dU = C_V dT$ と表せるので，外になした仕事量は $C_V(T_2 - T_1)$ である．

この値は断熱過程に対するポアッソンの関係式 $pV^\gamma =$ 一定を用いて，膨張による仕事量を直接計算することによっても得られる（演習問題4参照）．ただし C_p は定圧熱容量で，$\gamma = C_p/C_V$ である．この逆過程である断熱圧縮によって気体になされた仕事はすべて内部エネルギーの増加量に転換される．その結果理想気体の温度は上昇する．

気体の急速膨張，急速圧縮

　外部から熱の流入するいとまもないほど急速に気体を膨張させると，それは一種の断熱膨張過程とみなすことができる．断熱膨張によって気体分子の温度が下がる理由は気体分子運動論的にも容易に理解できる．気体分子が壁面で弾性衝突するとき，壁面が速度 v_0 で x 軸方向に後退していると，速度成分 v_{ix} で壁面に入射した分子は $v_{ix} - 2v_0$ で反射されてくるので，分子の運動エネルギーは減少する．断熱過程であれば失った運動エネルギーを補給する手段が無いので，結局，気体の内部エネルギーが減少して温度が下がる結果となる．断熱圧縮がその逆の結果となることは明らかである．気体液化機の原理は，圧縮した気体を低温の熱源であらかじめ十分冷却したのち，急速膨張させてさらに温度を下げることに基づいている．

ゴムの断熱伸長（収縮）

　ゴムを急に伸ばすと温度が上がり，引き伸ばされたゴムは急に縮まると温度が下がる（引き伸ばしておいた輪ゴムを急速に縮めて唇に当てると分かる）．この現象は気体を断熱的に圧縮したときの温度の上昇と類似している．ゴムを引っ張るときの弾性力は，気体分子を圧縮したときの圧力に類似してエントロピー的な力に原因している．気体を断熱的に圧縮すると，体積の減少によるエントロピーの減少を補うように温度が上昇して分子の熱運動によるエントロピーを増大させる．一方，ゴムを引っ張ると高分子鎖の配向によってエントロピーが減少するので，温度が上昇して熱運動によるエントロピー増大でそれを補償する．

2.2.D　熱機関：カルノー・サイクル

　熱の正体が物体内のミクロな分子の力学的エネルギーであることをすでに述べた．熱エネルギーを取り出して力学的エネルギーに変える系を熱機関と呼ぶ．たとえばピストンを介してシリンダーに閉じ込められた気体に熱を加えると気体はピストンを押し出して仕事をする．熱源から取り出した熱量のうちなるべく効率よく仕事を取り出すにはどうしたらよいかという問題を深く考察したのがカルノー（Sadi Carnot）である．彼の思考実験に用いられたカルノー・サイクルという仮想的な熱機関は，熱を仕事に変える最大効率が存在する事実を見出しただけにとどまらず，熱力学の第 2 法則と呼ばれる経験法則をエントロピーという概念で定式化していく基礎を築くのに大きく貢献した．

　シリンダーに閉じ込められた理想気体を作業物質とし，高温の熱源 T_2 と低温の熱源 T_1 を用いて，等温膨張，断熱膨張，等温圧縮，断熱圧縮という 4 つの過程を経て作業物質の状態を元に戻すサイクルを回す．図 **2-13** で A→B は高温の熱源 T_2 に接触させた等温膨張過程，C→D は低温の熱源 T_1 に接触させた等温圧縮過程である．上で述べたように，A→B では高温の熱源から $Q_2 = nRT_2 \ln V_B / V_A$ の熱量を取り込んで，それをすべて外界に対す

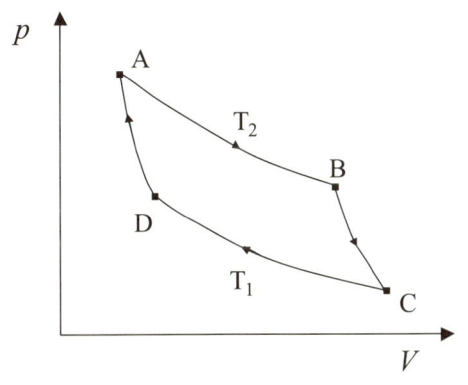

図 2-13 カルノー・サイクル

る仕事に変える．C→D では気体の圧縮のさいに外界からなされた仕事量をすべて低温の熱源へ $Q_1 = nRT_1 \ln V_C/V_D$ という熱量として排出する．一方，B→C と D→A への断熱過程においては膨張のさいに温度が T_2 から T_1 まで下がり，圧縮のとき温度が T_1 から T_2 まで上昇し，作業物質の状態は元どおりになる．これをサイクル過程と呼ぶ．1 サイクルの間に作業物質は高温の熱源から Q_2 の熱を取り出して Q_1 の熱量を低温の熱源に排出し，外界に対して図形 ABCD で囲まれる部分の面積に等しい仕事 W を行う．サイクル過程では内部エネルギーの変化はないので，$W = Q_2 - Q_1$ が成り立つ．熱量 Q_1 は高温の熱源に返されたわけではないので，仕事として再利用できる形のエネルギーではない．したがって熱量 Q_2 の一部が仕事 W として変換されたのであるからカルノー・サイクルの熱効率は $\eta_c = W/Q_2 = (Q_2 - Q_1)/Q_2$ となる．ここで $Q_1/T_1 = Q_2/T_2$ というクラウジウスの関係式（演習問題 5 参照）を用いると $\eta_c = (T_2 - T_1)/T_2$ となる．熱効率は熱源から取り込んだ熱量に関係なく，2 つの熱源の温度だけの関数として決まる．

カルノー・サイクルは断熱膨張過程 A→D，等温膨張過程 D→C というように全く逆のサイクル過程を準静的にたどらせることが可能である．すなわち可逆サイクル過程である．そのようなカルノーの逆サイクルを 1 回まわした結果は，外界から W の仕事をしてもらって，低温の熱源から Q_1 の熱量を取り出して，高温の熱源に $Q_2 = W + Q_1$ の熱量を排出する冷凍機となる．

2.3 エントロピー：熱力学の第 2 法則

2.3.A トムソンの原理（第 2 種の永久機関の否定）

「ただ 1 つの熱源から熱量を取り出して，これをすべて仕事に変えるばかりで，他に何の変化も外界に残さないような過程は実現不可能である」という主張がトムソンの原理である．もしそれが可能ならば，海水から熱量を取り出してスクリューをまわして航行する船が可能とな

り，燃料を必要としない永久機関が実現する．そのような熱機関を第2種の永久機関というが，「第2種の永久機関は存在しない」というオストワルトの表現はトムソンの原理と同一である．これは熱力学第2法則の一つの表現法である．

2.3.B　クラウジウスの原理

図 2-14 のように，低温の熱源から熱を取り出して高温の熱源に熱を放出するカルノーの逆サイクル（カルノー冷凍機）を作動させるために，その仕事を第2種の永久機関に行わせたとすると，その結果は「低温の熱源から高温の熱源に熱を移すだけで他に何の変化も残さない過程」となる．トムソンの原理に反しているので，このような過程は存在しえない．これが熱力学第2法則に対するクラウジウスの原理と呼ばれる表現法である．すなわち，トムソンの原理とクラウジウスの原理は同じ法則の表現法を変えただけである．

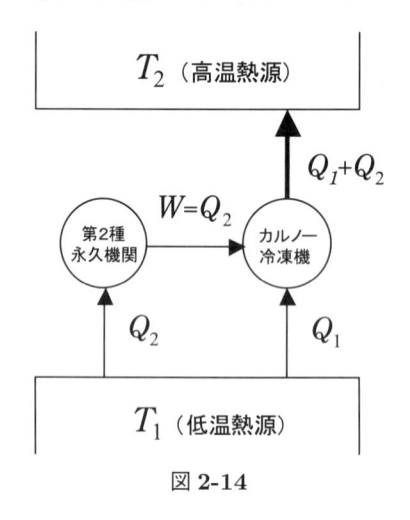

図 2-14

2.3.C　不可逆過程

「第2種の永久機関は存在しない」という熱力学の第2法則は，具体的で分かりやすい表現法であるが，その根拠はどこにあるのか釈然としないものが残る．表現の仕方を変えると，熱力学の第2法則は不可逆過程という確率的に元に戻せない現象が存在することに深く関係している．

カルノー・サイクルの等温膨張過程では，熱源から熱エネルギーを取り込んで，それをすべて仕事として外界に取り出す．このとき気体の体積がたとえば2倍になったとする．等温膨張過程では気体の内部エネルギーと温度は一定のまま膨張するので，その終状態は，最初体積 V_0 に閉じ込められた気体が真空中に断熱自由膨張して2倍の体積になった状態と同一である（真空中への断熱自由膨張とは，気体を閉じ込めていた隔壁に穴を開けて気体分子を真空中に拡散させる過程，その結果は理想気体の内部エネルギーも温度も変化しない）．真空中に拡散

した気体分子が，他に何の変化も残さずに収縮して，元の状態に戻ることが可能ならば，その過程と等温膨張過程を組み合わせることによって，一つの熱源から熱を取り出してそれをすべて仕事に変換するサイクル機関が成立する．それはトムソンの原理に反するので，理想気体が真空中へ拡散する過程は不可逆過程であるという結論に至る．カップの中の熱いコーヒーから空気中に熱が散逸する過程（真空中に気体分子が拡散する過程と基本的に同じ，熱伝導の項参照）は不可逆過程であり，何もしないで冷めたコーヒーが再び熱くなることは確率的に起きえない，ということが熱力学の第2法則に内在する自然現象の本質である．このような熱現象の自発的な変化の方向を決定する物理量としてエントロピーという概念が導入された．

2.3.D　カルノーの定理

熱力学の第2法則をカルノー・サイクルに適用してみると，熱機関の効率に関して非常に重要なつぎの定理が導かれる．

> 任意の可逆サイクルの熱効率はカルノー・サイクルの効率 η_c に等しく，またすべての不可逆サイクルの熱効率はこれよりも小さい．

これがカルノーの定理である．この証明は演習問題 8, 9 として与えられている．

2.3.E　エントロピー

上述のカルノー・サイクルの状態 A から状態 B を経由して状態 C に至る過程において，作業物質は熱源 T_2 から熱量 Q_2 を受け取って状態 C となる．一方，状態 A から，カルノーの逆サイクルをたどって，状態 D を経由して状態 C に至る場合は，作業物質は熱源 T_1 から熱量 Q_1 を受け取る．すなわち最初と最後の状態は同じでも，熱の変化量 ΔQ は状態変化の径路に依存して異なる．しかし，カルノー・サイクルにおけるクラウジウスの関係式は $Q_1/T_1 = Q_2/T_2$ であった．したがって，熱量変化そのものではなく，$\Delta Q/T$ を状態変化の径路に沿って和をとると，状態変化 B→C，A→D が断熱変化で $\Delta Q = 0$ であるため，状態変化の径路が A→B→C でも A→D→C でも $\Delta Q/T$ の和は同じ結果になる．

さらに A→C の状態変化を，図 **2-15** に示したように，小さな変化幅の断熱変化（$C_i \to D_{i+1}$）と等温変化（$D_i \to C_i$）の素過程の積み重ねに分割してたどると考えると，等温変化時の熱源の温度を T_i，そのとき作業物質に取り込んだ熱量を ΔQ_i として，$\sum_i \dfrac{\Delta Q_i}{T_i}$ は変化の径路が A→D→C のときの和 $\dfrac{Q_1}{T_1}$ に等しい．

さらに小さな素過程に細分していくと，状態変化の径路 A→D_1→C_1→D_2→C_2→$\cdots$→C は滑らかな曲線 A→C1→C2→$\cdots$→C に近づく．

第 2 章　熱現象

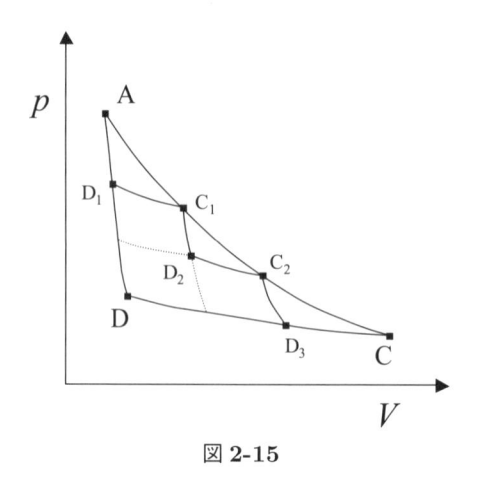

図 2-15

$\Delta Q_i \to 0$ の極限では，$\Delta Q_i/T_i$ の和は径路 A→C に沿っての積分に等しくなる．

$$\sum_i \frac{\Delta Q_i}{T_i} \quad \to \quad \int_A^C \frac{d'Q}{T} = \frac{Q_1}{T_1} \tag{3-1}$$

この径路積分の値は径路のとり方に依存しないので，A を基準状態とすれば，それは終点 C の状態のみに依存する状態量である．これをエントロピー S と呼ぶ．

$$S(\mathrm{C}) - S(\mathrm{A}) = \int_A^C \frac{d'Q}{T}, \quad 微小変化に対して \quad dS = \frac{d'Q}{T} \tag{3-2}$$

ただし，状態変化が準静的可逆過程のときにのみ上の式が成り立つ．エントロピー S は状態関数なので，可逆的サイクルを一回りすると，$\oint \frac{d'Q}{T} = 0$ となる．

2.3.F　不可逆過程とエントロピー増大則

不可逆サイクルの場合，熱効率 η はカルノー・サイクルの効率 η_c より必ず小さいので，$\eta = \frac{Q_2 - Q_1}{Q_2} < \eta_c = \frac{T_2 - T_1}{T_2}$．したがって，$\frac{Q_2}{T_2} - \frac{Q_1}{T_1} < 0$ となる．$\frac{Q_2}{T_2}$ が高温の熱源から受け取ったエントロピー，$-\frac{Q_1}{T_1}$ が低温の熱源から受け取ったエントロピーであるから，一般に不可逆過程のサイクルを一回りすると，$d'Q$ を作業物質が受け取った熱量として，$\oint \frac{d'Q}{T} < 0$ となる．したがって，可逆過程の径路を通って C→A まで変化し，つぎには不可逆過程の A→C をたどってサイクルを一回りすると，

$$\int_C^A \frac{d'Q}{T}(可逆) + \int_A^C \frac{d'Q}{T}(不可逆) < 0 \tag{3-3}$$

可逆過程での径路積分がエントロピー変化量 $S(\mathrm{A}) - S(\mathrm{C})$ であるので，

$$\int_A^C \frac{d'Q}{T} (\text{不可逆}) < S(C) - S(A) \tag{3-4}$$

微小変化の場合は，$\frac{d'Q}{T} \leq dS$（等号は可逆のとき成立）となる．

もし断熱過程において不可逆変化が起きれば，$d'Q = 0$ より $dS > 0$ となって必ずエントロピーは増大する．これが，「熱的に孤立した系に起きる状態変化は必ずエントロピーが増大または一定に保たれる方向に向かう」というエントロピー増大の法則である．すなわち，孤立系の熱平衡状態はエントロピー最大の状態である．

2.4 実在気体

実在の気体では分子間に弱い引力が作用していることが多いので，状態方程式はボイル・シャルルの式からはずれている．これを考慮して表した式がファン・デル・ワールスの状態方程式である．

$$(p + an^2/V^2)(V - nb) = nRT \tag{4-1}$$

係数 a, b は分子間の引力や分子の排除体積を考慮にいれた定数である．

ファン・デル・ワールスの状態方程式は気体分子間の相互作用を半経験的に取り入れた比較的簡単な方程式であるが，気体分子を圧縮していくと液相に相変化する様子を定性的に説明することが出来る．1モルの分子に対するファン・デル・ワールスの式を V について解くと，

$$V^3 - (b + RT/p)V^2 + aV/p - ab/p = 0 \tag{4-2}$$

となる．T を一定にして図 **2-16** のように p を V の関数として等温線を描くと，T が $8a/27Rb = T_c$ を境としてそれ以下の温度で極大と極小をもつ曲線になる（演習問題10参照）．臨界点 T_c 以上の温度では気体を等温圧縮しても液化は起きない

ファン・デル・ワールスの状態方程式は V が十分大きいときは理想気体の状態方程式に一致するが，T が T_c より低くなると気体を等温圧縮していくと，圧力 p_0 のところで気体の液化が起き始めGとLで表される気相と液相が共存する．この圧力 p_0 は斜線部の面積が等しくなるというマックスウェルの規則にしたがって決まる．T_c 以下のいろいろの温度で気相と液相の共存する圧力を求め，図 **2-17** のように，これを $p-T$ 平面上に描けば，蒸気圧曲線になり，気相と液相の領域を分ける境界線となる．

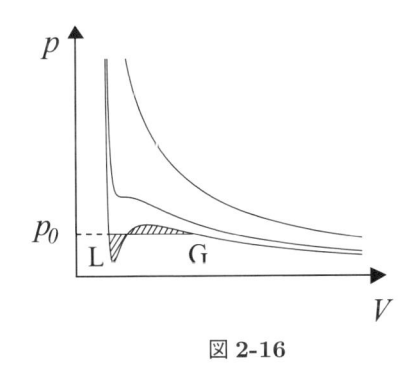

図 **2-16**

第2章 熱現象

物質には，気相と液相のほかに固相が存在し，融解曲線が液相と固相の，昇華曲線が気相と固相の境界線を与える．このようにして描かれた $p-T$ 図は相図と呼ばれる．

図 **2-17** で水については

　水の臨界点：374.1°C，22.13 MPa．
　水の3重点：273.16K (0.01°C)，6.11 hPa．
　水の蒸気圧：10°C：12.28，20°C：23.37，
　40°C：73.78，60°C：199.3，80°C：473.7，
　100°C：1013（圧力の単位は hPa）．

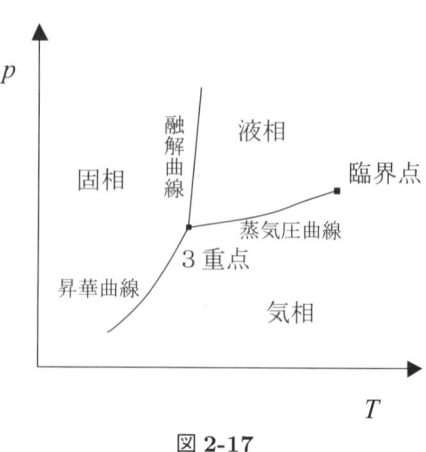

2.5 相変化

物質にいくら熱を加えても温度が全く上昇しないことが起きる．つまり熱を与えても分子の運動エネルギーには変化が起きないという一見奇妙な現象である．それは物体が相変化を起こしているのである．すなわち固体の場合ならば固相が融解して液相に変化しているのであり，液体の場合ならば，液相が気化して気相に変化しているのである．このような相変化を引き起こすために吸収される熱を潜熱といい，気化熱，融解熱と呼ばれる．固体が液体になるときにはふつう密度が小さくなるが氷の場合は例外で融解すると僅かに密度が増大し 4°C で最大密度となる．融解して密度が小さくなる物質では融解点は圧力が増すと高くなるが，氷の場合は例外で，圧力が大きくなると融解点は低くなる（実際には 1 気圧の増加で僅かに 0.0072°C 降下する程度である）．

図 **2-17**

例　水の気化熱（蒸発熱）：539.8 cal/g（100°C），氷の融解熱：79.7 cal/g（0°C）

2.5.A 水の密度〈水の温度特性〉（図 **2-18**）

水には，他の流体にない温度特性がある．それは，大気圧下において，水は 4°C で最大密度になる．密度測定の実験によると，密度分布は 4°C を境に対称になっている．

したがって，数値計算上では，密度が 4°C でピークになる 2 次曲線で近似できる．
〈0°C から 8°C までの範囲で有効〉

$$\rho = -8.05 \times 10^{-6}(T-T_0)^2 + \rho_0,$$
$$\rho_0 = 0.999973 \mathrm{g/cm}^3, \quad T_0 = 4°C \quad (5\text{-}1)$$

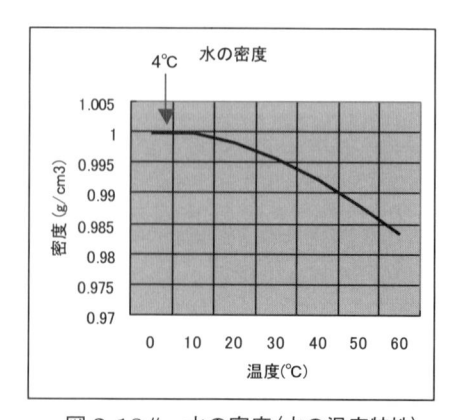

図 **2-18**#　水の密度〈水の温度特性〉

2.5.B 水のみ鳥：蒸発熱

鳥のおもちゃ．鳥は身体をゆすり，そのうちにくちばしをコップの水の中に突っ込んで水を飲む動作をする．満足した鳥はまた起き上がり，同じ動作を繰り返す．鳥は何のエネルギーを使って運動しているのだろう．

〈水飲み鳥の動作のしくみ〉

本体はガラス細工で出来ていて，中にエーテルが入れてあり，空気は抜いて封じてある．鳥の頭の部分は外側をフェルトのようなもので覆われており，水に濡れるようにできている．鳥の中央を支えている台の部分を支点として鳥の頭と胴に対応するガラス管部分は振動できるようになっている．

① はじめに頭の部分を濡しておき振動させると，エーテルの液面がだんだん管の中を上がっていく．これは，頭を濡らしている水が蒸発する時に蒸発熱を奪い，これによって温度が下がり，頭の中を満たしていたエーテルの蒸気が凝縮して液体になる．すると，頭部の圧力が減ってエーテルを吸い上げる（図 **2-19**）．

図 2-19#

② エーテルを吸い上げると頭の方が重くなって，頭は次第に下に傾き，遂にはくちばしをコップの水面に突っ込む．同時に鳥のお尻の部分でガラス管がエーテルの液面から顔を出し，上部のエーテル液は管を下がって，お尻の部分に下がる．すると，重心が下がって，鳥は再び起き上がる（図 **2-20**）．

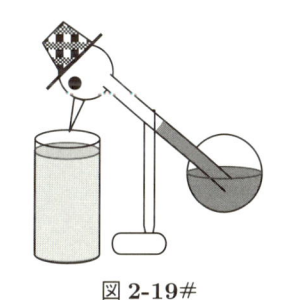

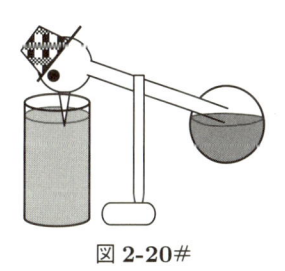

図 2-20#

③ 鳥は振動を続け，①・②の動作を繰り返す．

注）エチルエーテルの蒸気圧 20°C：586.4 hPa，40°C：1228 hPa．水の蒸発熱：582.8 cal/g (25°C)．

水飲み鳥の繰り返し運動は頭の部分からの水の蒸発熱によっておきている．周囲を密閉して気密にすると湿度が高くなり，水の蒸発が止まって，いずれ運動は止まる．

2.5.C 過冷却

固体を熱していくと，一定の圧力の下では常に一定の温度で融解するが，液体を冷却していくと凝固点以下になっても液体のままでいることがしばしば起きる．この現象を過冷却という．不純物のない容器の中で結晶の種などが存在せず静かにゆっくり冷却する場合に実現する一種の準安定状態である．結晶の種を入れたり，急に振ったりするとただちに安定な状態に相変化する．蒸気の場合にも過冷却状態が存在する．例えば水蒸気の温度を下げていくと，飽和水蒸気圧以下の温度に下げても必ずしも水の凝結は起きない．ところが，空中にある種の浮遊粒子が存在するとそれが凝結核となってそのまわりに凝結が起き水滴として空中に浮かび雲あるいは霧を形成する．蒸気を過冷却する最も簡単な方法は断熱膨張させて，気体の温度を下げることである．これは素粒子の発見にも大きな貢献を果たしたウィルソンの霧箱の原理である．

凝結核と霧の発生（図 2-21）

フラスコにアルコールを少量入れ，線香の煙も少し入れておく．フラスコ内の空気を膨張させる（ピストンを引く）と断熱膨張（温度降下）によって霧が発生し，ピストンを押すと断熱圧縮（温度上昇）によって霧が消える．

※線香の煙が凝結核となっている．

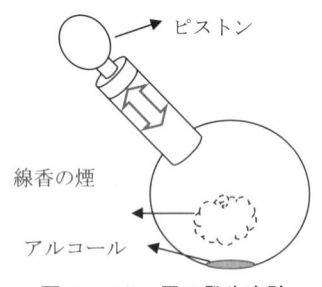

図 2-21#　霧の発生実験

エチルアルコールの蒸気圧
　　20°C：58.7hPa，25°C：78.7 hPa
　　30°C：104.5 hPa．

酢酸の過冷却（図 2-22）

試験管に酢酸を入れ，氷水で冷却する．酢酸は冷却されて過冷却状態（無色透明）になる．ガラス棒で試験管の内壁をこすると，過冷却状態が壊され，一瞬のうちに酢酸が固体（白色）に変化する様子が確認できる．

2.6　熱の移動

物体の内部あるいは物体間に温度差があると必ず温度の高いところから低い方に熱が移動する（熱力学の第2法則）．熱の移動の方法として，伝導，対流，輻射という3つの機構が存在することがよく知られている．

図 2-22　酢酸の過冷却

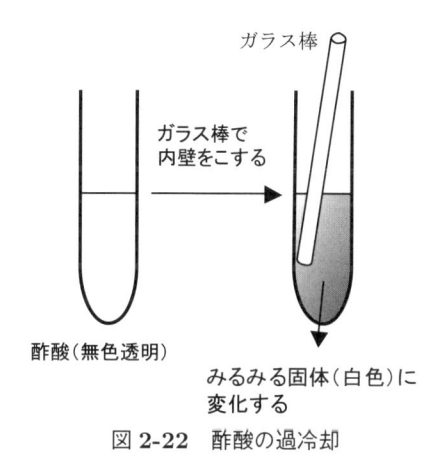

2.6.A　水の対流

流体内部のある区域が絶えず暖められ，その温度が周囲より高くなると，その部分の流体が膨張により密度が小さくなって上昇し，周囲の低温度の流体がその区域に流れこんでいくという過程が繰り返される現象．暖められる部分が下部にあるとき，対流によって流体全体の温度が高くなる．いまではあまり見られなくなったが，下から火をたいてお湯を沸かすタイプのお風呂は典型的な例であった（**図 2-23**）．

2.6.B　熱の伝導：熱の輸送現象

棒の片端を手で持って，他端を加熱すると，銅はたちまちのうちに熱くなって手で持てなくなるが，ガラスの棒はいつまでも素手で持っていることができる．これは加熱された部分の熱が，手で持つ部分にまで流れてくる熱の流速の違いによる．熱伝導の様子は，粒子のブラウン運動による拡散の現象と同じく一種の輸送現象である．粒子の拡散は濃度勾配が粒子の流れを生み出す駆動力であるが，熱の流れは温度勾配が駆動力となって生み出される．

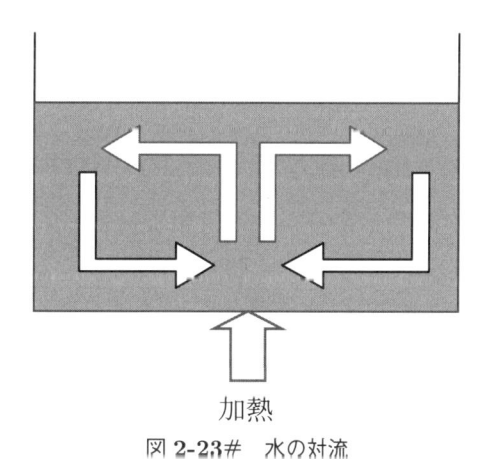

図 2-23#　水の対流

物体内の x 方向に単位時間に単位断面積を通して流れる熱量 $\dfrac{dQ}{dt}$ は，温度勾配 $\dfrac{dT}{dx}$ に比例して $\dfrac{dQ}{dt} = -\kappa \dfrac{dT}{dx}$ と表される．ここで κ は物質によってきまる定数で熱伝導率と呼ばれる．均質な物体内で熱伝導が起きる場合，物体内の微小区間 $x \sim x+dx$ の部分に単位断面積を通し

て単位時間に流入する熱量と流出する熱量の差はつぎのように表せる.

$$\left(\frac{dQ}{dt}\right)_x - \left(\frac{dQ}{dt}\right)_{x+dx} = -\frac{\partial}{\partial x}\left(\frac{dQ}{dt}\right)dx = \kappa\frac{\partial^2 T}{\partial x^2}dx \tag{6-1}$$

この熱量が単位断面積で長さ dx の物体の温度上昇速度を与えるので,

$$\frac{\partial T}{\partial t} = \frac{\kappa}{C}\frac{\partial^2 T}{\partial x^2} \tag{6-2}$$

が成り立つ. ここで C は物質の単位体積あたりの熱容量である. この式は熱伝導方程式と呼ばれる.

熱の伝導は, 粒子の濃度勾配が存在するときに粒子が高濃度から低濃度の方向に拡散するときの拡散方程式と全く同じ形をしている. すなわち粒子濃度 $n(x,t)$ は

$$\frac{\partial n}{\partial t} = D\frac{\partial^2 n}{\partial x^2} \tag{6-3}$$

にしたがう. ここで D は拡散係数である. x 軸の原点に局在していた粒子が拡散係数 D でブラウン運動しながら広がっていく状況と棒の片端にパルス的に与えられた熱が熱伝導率 κ で棒を伝播していく様子は全く同じである. ブラウン運動による粒子の拡散の程度は $\sqrt{\langle x^2 \rangle} = \sqrt{2Dt}$ で与えられる. この量が時間 t の平方根に比例しているのはランダムウォークの一般的特徴である.

種々の物質の熱伝導率（単位 J/cm·s·K）
金：3.1, 銀：4.18, 銅：3.85, アルミニウム：2.38, グラファイト（黒鉛）：0.4–1.7, ガラス：0.0055–0.0075, ゴム：0.0013–0.0016, コルク：0.00038–0.00046, 水: 0.006, 空気：0.00024

2.6.C　輻射能と吸収能

高温に熱せられた物体が光を出すことはよく知られているが, それほど高温でなくてもすべての物体はたえず輻射という形（**電磁波の放射**）でエネルギーを放出している. どういう波長の光をどのくらいの強さで出すかは温度によって決まり（**黒体輻射**の法則）, 低温では波長の長い光しか出さないので目には見えないが, 熱エネルギーは確かに伝達されてくる. 例えばアイロンなどの熱せられた板にアルコール温度計の球状部を黒く塗って近づけると急速に温度が上昇するのが分かる.

物体表面の単位面積から 1 秒間に放出される熱輻射エネルギーを輻射能 E といい, 入射してきた輻射のうち, 表面で反射も散乱もされず, また, 屈折・透過もしないで吸収されてしまう部分の割合を吸収率 a という. E と a との間には**キルヒホフの法則**

$$\frac{E(\lambda, T)}{a(\lambda, T)} = const = E_b(\lambda, T) \tag{6-4}$$

が成立する．つまり，E と a との比はどんな物体に対しても常に一定である（温度 T，波長 λ の関数として）．この法則は，物体の表面における熱輻射と熱吸収との間の一般的関係を表していて，吸収率が大きければ輻射能も大きい，逆に，吸収率が小さいほど輻射能も小さいことを示している．定数 E_b は吸収率 $a=1$ の黒体の輻射能である．

2.7 希薄溶液の熱的性質

純粋な液体に溶質を溶かした溶液は，純粋な液体に比べて，その熱的性質に多少の変化をきたすことが知られている．

蒸気圧降下：溶媒に不揮発性の溶質を溶かすと，溶液の蒸気圧が降下する．その相対的降下量は溶質のモル分率に等しい（ラウールの法則）．

融点降下：溶質を加えることによって融点が降下する現象．この場合も溶質の濃度が小さい間は温度の降下量が溶質のモル分率に比例する．

沸点上昇：溶媒に溶質が溶け込むと溶液の沸点が上昇する現象．溶液の蒸気圧降下が起きるのだから，大気圧に等しい蒸気圧を作り出す温度，すなわち沸点が上昇するのは当然である．

2.7.A 寒剤

融点降下を利用して低温を得る材料を寒剤という．例えば，氷と食塩を混ぜると，氷は強制的に融解させられ，融解熱をみずから提供することで温度が下がる．食塩は，その融けた水に溶解して熱を奪う（負の溶解熱）ので，ますます温度は下がり，共融点（溶解度が飽和に達して，溶媒と同時に溶質も結晶として析出するときの温度）に達して平衡を保つようになる．

〈寒剤の例〉

塩 類（wt.%）		氷	温度
NH_4Cl	20	80	$-15.4°C$
$NaCl$	24.8	75.2	$-21.3°C$
$CaCl_2 \cdot 6H_2O$	58.8	41.2	$-54.9°C$
$NaCl$	21.8	57.7	$-25.5°C$
$NaNO_3$	20.5		
$NaCl$	19.7	62.7	$-25°C$
NH_4Cl	17.6		

氷を用いない寒剤として，ドライアイスとエチルアルコール（$-72°C$），ドライアイスとエチルエーテル（$-80°C$）の組合せ等もある．

2.8 低温の物理（16mm フィルム）

〈フィルムの内容紹介〉

2.8.A ゴム製のボール

ゴム製のボールを落とすと，通常跳ね返る．このゴム製のボールを $-200°C$ の中にいれてから先程と同じ高さから落とすと，粉々に砕ける．これは，プラスチックやゴムは $-100°C$ 以下の低温にされると，中の高分子の物理的性質が変化してばらばらに砕けやすくなるためである．この性質を利用してプラスチックや古タイヤの処理に応用できないかという研究も進められている．

2.8.B 液体窒素による電気抵抗の変化

液体窒素（約 $-200°C$）で導線を冷やすと，常温の 10 倍もの電気を通すことができる．

〈実験例〉

図 2-24 のような回路のスイッチを入れると，大きなコイルによる抵抗のために，電球はぼんやりとしか点灯しない．コイルを液体窒素の中に入れると，コイルが冷えるにつれて電球がどんどん明るくなる．これは，温度が下がることでコイルの導線の電気抵抗が小さくなって，大きな電流が流れるためである．

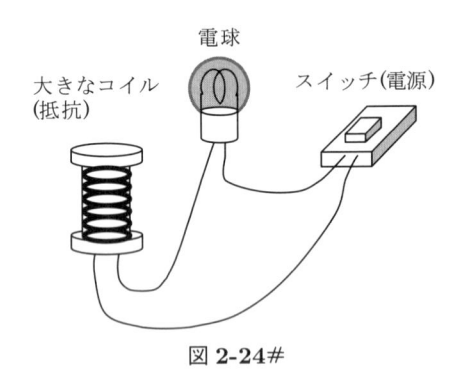

図 2-24#

熱現象　まとめ

2.1　温度
液体の熱膨張を利用した温度計，水銀，アルコール温度計
金属の抵抗値を利用する白金温度計
ゼーベック効果による熱起電力を利用する熱電対温度計

2.2　熱
ボイル・シャルルの法則，定圧比熱 C_p，定積比熱 C_V
ポアッソンの法則 $pV^\gamma = $ 一定，カルノー・サイクル

2.3　熱力学の第 2 法則
トムソンの原理，クラウジウスの原理，不可逆過程，エントロピー

2.4　実在気体
ファン・デル・ワールスの状態方程式

2.5　相変化
気体，液体，固体，過冷却

2.6　熱の移動
対流，伝導，輻射

2.7　希薄溶液の性質
融点降下，寒剤

2.8　低温の物理
液体窒素，電気抵抗の変化

演 習 問 題

1. 一定温度 T のもとで n モルの理想気体の体積が V_A から V_B まで膨張したとき，気体が外界になした仕事量を求めよ．

2. n モルの理想気体の定圧熱容量 C_p，定積熱容量 C_V とするとき，理想気体に対するマイヤーの関係式 $C_p = C_V + nR$ が成り立つことを証明せよ．

3. 理想気体の断熱過程に対しては，$C_V dT + pdV = 0$ が成り立つ．これに上記のマイヤーの関係式を用いると，$pV^\gamma =$ 一定というポアッソンの法則が導かれる．これを証明せよ．ただし，$\gamma = C_p/C_V$ である．

4. 理想気体の断熱膨張によって気体の温度が T_2 から T_1 に下がったとする．このとき気体が外界になした仕事量をポアッソンの関係式を用いて直接計算し，それが $C_V(T_2 - T_1)$ になることを証明せよ．

5. カルノー・サイクルにおいてクラウジウスの関係式 $Q_2/T_2 = Q_1/T_1$ が成り立つことを証明せよ．断熱過程に対するポアッソンの関係式：$p_A V_A^\gamma = p_D V_D^\gamma$ と $p_B V_B^\gamma = p_C V_C^\gamma$，等温変化より $p_A V_A = p_B V_B$ と $p_C V_C = p_D V_D$ を用いるとよい．

6. カルノー・サイクルの等温膨張過程において，作業物質は熱源 T_2 から熱を受け取って，それをすべて外界に対する仕事に変換している．これはトムソンの原理に反していないか？

7. 理想気体が真空中へ断熱自由膨張するとき，膨張後の気体の内部エネルギーも温度も最初の状態と変わらないことを証明せよ．

8. 任意のサイクル機関 C' を一回りするあいだに，高温熱源 T_2 から Q_2' の熱を受け取り，低温熱源 T_1 に Q_1' を排出して，外界に $W' = Q_2' - Q_1'$ の仕事をなしたとする．同時に，カルノーの逆サイクルを一回りさせて，低温熱源から Q_1 の熱量を受け取り，外界から仕事 $W = Q_2 - Q_1 = W'$ を受け取って高温の熱源に Q_2 の熱を排出したとする．このときは，必ず $Q_2' \geq Q_2$ でなければクラウジウスの原理に反することを証明せよ．したがって C' の熱効率 η' はカルノー・サイクルの熱効率 η_c と比べて，$\eta' \leq \eta_c$ となる．

9. 問題 8. において，$Q_2' > Q_2$ ならば，熱機関 C' がおこした過程は不可逆過程であることを証明せよ．

10. ファン・デル・ワールスの式 (4-2) の解 V が 3 重根 V_c をとるとき臨界状態になる．したがって $(V - V_c)^3 = 0$ となる．これを V の 3 次式に展開して，臨界点における圧力 p_c，温度 T_c のときの (4-2) の式の係数と比較すると，$V_c = 3b$, $p_c = \dfrac{a}{27b^2}$, $T_c = \dfrac{8a}{27Rb}$ という結果が得られる．これを示せ．

第3章 波　動

はじめに

　振動や波動現象は広範な物理現象と深く関連する重要なテーマである．身近に体験できる弦の振動や水面のさざなみの伝播，音波などの他に，真空中を伝播する電磁波や，目に見えない原子や分子の構造を解析したり，物質中の原子間の結合の強さや原子の振動の様子を観測する分光学も振動・波動現象の一分野である．フーリエ変換という数学的解析法を駆使して，周波数空間あるいは波数空間のスペクトルに分解して考察するという現代科学の粋を学ぶのも波動の分野である．共鳴（共振），位相，振動の伝播，干渉という抽象的な物理概念を具体的な現象として視覚的に理解させることを目的として，数少ないながら興味ある実験テーマを選んで実演している．

　波動の基本的性質は周期運動の重ね合わせで表現できる．周期運動でもっとも簡単なものは力学の章で述べた円運動である．また単振動も周期運動のひとつである．さらに波動は空間的にも時間的にも伝わって行く．周期運動の仕方や波の伝わり方にはさまざまあり，以下順にその特徴を述べる．

3.1 簡単な周期運動（振子の運動：単振動）

ばね振子や単振子のような周期的な往復運動を単振動という．その運動は次のように描写することが出来る．図 3-1 のように，等速円運動をしている物体に左側から平行光線を照射すると，その正射影は右側のスクリーン上で往復運動をするので，その時間的変化は，図 3-2 のような正弦曲線を描く．物体 P が半径 A の円周上を角速度 ω で等速円運動をすると，スクリーン上の影 P′ の位置 x は，時刻 $t=0$ のときの角度を ϕ とすると，

$$x = A\sin(\omega t + \phi) \tag{1-1}$$

で表される．上式は単振動の基本式で，A を振幅，ω を角振動数（または角周波数），$\omega t + \phi$ を位相，ϕ を初期位相という．振幅 A は変位の最大値を表す．また，1 秒間に振動する回数 ν を振動数（周波数）とよび，その単位には Hz を用いる．振動数の逆数，つまり 1 振動に要する時間 T を周期という．角振動数，周期，振動数は，それぞれ等速円運動の角速度，周期，回転数に対応するので，ω, T, ν の間には次の関係が成り立つ．

$$\omega = \frac{2\pi}{T} = 2\pi\nu \tag{1-2}$$

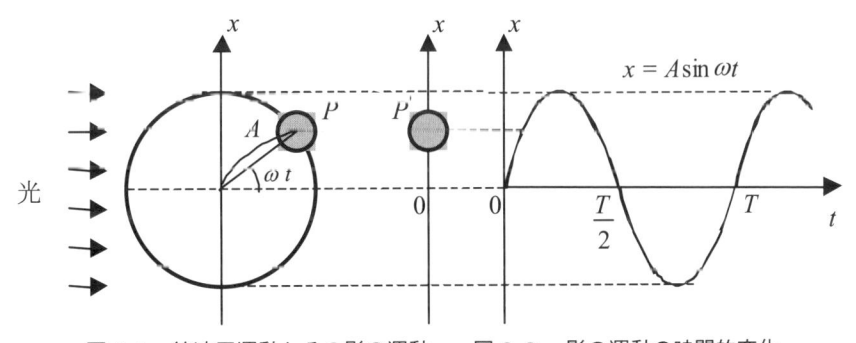

図 3-1　等速円運動とその影の運動　図 3-2　影の運動の時間的変化

3.1.A 円運動（ビデオ）

円運動（第 11 巻），メカニカル・ユニバース　日本語版, 丸善（株）

3.1.B 調和振動（ビデオ）

調和振動（第 3 巻），メカニカル・ユニバース　日本語版, 丸善（株）

第3章 波動

3.2 減衰振動

単振動は，振動体が摩擦や抵抗によるエネルギーの損失がなく永久に振動を続けるという仮定での運動である．しかし，実在の振動体に対してはあてはまらない．実在の振動は必ずエネルギーの損失が起き，振幅が時間の経過と共に減衰していく．この減衰振動には図 3-3 に示すような3つのパターンがある．空気抵抗やバネの内部摩擦は，速度の小さいときは速度に比例すると考えてよいので，数学的に減衰を取り扱うには，減衰のない振動の場合の運動方程式 $\frac{d^2x}{dt^2} = -kx$ に，抵抗を表す項 $a\frac{dx}{dt}$ を付け加えたもの

$$\frac{d^2x}{dt^2} = -kx - a\frac{dx}{dt} \tag{2-1}$$

を解けばよい．その結果は，条件にしたがって (a) 過減衰 (overdamping),

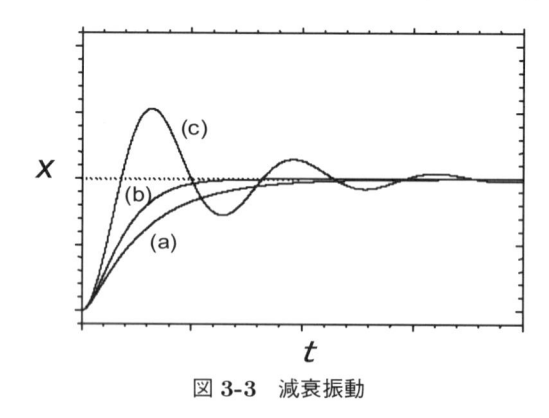

図 3-3 減衰振動

(a) $a^2/4 > k$, (b) $a^2/4 = k$, (c) $a^2/4 < k$ のときの解

(b) 臨界減衰 (critical damping), (c) 減衰振動 (damped oscillation) となる．臨界減衰の条件が成り立つとき，振動体が最も速く平衡位置に落ち着く．この事実は，迅速に振動を制止したいという実際上の問題においても重要である．抵抗があって振動が減衰するのは運動エネルギーと位置エネルギーが熱エネルギーに変わるということで，振動を不減衰振動（undamped oscillation）の状態に保つためには絶えず外からエネルギーを補給しなければならない．

3.2.A 音叉の不減衰振動（島津製）

音叉に不減衰振動を起こさせる方法としては，電磁的方法もあるが，簡単にでき，振動数の大きい場合に適する方法としては，図 3-4 と 3-5 に示すような仕掛けで圧縮空気を吹きつけるのがよい．図 3-5 のように，音叉の一端につけたでっぱりが，空気の吹き出し口の円筒内に接触しない程度すれすれに入り込むことができるようになっている．空気を送ると，でっぱりが右の方に押し出されて，それと吹き出し口との間に環状の隙間ができ，その間を流線密度の

大きな空気の流れが吹き出す．ベルヌーイの定理によって，そこの圧力が減少するので，再びでっぱりは吹き出し口の円筒内に押し返される．このような過程が繰り返されて音叉が振動するのである．

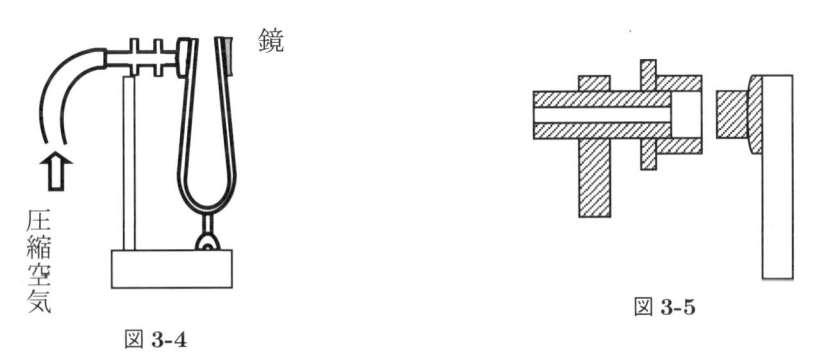

図 3-4

図 3-5

3.3 強制振動と共振

強制振動とは固有角振動数をもった調和振動子（単振動している物体）に，周期的な外力を加えたときに起こる振動．ある角振動数 ω_0 の調和振動子に，振動する外力

$$F(t) = F_0 \cos \omega t \tag{3-1}$$

が働くと，振動子は外力の角振動数 ω で振動する（図 **3-6**）．これを強制振動という．

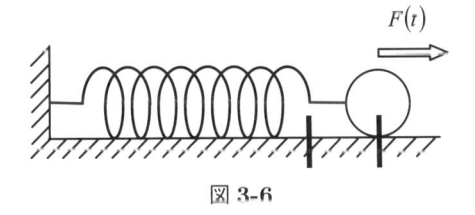

図 3-6

強制振動では，外力がする仕事が抵抗によるエネルギー損失を補うため，振動が減衰せずに持続する．強制振動の振幅は ω と ω_0 の差に依存して変わる．バネ定数 k のバネに結ばれた質量 m のおもりに，変位 x に比例する復元力 $-kx$ および速度 $v = dx/dt$ に比例する抵抗力 $-m\gamma v$ と式 (3-1) の形の外力 $F(t)$ が働くとする．運動方程式は

$$m\frac{d^2x}{dt^2} = -kx - m\gamma v + F_0 \cos \omega t$$

つまり

$$\frac{d^2x}{dt^2} + \gamma \frac{dx}{dt} + \omega_0^2 x = \frac{F_0}{m} \cos \omega t \tag{3-2}$$

と書ける ($\omega_0^2 \equiv k/m$). 抵抗力 ((3-2) 式の左辺第二項) を無視すれば, (3-2) 式は

$$x(t) = \frac{1}{\omega_0^2 - \omega^2} \frac{F_0}{m} \cos \omega t$$

という特解を持つ. この解は $\omega = \omega_0$ で振幅が無限大になる (図 3-7).

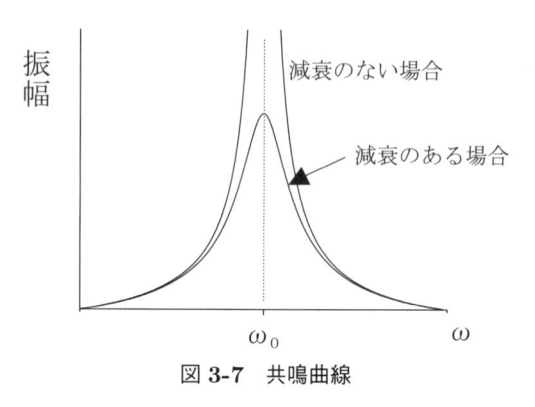

図 3-7 共鳴曲線

ω と ω_0 が近い (ω と ω_0 の差が小さい) と, 振幅は大きな値をとる. この現象を共振または共鳴という.

弱い減衰がある場合 (3-2) 式は次の解を持つ. 共鳴振動数のごく近くで共鳴曲線は最大値をとり, $\frac{\omega}{\gamma}$ が共鳴曲線の鋭さの指標となる.

$$x = A \cos(\omega t - \delta) \tag{3-3}$$

$$A = \frac{F_0/m}{\sqrt{(\omega_0^2 - \omega^2)^2 + \gamma^2 \omega^2}} \tag{3-4}$$

$$\tan \delta = \frac{\gamma \omega}{\omega_0^2 - \omega^2} \tag{3-5}$$

振動は, 外力の振動に比べ位相が δ だけ遅れる. 位相の遅れ δ を ω に対してプロットしたものが図 3-8 である. 共鳴するとき, 振子の運動は外力の振動に比べ位相が 90°遅れることになる. 外力の振動数が ω_0 に比べ小さいときは同位相, それが ω_0 に比べ十分大きくなると, 逆位相で振動することになる. このとき, 外力が振子に対してなす仕事量は, $\sin \delta$ に比例するので, $\delta = 0°, 180°$ ではエネルギー移動は 0 で, $\delta = 90°$ のとき最大のエネルギー移動が起きることになる.

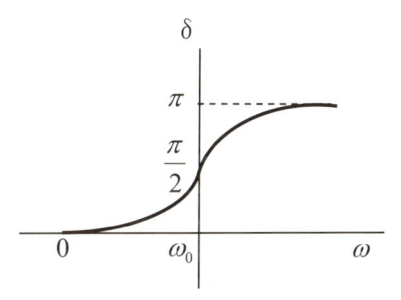

図 3-8 位相の周波数依存性

3.3.A 周波数計（旧島津製 図 3-9）

交流の周波数を測定する周波数計は，種々の固有振動数を持つ小さな鉄片を一列に並べ，これを電磁石の間に挟んで電磁石に交流電流を流して，鉄片を振動させるものである．このとき，固有振動数が交流の周波数と一致する鉄片の振幅が大きくなって，周波数を測ることができる．

3.3.B タコマナロウズ橋の崩壊（大沢ループフィルム）

摩擦が少なければ，共鳴現象を使って指1本でも大きな釣鐘を動かすことが可能である．これに似た現象が実際に起きて大惨事となった．

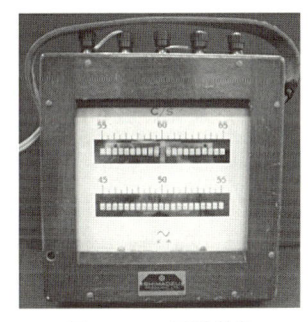

図 3-9# 周波数計

1940年7月1日，ワシントン州タコマ市の近くに一つの吊橋が開通した．その長さは約640m，幅約12mあり，鋼鉄製の橋桁の高さは25m近くもあった．11月7日の早朝は，風速が毎時64kmから72kmもあった．これは橋ができて以来見たことのない速さであった．そこで，午前9時30分に交通止めになり，橋は振動数36回／分で8～9部分に分かれて振動し，波高は9cm位であった．10時頃突然ねじり振動を始め，その振動数は毎分14回で2つの部分に分かれて振動していた．また，このねじり振動の振幅は，水平面からそれぞれの方向に約35°であった．午前11時頃，橋の中央部が壊れた．ねじり振動が最も激しくなったとき，橋桁の中央部に横方向の節線が一つあり，縦方向の節線が通路の中央（センターライン）にあった．午前10時にねじり振動が起こったのは，橋を吊っているケーブルの止め環がはずれたのが原因であった．ケーブルの中央部は，橋の中央部に対して前後に往復運動をしていた．これが橋全体のねじれを起こしたらしい．風速は，ねじり振動に対して限界点に近く，共鳴によって生じた振動は，必然的に橋を崩壊させてしまったのである．この橋は，同じ場所に同じ土柱を使って再建された．ワシントン大学の工学実験所が設計について研究し，新しい橋には橋桁の構造部にトラスという三角形状の補剛材をとりいれ，たわみとねじれの振動を効果的に抑制

する断面構造が用いられた．この事故以後，風洞実験で耐風安定性が確認されたうえで橋桁（補剛桁）の断面構造が決定されるようになった．

3.4 連成振動

2つあるいはそれ以上の振動系に相互作用をもたせて連結した系が行う振動を連成振動という．連成振動は，多原子分子の振動，電気振動等でも扱われる．

3.4.A　ばねの振動運動：連結振動（島津製）

図 3-10 のようなおもりを吊るしたばね2本を同じ棒に吊るし，2本のばねをゴムで連結する．このときのばねの振動の様子をみる．

・運動の変化
　① 左側のおもりを引いてばねを振動させる．
　② 左側のばねの振幅が小さくなるにつれて，右側のばねが振動し始め，どんどん振幅が大きくなる．
　③ やがて左側のばねが止まる．このとき，右側のばねの振幅は最大になる．
　④ 右側のばねの振幅が小さくなるにつれて，左側のばねが振動し始め，どんどん振幅が大きくなる．
　⑤ やがて右側のばねが止まる．このとき，左側のばねの振幅は最大になる．
　⑥ ②～⑤が繰り返される．

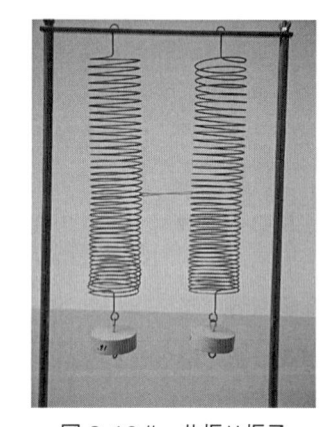

図 3-10#　共振り振子

※ 2本のばねを連結しているゴムを通してエネルギーが移動する．

このとき2つの振子の振動の位相はずれていて，一方の振子の振動が他の振子に対する外力として作用して強制振動を起こし，2つの振子間の相互作用によって，一方はエネルギーを失い，他方はエネルギーを獲得するということが交互に繰り返される．一方の振子に錘を付加して固有振動数を変える（遅くする）と，共鳴の条件から外れるため，エネルギー移動は大きく減少する．

3.4.B　弱く結合した2つの単振子間のエネルギー移動

図 3-11 のように糸で連ねた2つの振子の片方を止めておいて，もう一方を振動させたときの運動の様子をみる．〈赤い方の振子を振動させる．〉

・運動の変化
　① 赤い振子は振動によるエネルギーを持つ．

② 赤い振子のエネルギーが糸によって少しずつ銀色の振子に伝わる．赤い振子の振幅が小さくなり，銀色の振子が振動を始める．
③ やがて，赤い振子は静止し，銀色の振子の振幅が最大になる．
④ 今度は銀色の振子から赤い振子へと①〜③と同様の変化が見られる．
⑤ ①〜④のエネルギーの移り変わりが繰り返される．

この場合，2つの振子を連結した糸を介して，一方の振動が他方の振子の外力として働き共鳴が起きる．**3.4.A** におけるばねの連結振動の場合と同様，一方の振子の振動から位相が 90°遅れて他方の振子が振動を始めるという位相関係が明瞭にわかる．

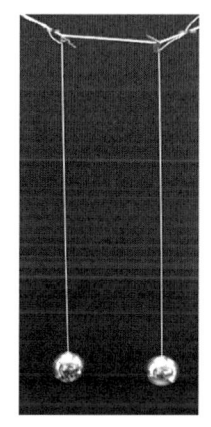

図 3-11#　二つの振子

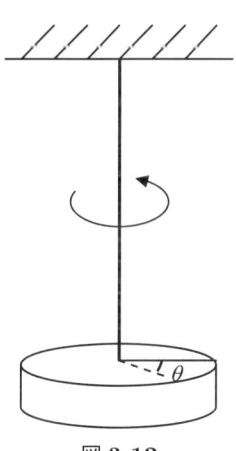

図 3-12

3.4.C 剛体の回転と振動間のエネルギー移動

図 **3-12** のように，針金に吊るしたおもりをねじれ振動させる．針金のねじり係数を σ とすると，おもりが釣り合いの位置から角 θ だけ回転した位置では，針金のねじり能率は $\sigma\theta$ に等しいので，おもりの運動方程式は

$$I\frac{d^2\theta}{dt^2} + \sigma\theta = 0 \qquad I：慣性モーメント，\theta：ねじれ角 \tag{4-1}$$

ここで，1.7.D で導いたようにねじり係数は

$$\sigma = \frac{\pi n r^4}{2l}, \qquad n：剛性率，r：針金の半径，l：針金の長さ \tag{4-2}$$

となる．したがって，ねじり振子の運動はねじり単振動となり角振動数および周期は次のようになる．

$$\omega = \sqrt{\frac{\sigma}{I}} \quad (4\text{-}3\text{-}a), \qquad T = \frac{2\pi}{\omega} = 2\pi\sqrt{\frac{I}{\sigma}} \quad (4\text{-}3\text{-}b)$$

次に，図 **3-13** のように横棒をもつおもりをバネで吊り下げ，おもりのねじり振動とバネの伸縮振動が同時に起きる器具（ウィルバーフォース（Wilberforce）振子）を用いて実験する．

第3章 波動

ねじり振動の固有振動数とバネの伸縮振動の固有振動数が一致すると，共振現象が起きて興味あるおもりの運動を観察することができる．

実験

バネを適当に縮めて振動（上下運動）させると，おもりのねじり振動も誘起される．

① バネの伸縮振動の振幅が小さくなるにつれて，おもり部分が回転（ねじり振動）し始め，バネの振動が完全に止まった（振幅 = 0）ときにおもりのねじり振動の振幅角（回転スピード）が最大になる．
② おもりのねじり振動の振幅角（回転スピード）が小さくなるにつれてバネが振動をし始め，おもりのねじり振動が止まった（ねじれ角 = 0）ときにバネの振動の振幅が最大になる．
③ ①・②を繰り返す．
※おもりの両脇についているゴム栓の位置を変えると慣性モーメントが変わるので，ねじり振子の固有振動数も変化する．

バネの固有振動数とねじり振子の固有振動数が一致したとき共振が起こる．

図 3-13#　ウィルバーフォース振子

3.5　多原子分子の規準振動モード（16mm フィルム）

小球をばねで連結した連成振子の一部にモータをつないで，連成振子を強制振動させると興味深い現象が観測できる．モータの回転数がある値をとるところで，連成振子は共鳴して特徴的な振動モードを示す．再びモータの回転数を上げて，共鳴状態が成立しなくなると，モータの回転運動のエネルギーは連成振子に吸収されなくなる．さらに，回転数を上げていくと，再

び連成振子の固有振動数のところで，エネルギーが効率的に吸収されて，別のタイプの振動モードが観測される．このことは，連成振子にはいくつかの固有振動数の異なる振動モードが存在し，強制振動との共鳴が起きるたびに異なった振動モードの振幅が急に増大して，観測されることを示している．これらは，多原子分子の規準振動モードで，赤外光が吸収される現象とよく似ている．

2原子分子の振動モード

　質量の等しい2つの小球A，Bを図3-14のようにばね定数の強いばねで連結し，その両側を弱いばねで結んで一端を固定し，他端を水平方向の振動を励起するモータに結ぶ．

〈2原子分子の振動モード例〉

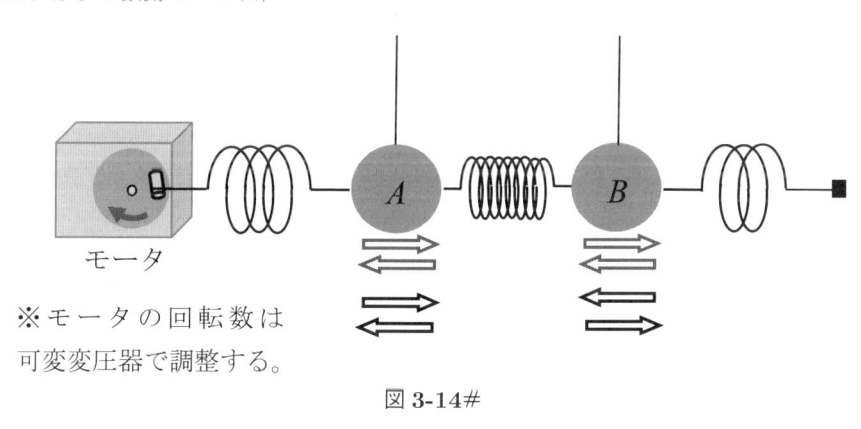

※モータの回転数は可変変圧器で調整する．

図3-14#

① モータの回転数を増加させると，A，Bの両方の小球が同じ方向への振動を始める．（AB間の距離を変えずに重心が水平方向に振動する）　矢印 ⇒

② モータの回転数をさらに増加させると，ある振動数のところで，AとBの小球が互いに逆方向への振動を始め，A，Bを連結するばねの伸縮振動がおきる．励起用モータの回転数と振動モードが共鳴するところで振幅は非常に大きくなる．矢印 ⇒

③ さらにモータの回転数を増加させると，共鳴条件をはずれて振幅は減衰し，振動が止まる．

3原子分子の振動モード

　質量の等しい3つの小球を図3-15のようにばねで連結する．AB間とBC間をばね定数の強いばねで結び，AとCを左右からBを上から弱いばねで水平に吊り下げた．Cのばねの一端を固定し，Aを励起用モータにつないで水平方向に振動させた．

第3章 波動

〈3原子分子の振動モード例〉

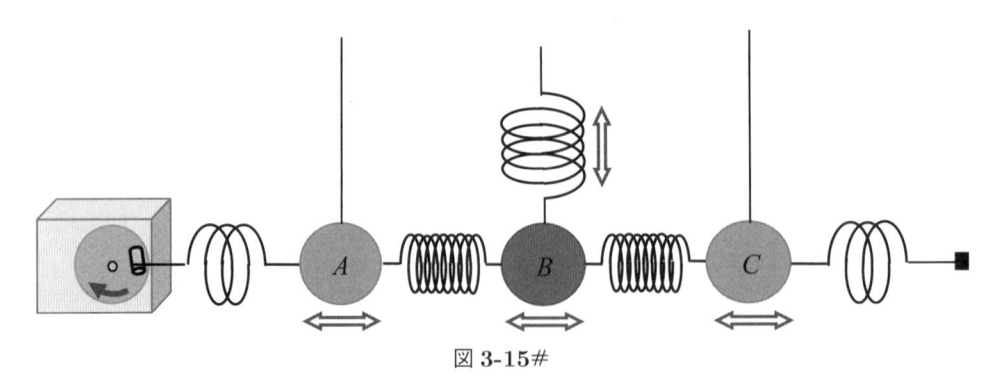

図 3-15#

- パターン1
  1. モータの回転数を徐々に上げていくと，ある振動数のところでAとCはほぼ静止した状態で，Bの小球が大きく上下運動を始める．
  2. さらに回転数を増加させると，共鳴条件をはずれて，Bの振幅が小さくなっていく．
- パターン2
  1. モータを一旦止めて，再びモータの回転数を増加させながら微調整すると，パターン1の場合と近い振動数のところで，今度は，Bがほぼ静止した状態で，AとCの小球が左右に大きく振動を始める．このとき，AB間とBC間の2つのばねの伸縮振動は同期して起きる．
  2. さらにモータの回転数を増加させると，上記の振動モードは減衰し，次の振動モードが現れ始める．すなわち，今度はAとCがほぼ静止した状態で，Bが激しく左右に振動し始める．このとき2つのばねの伸縮振動は逆位相の関係になる．
  3. さらに回転数を増加させると，この振動モードも減衰する．

3.6 横波・縦波

3.6.A 弦を伝わる横波

図 3-16 のつるまきばね（島津製）のような細くて長いバネの両端を持ち，上下方向の振動を与え続け，下方向に振る手の速さで様々な波を作る．弦を伝わる波の伝播速度は，張力と線密度で決まるので，一定とみなすことができる．そのため，弦を振る振動数を速くすると，波長

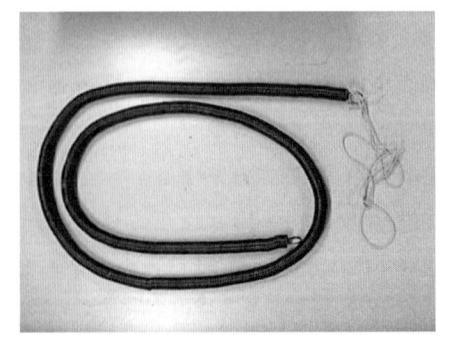

図 3-16#

は短くなる．また，ばねの一方の端を強く固定して，手で持つ端を 1 回上下に振るとパルス状の波が伝播して，固定端での波の反射が観測できる．一方，端に長い糸を結んでこれを引っ張って一端を支持し，他端を手で上下に振動させると，パルス状の波が伝播して，自由端での波の反射が観測できる．

定常波の生成

x の正の向きに進む進行波の正弦波 y_1 と，同じ振幅，周期，波長で x の負の向きに進む後退波の正弦波 y_2 との合成．

入射波 y_1 が $x = 0$ の位置を固定端として反射されたとすると，入射波 y_1 の式は，振幅 A，周期 T，波長 λ とすると

$$\begin{aligned} y_1 &= A\sin\frac{2\pi}{\lambda}(x - vt) = A\sin 2\pi\left(\frac{x}{\lambda} - \frac{t}{T}\right) \\ &= A\sin(kx - \omega t) \end{aligned} \tag{6-1}$$

ここで，k, ω は波数と角振動数である．

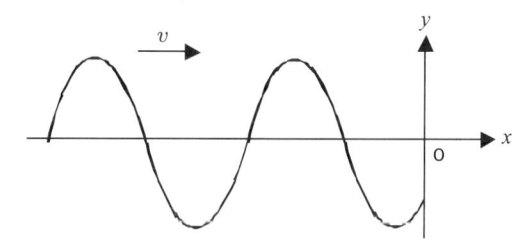

図 3-17　$\omega t = \frac{\pi}{4}$ のときの入射波の波形

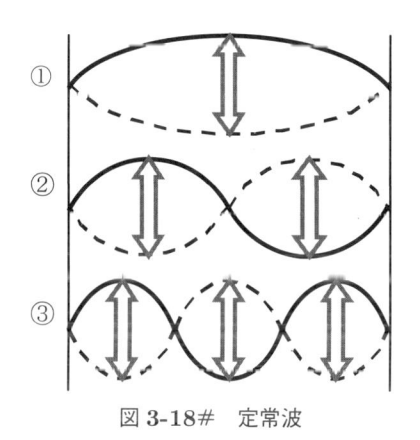

図 3-18#　定常波

① 基本振動　② 2 倍振動　③ 3 倍振動

反射波 y_2 の式は $y_2(x,t) = -y_1(-x,t)$ と表されるので,

$$y_2(x,t) = -A\sin(k(-x) - \omega t) = A\sin(kx + \omega t) \tag{6-2}$$

と与えられる. y_1 と y_2 を合成すると定常波の式が得られる.

$$\begin{aligned}y = y_1 + y_2 &= A\sin(kx - \omega t) + A\sin(kx + \omega t) = 2A\sin kx \cdot \cos \omega t \\ &= 2A\sin\left(\frac{2\pi}{\lambda}x\right) \cdot \cos(2\pi\nu t)\end{aligned} \tag{6-3}$$

節：$x = 0, \pm\frac{\lambda}{2}, \pm\lambda, \cdots$ の点，腹：$x = \pm\frac{\lambda}{4}, \pm\frac{3}{4}\lambda, \pm\frac{5}{4}\lambda, \cdots$ の点

図 3-18 のように弦の両端を固定端とすると，弦に生成しうる定常波は，半波長の整数倍が弦の長さに等しくなるものだけで，それ以外の定常波は干渉によって消滅する．

3.6.B 縦波をバネの運動で見る

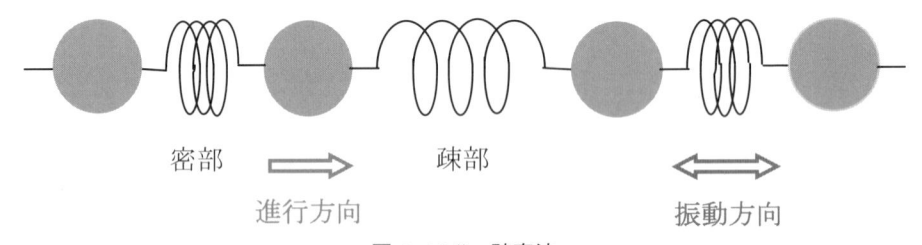

図 3-19#　疎密波

縦波：波の進行方向と振動方向が平行であるような波．〈固体，液体，気体中を伝播する〉
例）音波，地震の P 波など密部と疎部ができるので**疎密波**とも呼ばれる．

〈スプリングばねを用いた縦波の実験〉

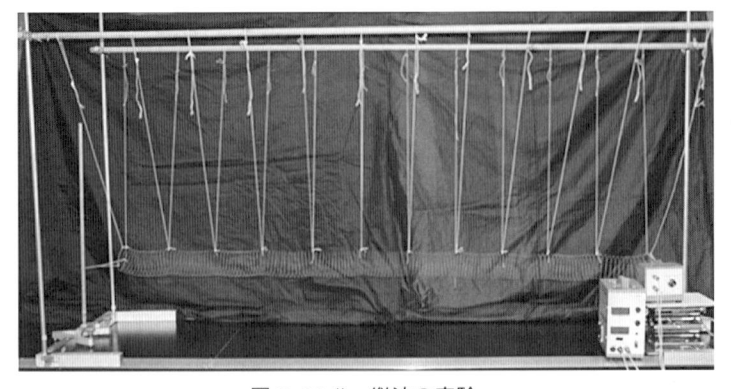

図 3-20#　縦波の実験

図 3-20 のように数箇所を糸で空中にぶら下げたばねをセットし，図 3-21 のようにモータを利用してばねの端を水平方向に振動させ，縦波の伝播の様子を見る．

1. 疎密波の伝播（疎密部分）の様子を観察する：ばねを水平方向に手で押すとばねの疎密波が伝播する様子を観察できる．この場合も，波の伝播速度は振動数に依存しない定数であることがわかる．また，波はいつも正弦波の形をしている必要はなく，パルス状の波が伝播することも理解できる．

2. 定常波：モータでばねに一定の振動を与えると疎密部分の位置が移動しない定常波が観察できる．

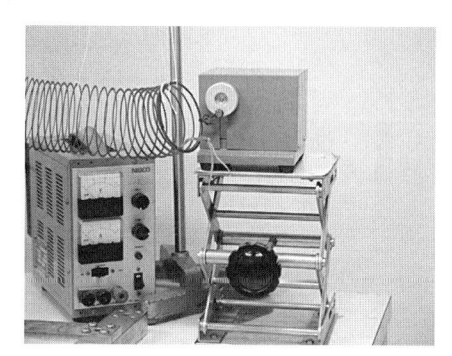

図 3-21# 縦波発生用装置

3.7 波動

群速度と位相速度（16mm）

波の同一位相の点（例えば山または谷）が走る速度を位相速度という．周波数がわずかに異なる 2 つ（あるいはそれ以上）の正弦波の重ね合わせによってできる合成波を群波といい，これは振幅の極大または極小を持っている．この極大または極小の点の進行速度を群速度という．

3.7.A 水波投影装置（さざ波発生器）による波動現象の実験

波動特有の種々の現象を波面が伝播する様子を直接観察することによって体験的に理解することは波動の本質的理解にとって不可欠である．波面の伝播を明瞭に見せてくれる装置として水面波投影装置は非常に優れている．この装置を使って平面波の伝播，反射，屈折，回折現象を観察してみよう．波の位相という概念，位相が一定値をとる波面という概念，波面の反射，屈折，回折という現象を説明することのできるホイヘンスの原理のすばらしさを実感することができる．光の屈折という現象の本質が波動現象であること，それが波の伝播速度の違いに由来することを知ることは物理的自然認識の面白さである．

水面波発生装置の概略

底がガラスでできた浅い水槽（ガラス窓の枠のようなタンク，図 3-22 参照）に水を薄く張って（厚さ 3〜5mm）水平に置き，木の角棒を糸で水平に吊り下げ，水面に軽く接触させる．角棒に取り付けた小型パルスモータに偏心したおもりを付けて回転させると，水面に接触した

第 3 章　波動

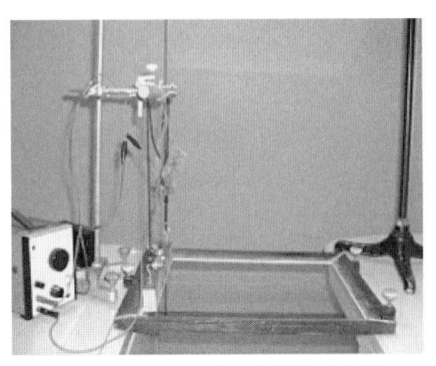

図 3-22#　水面波発生装置（全体）

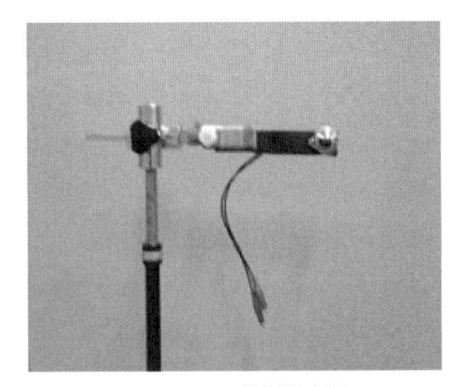

図 3-23#　撮影用光源

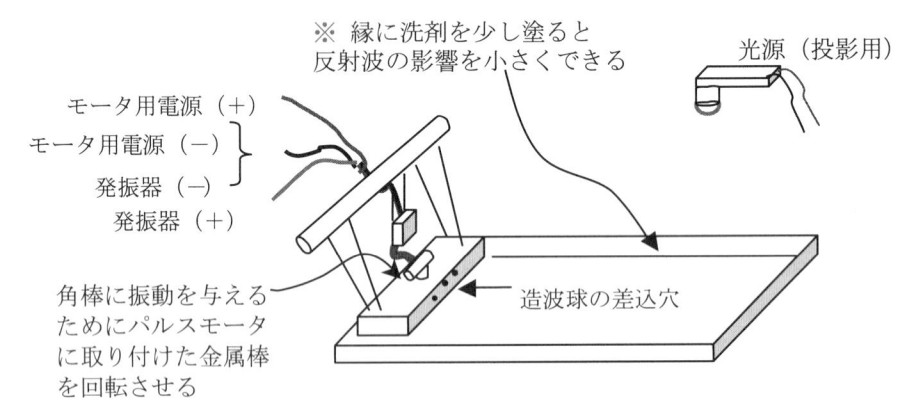

※ 縁に洗剤を少し塗ると反射波の影響を小さくできる

光源（投影用）

モータ用電源（＋）
モータ用電源（－）
発振器（－）
発振器（＋）

角棒に振動を与えるためにパルスモータに取り付けた金属棒を回転させる

造波球の差込穴

水槽に入れる水の量で波形の見やすさが変わる
（この実験では深さを5mm程度にする）

図 3-24#　水面波発生装置：概略図

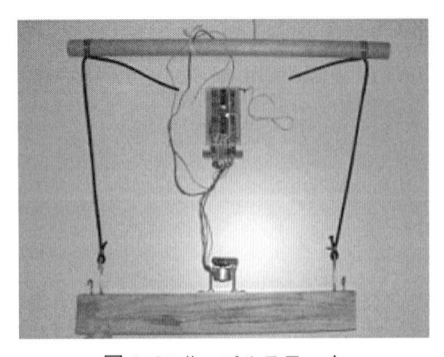

図 3-25#　パルスモータ

図 3-26#　パルスモータ（拡大）

角棒がモータの振動数で前後上下に僅かに振動する．これに応じて水面にはさざ波が発生しこれが平面波となって水面上を伝播する．水槽上部に取り付けたランプでこのさざ波を照らして水槽下部（約 60cm ほど離して）に投影し，投影されたさざ波を観察する．このとき，さざ波がより明確に観察できるように投影する部分に白色紙（画用紙等）を敷いておく．

平面波の伝播

モータの回転数を毎秒約 2-10 回転程度の低速で回転させると，波長約 2-5cm 程度の水面波が発生する．直線状の波面が平行線を描いて約 20cm/s 程度の伝播速度で伝播する．ランプを通してこの波面を白い紙に投影すると，きれいに平行線の影が進行する様子を見ることができる．波の位相，波面，伝播速度，波長，振動数，水の深さと伝播速度の関係など種々の物理量が明瞭に実体験を伴って理解できる．この実験では，発振器の周波数を変えることで，モータの回転数を数えている．

波の反射，回折，屈折，干渉，レンズ作用など波特有の現象を観測するために，波の反射板，スリット，伝播速度を変えるためのガラス板など種々の小道具を用意した．

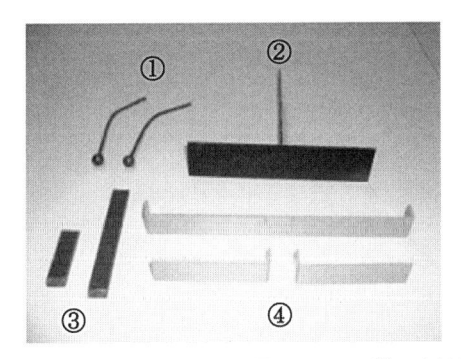

①造波球（球面波を発生する小球）
②定常波の発生，平面波の反射等に使用
③波の回折等に使用
④定常波の発生，平面波の反射等に使用

図 3-27#　様々な波形を発生させるための道具

図 3-28#　台形のガラス板（波の屈折） 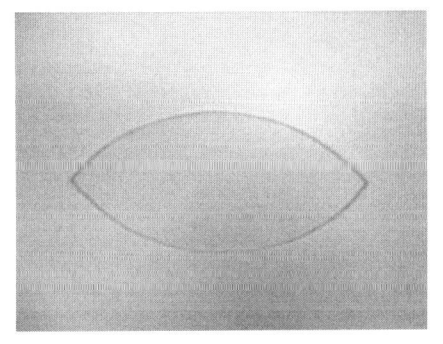　　図 3-29#　凸レンズ形のガラス板

観測された平面波と球面波を示す．

図 3-30#　平面波

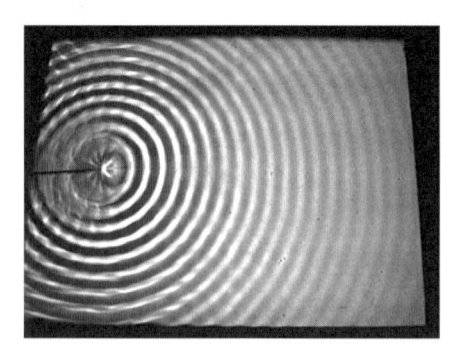

図 3-31#　球面波

球面波の発生：双曲線関数の干渉縞

　造波球（球面波を発生する小球）を2点にして振動すると，発生した球面波がたがいに干渉して干渉縞が観測される．理論通りの双曲線関数がきれいに再現できる．

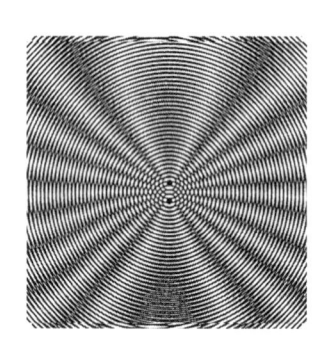

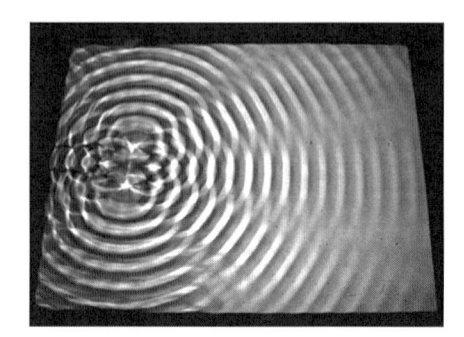

図 3-32#　2つの波源（球面波）からの干渉

　図 3-32 で左は作図で右が観測した波である．
　以下の図はすべて左が作図，右は観測した波の写真である．

定常波の発生

　平面波を発生させ，水槽内に金属でできた反射板を進行してくる波面に平行に立てると，板で反射した波と入射波が干渉して定常波が発生する．

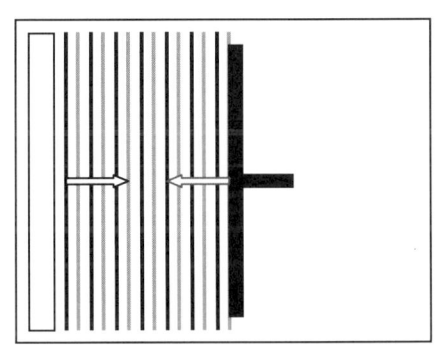

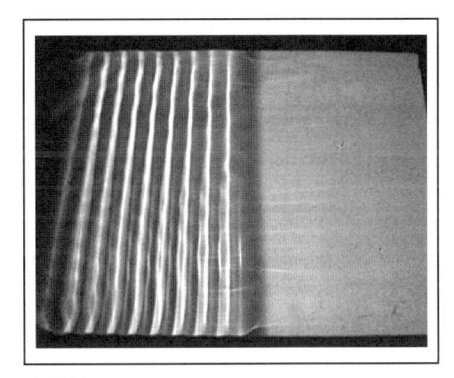

図 3-33#　定常波

⇨ 平面波の進行方向　⇨ 反射波の進行方向

平面波

　スリットを通して平面波を通過させ，これを金属の板で作られた障壁（反射板）にあてると，ホイヘンスの原理にしたがって反射された波の波面が観測される．反射板に入射する波と反射波との干渉がおきて，きれいな反射波だけを観測することは難しいが，入射波のスリットの幅をうまく調整すると反射板から少し離れた位置で反射波の波面を観測することが可能である．

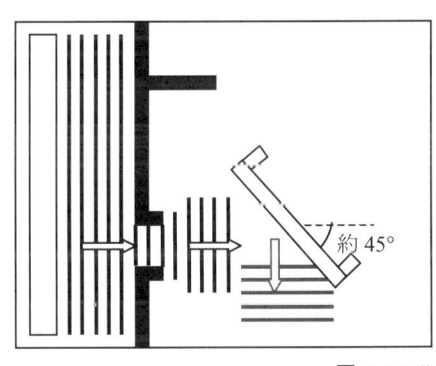

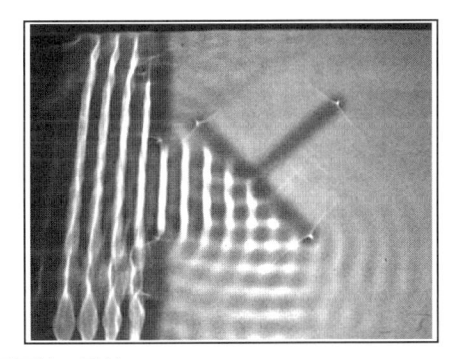

図 3-34#　平面波の反射

⇨ 平面波の進行方向　⇨ 反射波の進行方向
── 平面波の波面　　── 反射波の波面

波の屈折

　台形をしたガラス板を水槽に浸してその部分の水を浅くすると，水面波の伝播速度は遅くなって波長が短くなる．水面波の波面に対し斜めになるようにガラス板をおくと，ガラス板に入射した後の水面波の伝播方向が屈折する様子がわかる．屈折の様子は見にくいが，なるべく水の量を減らしてガラス板の上の水の厚さを薄くすると状況は改善される．

第 3 章　波動

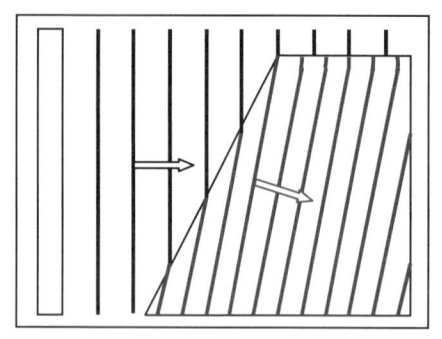

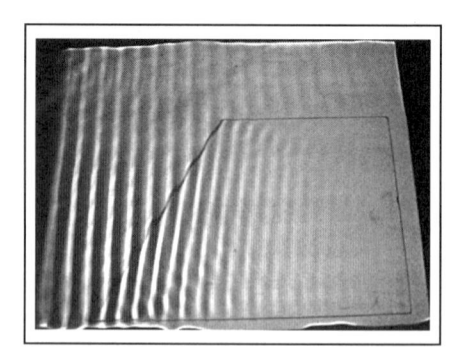

図 3-35#　平面波の屈折

⇒ 入射平面波の進行方向　　⇒ 屈折波の進行方向
── 入射平面波の波面　　　　── 屈折波の波面

波の回折

　金属でできた板 2 枚を水槽にたてて，その間に狭いスリット状の隙間をあけると，波の回折現象を観測することができる．スリット幅を波の波長程度に小さくすると，波面が大きく回りこむ回折現象が観測される．一方，スリット幅を波長にくらべ大きく開けると波の回折は少なくなる．

(1) スリット幅が（波長程度に）小さいとき

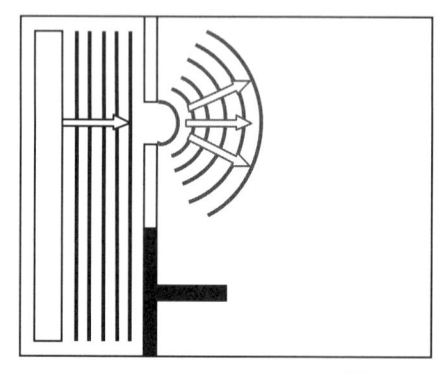

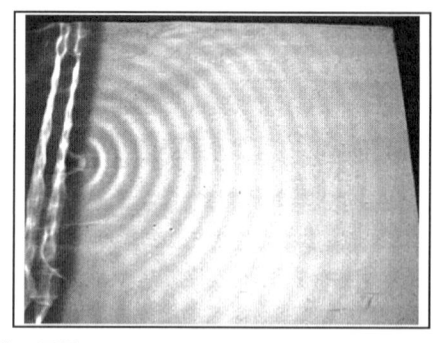

図 3-36#　波の回折 1

⇒ 平面波の進行方向　　⇒ 回折波の進行方向
── 平面波の波面　　　　── 回折波の波面

(2) スリット幅が（波長に比べて）大きいとき

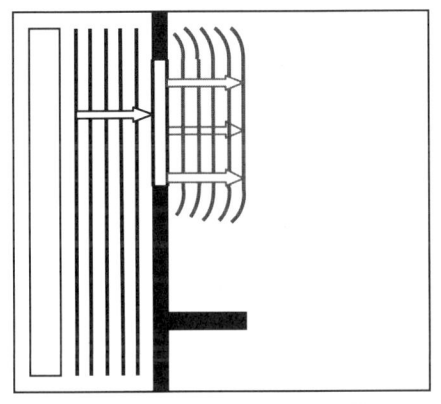

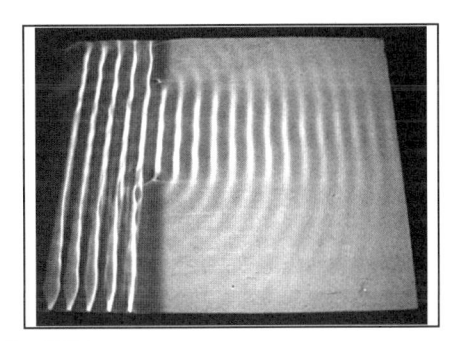

図 3-37#　波の回折 2

⇒ 平面波の進行方向　　⇒ 回折波の進行方向
── 平面波の波面　　　── 回折波の波面

レンズ作用

　凸レンズの形をしたガラス板を水槽に沈めると，その部分の水の深さが浅くなって水面波の屈折現象が起きる．ガラス板の凸レンズ部分で屈折した波面は，レンズによる屈折の式にしたがって焦点を形成する．光学レンズの原理を波動の物理現象として明瞭に実証する実演実験である．凸レンズ形のガラス板があると，レンズの中央部を通る波は速度の小さい部分を長く通らなければならないので，周辺部を通る波より遅れてしまう．その結果，レンズを通過した後，波は円形波となってある一点（焦点）に集まる．

　※波長が長い波（振動数の小さい波）の方が焦点距離は長くなる．

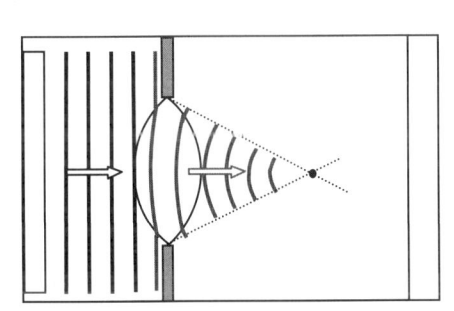

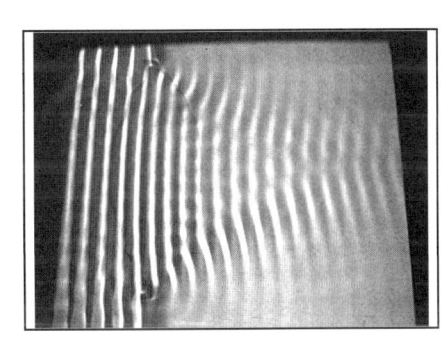

図 3-38#　レンズ効果

⇒ 平面波の進行方向　　⇒ 回折波の進行方向
── 平面波の波面　　　── 回折波の波面
●：凸レンズ（ガラス板）の焦点

3.8 音波

管の長さを変えるとその共鳴する音の周波数が変わる

空気で満たされた管の中にも音の定常波を発生させることができる．音波は管の中を進み，管の端で反射して戻ってくる．音波が固定面で反射される場合，気体分子の変位は常に 0 であり，疎密波の密な状態が入射すると密な状態で，疎な状態で入射すると疎な状態で反射される．固定面は定常波の変位の節となる．一方，開放端では気体は常に外気圧と同じ圧力に保たれ，密は疎として，疎は密の状態で反射される．定常波は開放端で変位の腹となる．音波の波長と管の長さが適当な関係にあれば，管の中を反対方向に進む波が重なり合って定常波の形が作られる．この条件を満たす波長は，管の共鳴振動数に対応している．定常波が発生すると，管中の空気の振動は大きな振幅を持続し，管の開口端から音を発する．このときに出る音の振動数は，管中の空気の振動数に等しい．

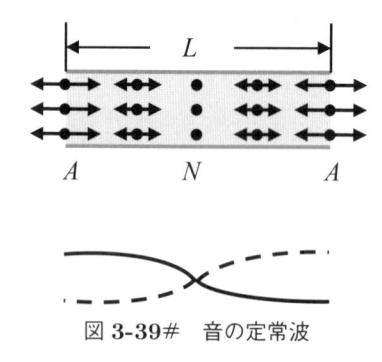

図 3-39#　音の定常波

両端が開いた管の中に発生する定常波のパターンを図 3-39 に示す．左右の開口端には振動の腹があり，管の中央には節がある．この縦波の定常波をわかりやすく表すために，気体分子の変位を縦軸にとって描いてある．図 3-39 の定常波のパターンは基本振動といわれ，音波の波長は $\lambda = 2L$ である．両端開口管に発生するいくつかの定常波のパターンを図 3-40 に示す．

一般的には，長さ L の両端開口端の管の共鳴振動数に対応する波長は，

$$\lambda = \frac{2L}{n} \qquad n = 1, 2, 3, \cdots \tag{8-1}$$

n は調和振動の指数という．v を音速とすると，対応する両端開口管の共鳴振動数は次式で表される．

$$\nu = \frac{v}{\lambda} = \frac{nv}{2L} \qquad n = 1, 2, 3, \cdots \tag{8-2}$$

図 3-41 に一端が開口端で他端が閉口端の管に発生するいくつかの定常波を示す．開口端部分は腹，閉口端部分は節となっている．最も単純なパターンでは，音波の波長は $\lambda = 4L$ とな

図 3-40

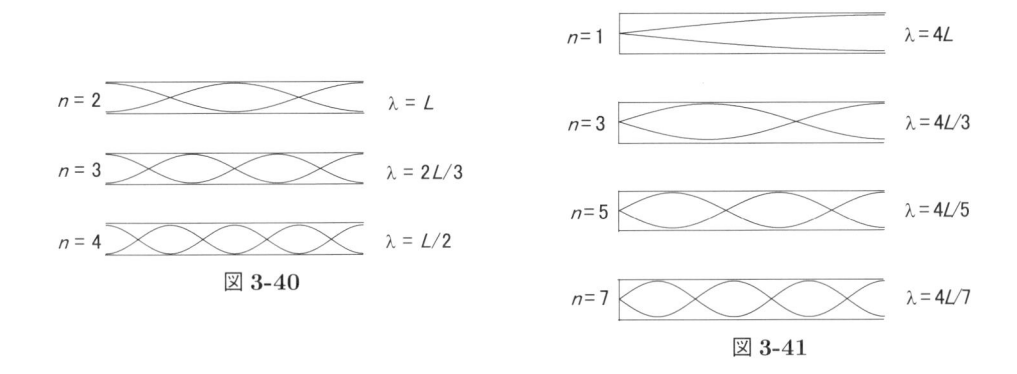

図 3-41

る．一般的には，長さ L の片端開口管の共鳴振動数に対応する波長は，

$$\lambda = \frac{4L}{n} \qquad n = 1, 3, 5, \cdots \tag{8-3}$$

このとき，調和振動の指数 n は奇数でなければならない．対応する共鳴振動数は次式で表される．

$$\nu = \frac{v}{\lambda} = \frac{nv}{4L} \qquad n = 1, 3, 5, \cdots \tag{8-4}$$

3.8.A　クント（Kundt）の実験（島津製）

図 3-42 のように，水平に支えたガラス管 EF 内に，コルク細粉を薄く一様に広げ，一端に棒 H に取付けた可動円板 P を他端に金属棒 AC に円板 A をゆるく差し込み，AC を水平に支えて，その中点 B を固定する．金属棒 C の辺りを棒に沿って右方向に布でこすると，金属棒に B を節とする基本縦振動が発生する．可動円板 P を適当な位置に動かすと，金属棒の縦振動と，管内の気柱の定常波が共鳴する．これによって，コルク細粉がおどって下図のような規則正しい横縞を生じて配列する．このとき，定常波の腹で細粉が最も強くおどり，そこに多く

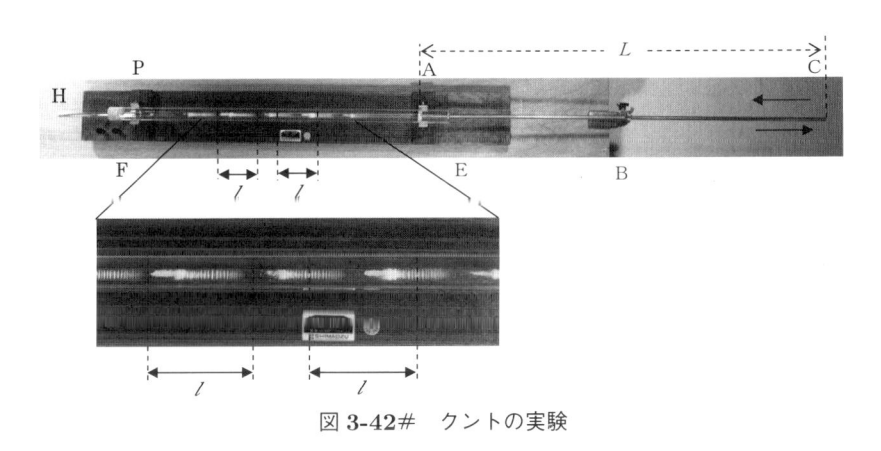

図 3-42#　クントの実験

集まる．他方，細粉が静止してほとんど集まらない点が節である．したがって，隣り合う 2 節点間または 2 腹点間を l，気柱内の音波の波長を λ，その振動数 ν とすれば，

$$\text{気柱内の音速} \quad v = \nu\lambda = \nu \cdot 2l \tag{8-5}$$

また，金属棒の全長を L，棒中の音波の波長を λ'，その振動数を ν' とすれば，

$$\text{金属棒中の音速} \quad V = \nu'\lambda' = \nu' \cdot 2L \tag{8-6}$$

となる．

気柱は金属棒の振動に共鳴しているから，$\nu = \nu'$ なので，(8-5)，(8-6) 式より

$$v = (l/L)V \tag{8-7}$$

となる．したがって，金属棒中の縦波の伝播速度をヤング率と密度を用いて計算すれば，空気中の音速を測定することができる．

3.8.B　共鳴音叉によるうなり（島津製）

うなり：振動数のわずかに異なる 2 つの音が重り合っておきるウワーン，ウワーンとうなるような音が聞こえる現象．実際には，同じ周波数の音叉の片方に軽い錘をつけることで周波数をわずかに変える．

波長 λ_1, λ_2 の波の合成〈波の位相速度は 2 つの波長に対して不変〉

$$A\sin\left[\frac{2\pi}{\lambda_1}(x-vt)\right] + A\sin\left[\frac{2\pi}{\lambda_2}(x-vt)\right]$$
$$= 2A\cos\left[\left(\frac{1}{\lambda_1}-\frac{1}{\lambda_2}\right)\pi(x-vt)\right]\sin\left[\left(\frac{1}{\lambda_1}+\frac{1}{\lambda_2}\right)\pi(x-vt)\right] \quad \cdots ①$$

$\lambda_2 = \lambda_1 + \Delta\lambda$, $\Delta\lambda \ll \lambda_1, \lambda_2$ とすると

$$\frac{1}{\lambda_1}+\frac{1}{\lambda_2} = \frac{1}{\lambda_1}+\frac{1}{\lambda_1+\Delta\lambda} = \frac{2}{\lambda_1}-\frac{\Delta\lambda}{\lambda_1^2}, \quad \frac{1}{\lambda_1}-\frac{1}{\lambda_2} = \frac{1}{\lambda_1}-\frac{1}{\lambda_1+\Delta\lambda} = \frac{\Delta\lambda}{\lambda_1^2} \tag{8-8}$$

以上を①に代入すると

$$\underbrace{2A\cos\left[\frac{\Delta\lambda}{\lambda_1^2}\pi(x-vt)\right]}_{\text{振幅変調波}}\underbrace{\sin\left[\frac{2}{\lambda_1}\pi(x-vt)\right]}_{\text{搬送波}} \tag{8-9}$$

振幅変調波の波長：$\frac{2\lambda_1^2}{\Delta\lambda}$，伝播速度：$v$

$$\text{うなりの周期} \quad T = \frac{\text{振幅変調波の半波長}}{\text{振幅変調波の伝播速度}} = \frac{\lambda_1^2/\Delta\lambda}{v} = \frac{1}{v(1/\lambda_1-1/\lambda_2)} \tag{8-10}$$

$$\text{うなりの振動数} \quad \nu = \frac{1}{T} = v\left(\frac{1}{\lambda_1}-\frac{1}{\lambda_2}\right) = \nu_1 - \nu_2 \tag{8-11}$$

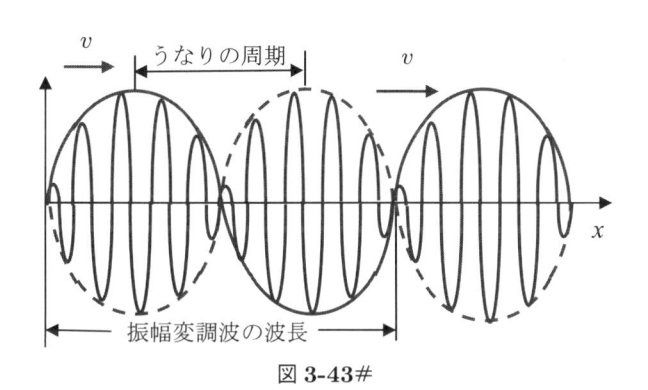

図 3-43#

図 3-44# 音叉

3.9 ドップラー効果（大沢ループフィルム）

　救急車が警笛を鳴らしながら，近づいてくるときには音は高く聞こえ，遠ざかるときには音は低く聞こえる．このように，音源が観測者に近づくときと，遠ざかるときで，観測者に聞こえる音の高さ（振動数）が音源の高さと異なる現象をドップラー効果という．ドップラー効果は音源が静止していて，観測者が音源に近づいたり遠ざかる場合にも起こる．また，ドップラー効果は音波だけでなく，光や電波にも見られ，波源と観測者が相対的に近づいたり遠ざかる場合に起こる．

(1) 図 3-45：音源 S と観測者 O が共に静止している場合，音速を c, 音源の振動数を ν, 音の波長を λ とすると，

$$\lambda = \frac{c}{\nu} \tag{9-1}$$

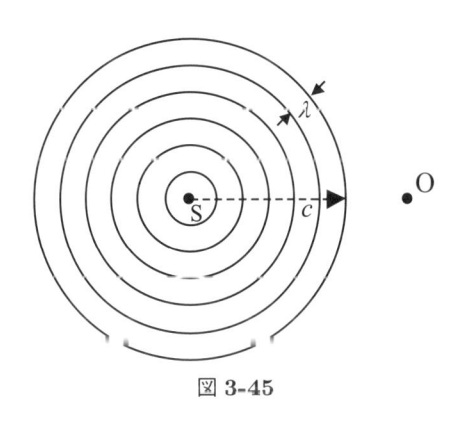

図 3-45

(2) 図 **3-46**：音源 S が観測者 O に近づく場合，音源の移動速度を u，観測される音の振動数を ν'，音の波長を λ' とすると，

$$\begin{aligned} \lambda' &= \frac{c-u}{\nu} = \lambda\left(1-\frac{u}{c}\right) \\ \nu' &= \frac{c}{\lambda'} = \frac{c\nu}{c-u} \\ &= \frac{\nu}{1-\frac{u}{c}} \end{aligned} \quad (9\text{-}2)$$

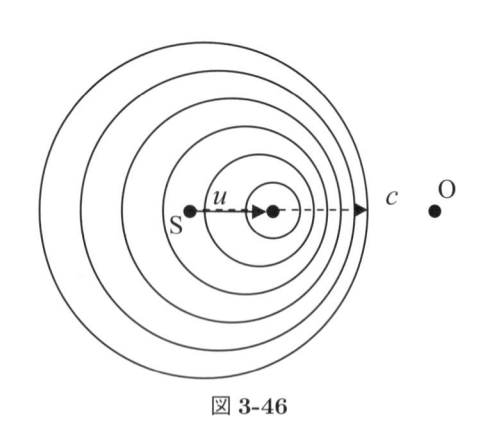

図 **3-46**

(3) 図 **3-47**：音源 S が観測者 O から遠ざかる場合，音源の移動速度を u，観測される音の振動数を ν'，音源の波長を λ' とすると，

$$\begin{aligned} \lambda' &= \frac{c+u}{\nu} = \lambda\left(1+\frac{u}{c}\right) \\ \nu' &= \frac{c}{\lambda'} = \frac{c\nu}{c+u} \\ &= \frac{\nu}{1+\frac{u}{c}} \end{aligned} \quad (9\text{-}3)$$

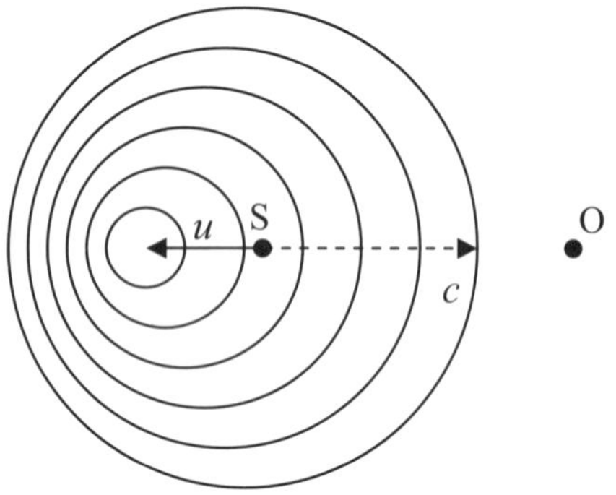

図 **3-47**

(4) 図 **3-48**：静止している音源 S に観測者 O が近づく場合，観測者の移動速度を v，観測される音の振動数を ν' とすると，

$$\begin{aligned} \nu' &= \frac{c+v}{\lambda} = \frac{\nu}{c}(c+v) \\ &= \nu\left(1+\frac{v}{c}\right) \end{aligned} \quad (9\text{-}4)$$

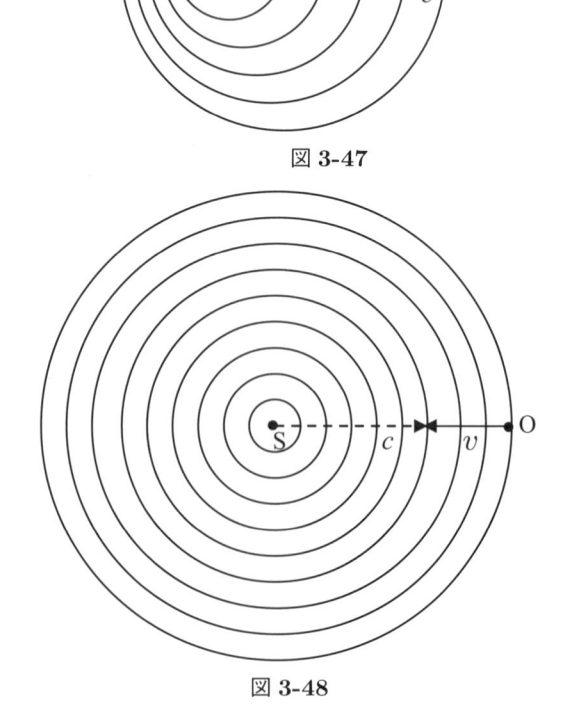

図 **3-48**

(5) 図 **3-49**：静止している音源 S から観測者 O が遠ざかる場合，観測される音の振動数を ν'，λ とすると，

$$\begin{aligned}\nu' &= \frac{c-v}{\lambda} = \frac{\nu}{c}(c-v) \\ &= \nu\left(1-\frac{v}{c}\right)\end{aligned} \quad (9\text{-}5)$$

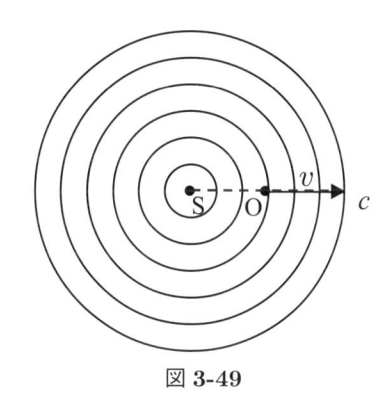

図 **3-49**

第 3 章 波動

波動　まとめ

1. 単振動，減衰振動，強制振動

a) 減衰のない振動

　　運動方程式　$d^2x/dt^2 = -kx$

　　変位 x　　$x(t) = A\cos(\omega t + \phi)$

　A 振幅　ω 角振動数　ϕ 初期位相

b) 減衰振動 (overdamping, critical damping, damped oscillation)

　$d^2x/dt^2 + a\,dx/dt + \kappa x = 0$

　(i) $a^2/4 > k$　　overdamping

　(ii) $a^2/4 = k$　　critical damping

　(iii) $a^2/4 < k$　　damped oscillation

c) 強制振動

　　$d^2x/dt^2 + \gamma\,dx/dt + \omega_0^2 x = (F_0/m)\cos\omega t$

　固有振動数，共振（共鳴）

2. 単振動の重ね合せ，フーリエ級数

　　$x(t) = A\cos\omega_1 t + A\cos\omega_2 t$

　　$\omega_{av} = (\omega_1+\omega_2)/2,\ \omega_{\mathrm{mod}} = (\omega_1-\omega_2)/2$

　　$x(t) = 2A\cos\omega_{\mathrm{mod}} t \cdot \cos\omega_{av} t$

　a) うなり　　$\omega_1 \sim \omega_2,\ \omega_{\mathrm{mod}} \ll \omega_{av}$

　b) 変調

　c) フーリエ級数

　d) 色々な波形

3. 波動

　　横波の伝わりかた　$t=0$ のときの波形 $y=f(x)$，速度 v で x 方向に伝わる

　　　$y = f(x-vt)$　　例えば $f(x) = \sin[k(x-vt)]$

　$-x$ 方向にも伝わる　$y = f(x-vt) + g(x+vt)$

　波動方程式　$\partial^2 y/\partial t^2 = v^2 \partial^2 y/\partial x^2$

　位相速度 $v = \omega/k$ と群速度 $v = d\omega/dk$

108

4. 波の伝わる機構

　弾性と慣性　　$v = \sqrt{K/\rho}$　　K: 弾性率　　ρ: 密度

　弦の横波　　　K: 張力　　　　ρ: 線密度
　棒の縦波　　　K: ヤング率　　ρ: 密度，棒の横波　K: 剛性率　ρ: 密度
　気柱の縦波　　K: 体積弾性率　ρ: 密度

5. 波の反射，重ね合せ，定常波

6. ドップラー効果
　　　$\lambda = c/\nu$　　$\nu' = \nu[(c-v)/(c-u)]$

第 3 章 波動

演 習 問 題

1. $k > \frac{a^2}{4}$ のとき，微分方程式
$$\frac{d^2 x}{dt^2} = -kx - a\frac{dx}{dt} \qquad \cdots ①$$
の解が $x(t) = A_0 \exp\left(-\frac{a}{2}t\right)\cos(\omega t + \phi)$ となることを示せ．
ただし，$\omega = \sqrt{k - \frac{a^2}{4}}$ である．

2. 式①において $k = \frac{a^2}{4}$ のとき，微分方程式①の解 $x(t)$ が $u(t)\exp\left(-\frac{a}{2}t\right)$ という関数形であると仮定して $u(t)$ を求めよ．

3. 微分方程式
$$\frac{d^2 x}{dt^2} + \gamma\frac{dx}{dt} + \omega_0^2 x = \frac{F_0}{m}\cos\omega t \qquad \cdots ③$$
の解を $x(t) = A\cos(\omega t - \delta)$ と仮定するとき，振幅 A および位相の遅れ δ が下記のようになることを確かめよ．
$$A = \frac{F_0/m}{\sqrt{(\omega_0^2 - \omega^2)^2 + \gamma^2\omega^2}} \quad \tan\delta = \frac{\gamma\omega}{\omega_0^2 - \omega^2}$$

4. 前問の③で強制振動の外力が単位時間になす仕事量は $\sin\delta$ に比例することを示せ．

5. 質量の等しい 2 つの小球 A，B をばね定数の強いばねで連結し，その両側を弱いばねで結んで一端を固定し，他端を水平方向の振動を励起するモータに結ぶ．この連成振子の規準モードの固有振動数を求めるため以下の考察をせよ．小球 A，B の質量を m，それを連結するばねの定数を k_1，小球 A，B の両脇のばね定数を k_0 とする．

    a) A，B に対する運動方程式が
    $$\begin{aligned}\ddot{x}_A &= -\omega_0^2 x_A - \frac{k_1}{m}(x_A - x_B) \\ \ddot{x}_B &= -\omega_0^2 x_B - \frac{k_1}{m}(x_B - x_A)\end{aligned} \qquad \text{ただし } \omega_0^2 = \frac{k_0}{m}$$
    となることを示せ．ただし，x_A, x_B は小球 A, B の平衡位置からの変位とする．

    b) $q_1 = x_A + x_B$，$q_2 = x_A - x_B$ と変数変換して上記微分方程式を解くと，規準振動モード q_1 の角振動数が ω_0，モード q_2 の角振動数が $\omega_1 = \sqrt{\omega_0^2 + 2(k_1/m)}$ と与えられることを示せ．低振動数のモードが重心の振動運動，高い振動数のモードが小球間の伸縮振動になっていることを確かめよ．

6. 前問で外力として働くモータの振動数を ω とし，減衰をほとんど無視できるとすると，上記の連成振子の強制振動の解が求められる．$\omega = \omega_0$ となるとき規準振動モード q_1 の振幅が無限大となり，ω をさらに増加させると q_1 の振幅は小さくなり，つぎに $\omega = \omega_1$ のとき規準振動モード q_2 の振幅が無限大になる．以上のことを証明せよ．

7. 弦を伝わる横波の伝播速度 v が弦の線密度 σ と張力 T によって与えられると仮定するとき，$v \propto \sqrt{\frac{T}{\sigma}}$ となることを次元解析によって求めよ．

8. 固定端による波の反射を考えるとき，反射壁の向こう側の仮想領域に反射波が存在して入射波とは逆の向きに伝播してくると仮定すると，反射波の波形は反射壁を中心として入射波の波形と点対象の関係にある．したがって，弦を伝わる横波の変位が上向きの状態で反射壁に入射すると，反射波の変位は下向きとなって返ってくる．固定端における波の変位が常にゼロであることを考慮して，反射波（仮想領域に存在する）と入射波の波形が点対称の関係にあることを考察せよ．また，自由端による反射の場合は，入射波と反射波の波形が反射壁を境界として鏡像対称の関係にあることを示せ．

9. つぎの 2 つの波が重ね合せられるとき，

$$y_1 = A\sin(k_1 x - \omega_1 t)$$
$$y_2 = A\sin(k_2 x - \omega_2 t)$$

a) 合成した波の式を求めよ．

b) $\Delta k = k_1 - k_2$，$\Delta \omega = \omega_1 - \omega_2$，$\Delta k \ll k_1$，$\Delta \omega \ll \omega_1$ とするとき，合成した波の群速度はいくらか．

10. a だけ離れた S_1，S_2 という 2 つの点状の波源から波長 λ の波が円形に広がっている．このとき干渉して強め合う点を結ぶとどのような曲線になるか．以下の計算を行って求めよ．ただし波源での波の位相は等しいとする．

a) 2 点 S_1 と S_2 の中点を座標原点とし，2 点 S_1，S_2 を x 軸上にとる．xy 平面上の点 (x, y) から S_1，S_2 までの距離を r_1，r_2 とし，$|r_1 - r_2| = k$ とおくと，

$$\frac{4x^2}{k^2} - \frac{4y^2}{a^2 - k^2} = 1$$

となることを示せ．

b) 上記の式は，$k = 0$ のときは $x = 0$ の直線となり，$|k| = \lambda, 2\lambda, \ldots < a$ のときは直線 $y = \frac{\sqrt{a^2-k^2}}{k}x$ に漸近する双曲線となる．$a = 4\lambda$ のとき，この曲線を図示せよ．

第4章 光

はじめに

　光学は，大きく幾何光学，波動光学，量子光学の3つに区分される．幾何光学はユークリッド幾何学にちなんでつけられた名称で，光の直線性と反射・屈折の幾何学のみに基づいてレンズ，鏡などの働きを説明し，各種の光学機器の設計に適用できる．幾何光学で重要な屈折に関するスネルの法則は17世紀に定式化されている．光の本性についての論争では，Huygensが波動説，Newtonが粒子説を唱えた．Newtonは「光学 Optics」を著し，ニュートンリング，プリズムによる分光などの研究を行ったが，これらの光学現象を粒子説の立場で説明した．Newtonの権威によって粒子説が主流となったが，19世紀になるとYoungやFresnelによる干渉・回折現象の解析を通して波動説が有力になっていった．特に，屈折現象を説明するために，粒子説では水中の光速は空気中より速いと仮定するのに対して波動説ではその逆になるが，Foucaultによって水中の光速が空気中より遅いことが示され，光が波動であることが決定的となった．さらに，Maxwellが電磁気学の立場から光が電磁波の一種であり，横波であることを示した．19世紀末には，波動が伝わる媒質としてエーテル説が唱えられ，MichelsonとMorleyがエーテルに対する地球の相対運動による光速度の違いを検出しようと試みたが，見出せなかった．結局，光速度は座標系によらず不変であるという仮定からEinsteinが特殊相対性理論を導いた．20世紀に入ると光電効果などの実験をめぐって，光の本性について新たな展開があった．量子力学によって光は粒子（光子）であると同時に波動でもあり2面性を持っているとされたのである．この新しい量子光学の応用は，レーザーの発明とともに長足の進歩を遂げている．

4.1 光速の測定

光の波動説を証明した実験のひとつはフーコー (Foucault) による光の速度の観測である. 光の通路に水槽をおいて光の速度を測ることにより, 水中では空気中より光の速度が遅くなることを見出した. この結果は波動説による屈折現象の説明を支持する.

4.1.A 高速回転ミラーを用いた光速測定

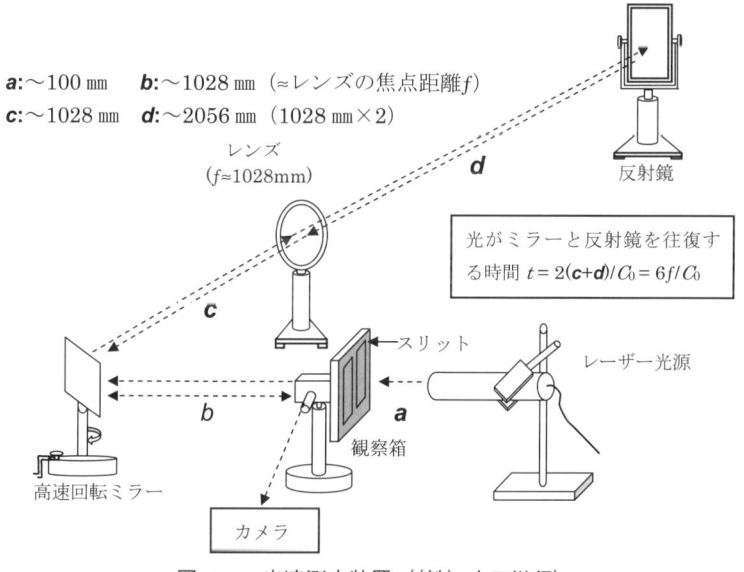

a: ～100 mm　b: ～1028 mm（≈レンズの焦点距離 f）
c: ～1028 mm　d: ～2056 mm（1028 mm×2）

光がミラーと反射鏡を往復する時間 $t = 2(c+d)/C_0 = 6f/C_0$

図 4-1　光速測定装置〈(株) 内田洋行〉

レンズから $2f$ の位置にスリットと反射鏡を置くことにより, スリット像を観察箱の位置に作る（**4.3.F (3)** 参照）.

実験方法及び原理

回転ミラーが静止しているときと高速（約 2000Hz）で回転させたときの反射光による映像がずれる. 光速 C_0 は非常に速いが, ミラーを高速回転させることで光が回転ミラーと反射鏡を往復する間の微小時間による像のずれを得ることができる.

ミラーの回転周波数を N [Hz] とすると, 反射光が戻ってくるまでにミラーは $\alpha = 2\pi N(6f/C_0)$ [rad] だけ回転する. 像のずれる距離 Δ は, ミラーと観察箱の距離 $b = f$ を用いて $\Delta = 2\alpha f = 24\pi Nf^2/C_0$ と計算される. ミラーの回転方向を変えて測定すると, 次の式から光速が計算できる.

第 4 章 光

$$C_0 = \frac{24\pi f^2 (N_1 + N_2)}{\delta} \tag{1-1}$$

N_1：正方向の回転周波数，ずれ Δ_1
N_2：逆方向の回転周波数，ずれ Δ_2
$\delta = \Delta_1 - \Delta_2$：正逆方向回転での像のずれ幅

4.2 光源と色

4.2.A 電磁波の分類

光は目に見える電磁波である．

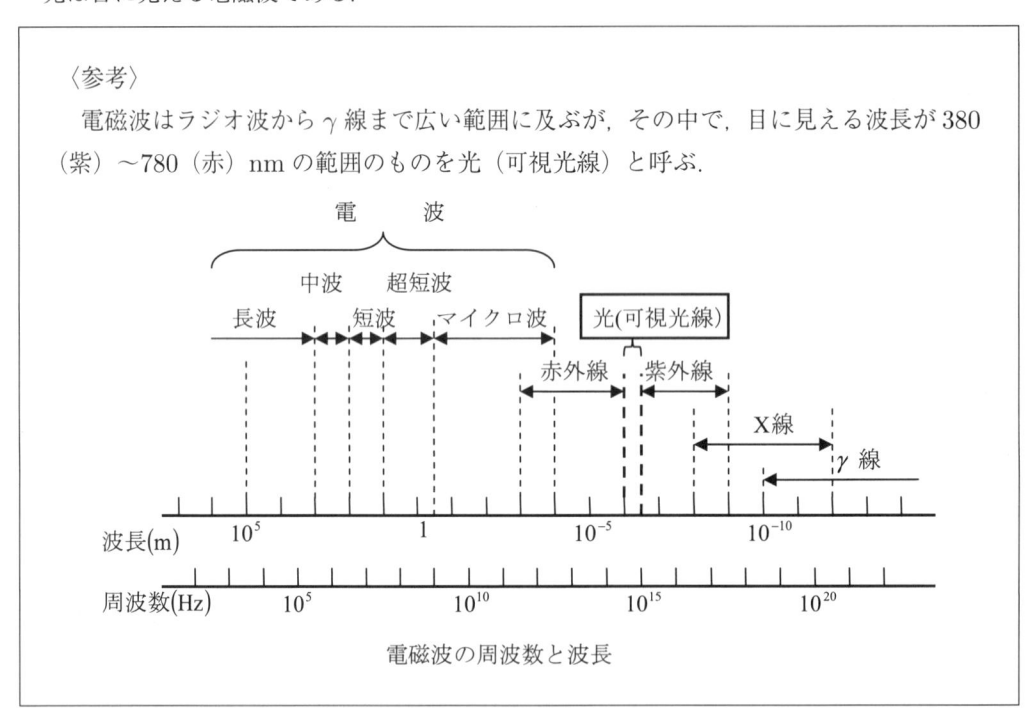

〈参考〉

電磁波はラジオ波から γ 線まで広い範囲に及ぶが，その中で，目に見える波長が 380（紫）〜780（赤）nm の範囲のものを光（可視光線）と呼ぶ．

電磁波の周波数と波長

太陽光の波長と色

人は，光の波長によってそれぞれちがった色に感じる．特定の波長の光を単色光と言い，太陽光や電灯の光のように，様々な波長を含んだ光は（色を示さないので），白色光という．

波長 (nm)	780　640　590　550　490　430　380
光の色	赤　橙　黄　緑　青　紫

4.2.B 光源の種類

光源の種類は大きく分けて次の3つになる.

(1) 温度放射（熱放射）：温度が十分高くなった物体からの発光.

温度が低いときは人の目には赤っぽく見え，温度が上がると白っぽく見えてくる.

例）太陽，電球のフィラメント，高温の炉等

電球（〜2000℃）→ 赤っぽい

太陽光（〜6000℃）→ 白色光

放射温度計

スペクトルを利用した温度計

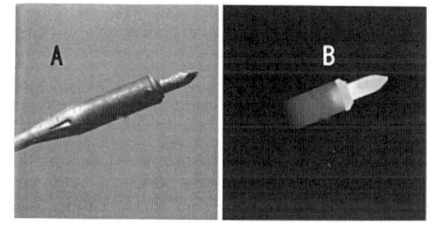

図 4-2# 加熱による赤外線の放射

半田ごて (A) を加熱したとき放射される赤外線 (B) を擬似カラーで表示．明るい所ほど温度が高い．

(2) 高電圧による放射：気体中の放電にともなう発光．例）真空放電，火花放電

ガラス管の両端に金属線電極を封じ込み，真空ポンプで管内の気圧を減らした後，電極間に十分高い電圧をかけると，希薄な気体原子がイオン化して放電が起こり，美しい光を出す．このような放電管は，1859年プリュッカーが硝子工ガイスラーに依頼して作ったのが最初であることから，ガイスラー管ともプリュッカー管ともいう．ガイスラー管から放電中に放出される光の色は，気圧や管の太さによっても変わるが，封入する気体の種類によっての変化が最も著しい．例えば，窒素は赤紫，ヘリウムは黄，水素は赤もしくは赤みがかった白，ネオンは華やかな橙赤，水銀は白みがかった青である．

〈掲載写真 図 4-2：新物理実験図鑑（講談社）より〉

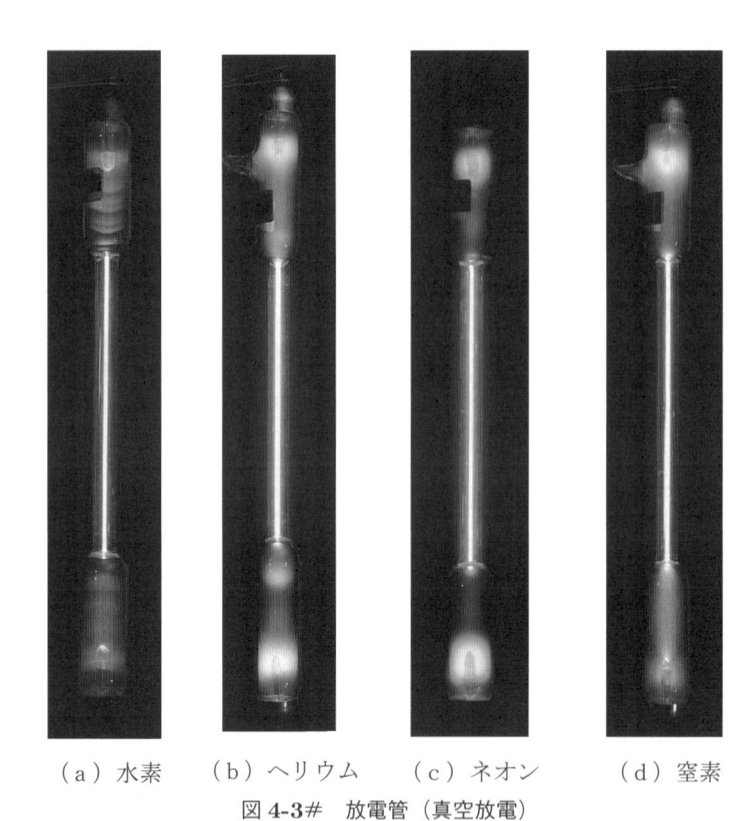

第4章　光

(a) 水素　(b) ヘリウム　(c) ネオン　(d) 窒素
図 4-3#　放電管（真空放電）

実際の実験では放電管（島津製）を使用（300V 位の高圧電源用意）；(a) 水素, (b) ヘリウム, (c) ネオン, (d) 窒素について巻頭のカラー又は CD を見よ

(3) 光の刺激による放射：高熱を伴わない放射.
　例）蛍光, 燐光等

4.2.C　3原色
(1) 光の混合

　光の三原色は赤 (R)・緑 (G)・青 (B) で, この三色を混ぜ合わせると, ほとんどすべての色を作り出すことができる. 光の混合は光の足し算つまり混合した色（スペクトル）の和の光が見える. これを**加法混色**という.

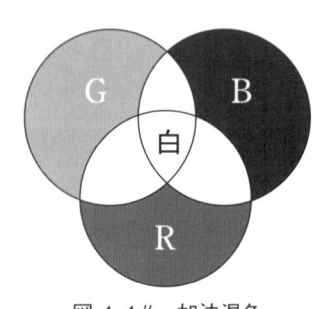

図 4-4#　加法混色

巻頭カラーページを見よ

> たくさんの単色光を混ぜ合わせていくと，光の量と波長の種類が増え，光は次第に明るくなり，ついには白色光になる．

赤＋青＝マゼンタ（赤紫）　　赤＋緑＝イエロー　　青＋緑＝シアン（青紫）

〈実験装置〉

図 4-5#　実験装置概観（ミノルタ Mini35）

図 4-6#　光源フィルター部分詳細

3つの光源（プロジェクター・ランプ）を光の3原色である各フィルター（色ガラスフィルター又は干渉フィルター）* に通し，光の強さを調節してスクリーンに投映する．

(2) 色の混合

色の3原色はシアン (C)・マゼンタ (M)・イエロー (Y) で，光の3原色と同様にこの3色を混ぜ合わせると，ほとんどすべての色を作り出すことができる．

色の混合は光の引き算である．これを**減法混色**という．

> 絵の具は光の吸収体なので，絵の具を混ぜ合わせると，吸収される光が増え，絵の具で反射して目に届く光の量と波長の種類が減るために黒ずんでいく．

図 4-7#　減法混色
巻頭カラーページを見よ

シアン（青紫）＋マゼンタ（赤紫）＝青

---

*干渉フィルター：① V-R3（赤）② V-B2（青）③ V-G1（緑）

シアン＋イエロー＝緑

マゼンタ＋イエロー＝赤　　シアン＋マゼンタ＋イエロー＝黒

応用例：カラー印刷，カラー写真

〈参考〉補色

特定の二つの単色光を混ぜ合わせると白色の光になる．このような色の組み合わせを補色という．

・赤とシアン　　・緑とマゼンタ　　・青とイエロー

人が見ることができるのは，吸収光の補色である．

例）白色光に照らされた植物の葉が緑色に見えるのは，植物が赤い（マゼンタ）光を吸収するためである．

(3) カラー TV の原理

カラーテレビでの色の再現システムは，カメラによる撮影・信号の伝送・受像機での再現の過程に分けられる．

ここでは，一般的なブラウン管式カラーテレビのカラー画像の再現のしくみを簡単に説明する．テレビの画面を拡大すると，赤 (R)・緑 (G)・青色 (B) の 3 色がびっしり並んでいて，この三色の明るさをうまく調整して混ぜることによって，さまざまな色に見える．画面を拡大して見える赤・緑・青色の部分には，それぞれ赤・緑・青色に光る蛍光物質が塗ってある．

ブラウン管の一番奥にある電子銃（細い電子ビームを射出する装置）から色信号 R，G，B の強度に応じて射出された電子ビームは，シャドーマスクを通して蛍光面（画面）上の R，G，B の点状の蛍光物質を発光させる．人が見る色はこれらの光を混合したものである．

しかし一瞬一瞬では，電子ビームは蛍光面の特定部分にしか当たっていないので，電磁石で電子ビームの向きをコントロールして電子ビームを走査（電子ビームが当る場所を画面の左上の端から右端へ，上から下へと動かす）している．1 画面の走査にかかる時間はわずか 1/30 秒程度である．

以上のように電子ビームによる蛍光物質の発光と走査によって画面に像が描かれる．さらに，このような描画を 1 秒間に 30 回繰り返すことで，動く映像を表現している．

また，現在のテレビの走査線は 525 本，ハイビジョンでは 1125 本である．

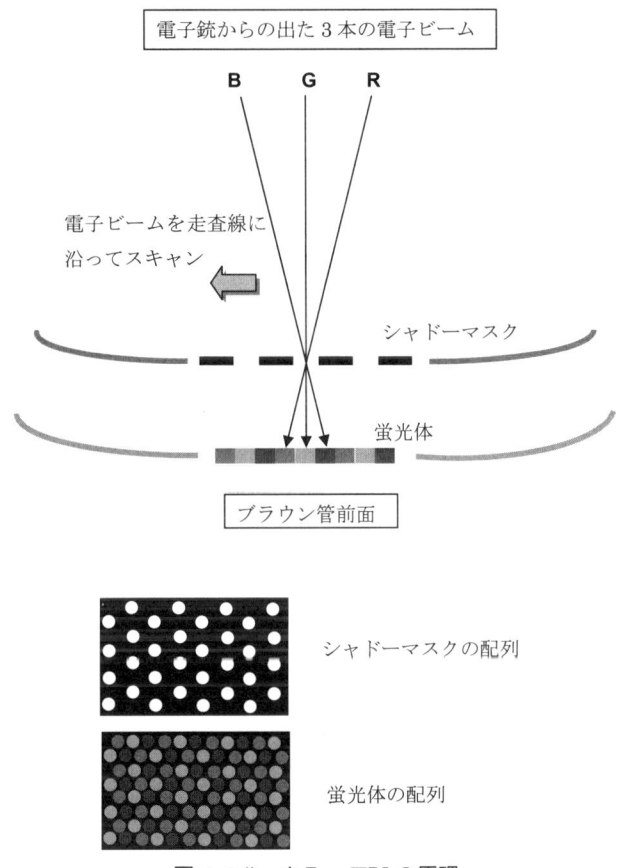

図 4-8#　カラー TV の原理

4.2.D　色ガラスフィルターと干渉フィルター
フィルターによるスペクトルの選択

　色ガラスフィルターや干渉フィルターは，特定の光を選択的に透過させる．色ガラスフィルターは相当に広い範囲の波長を含んでいるのに対し，干渉フィルターは波長選択性能に優れ，波長範囲が狭い"単色"の透過光が得られる．

第 4 章　光

干渉フィルターを透過する光の強さ

厚さ d，屈折率 n の平行平面板に垂直に平行光線（波長 λ）を照射する

$$m\lambda = 2dn \qquad (m = 1, 2, 3, \cdots) \tag{2-1}$$

を満たす波長のとき，透過光は極大の強さを示す

$$\left(m + \frac{1}{2}\right)\lambda = 2dn \qquad (m = 0, 1, 2, \cdots) \tag{2-2}$$

を満たす波長のとき，透過光は極小の強さを示す

　板の両面の反射能を，銀やアルミニウムの薄膜を蒸着させる等の方法で増してやると，波長に対する透過光強度の極小が 0 に近づくと同時に，極大を中心とする波長の範囲（スペクトル線の幅）がだんだん狭くなる．

干渉フィルターの製法 〈東芝硝子（株）〉

　ガラス板の上に，蒸着法で半透明の金属膜をつけ，次に水晶のような透明物質を同じく蒸着法で薄く付着させて，さらに，半透明の金属膜をかぶせたのち，ガラス板で保護する．

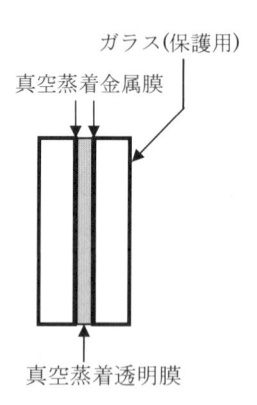

図 4-9#　左上：色ガラスフィルター　　左下：干渉フィルター　　右：フィルターの構成

★フィルターを光源と回折格子の間に入れると特定の波長範囲の光だけが透過していることを確認できる．

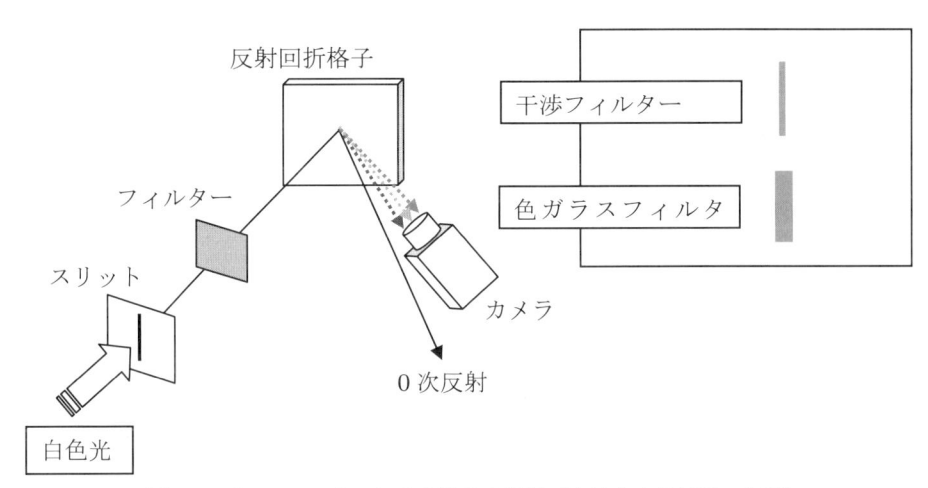

図 4-10#　フィルターによる波長の選択（右はカメラに写った像）

4.3　幾何光学

4.3.A　光の反射

(1) コーナーキューブ

3枚の平面鏡を互いに直角に配置したもので，入射光は正確にもとの方向に反射される．

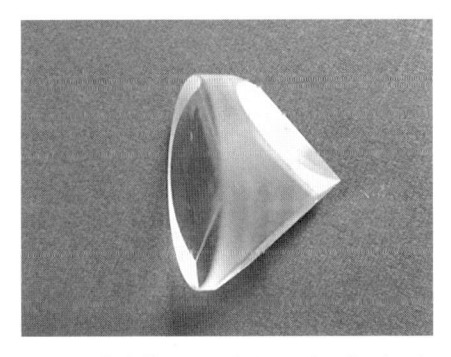

ガラスの立方体の一隅を切り取った形のもの

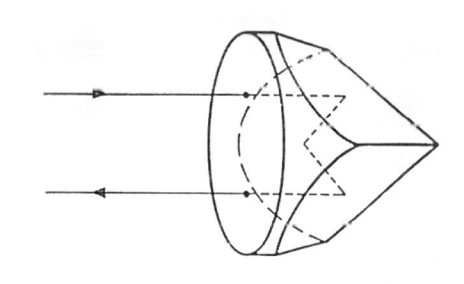

コーナーキューブの反射のしくみ

図 4-11#　コーナーキューブ

コーナーキューブにレーザー光を当てて反射光を見る．どの方向からレーザー光を当てても，反射光はもとの位置（レーザー光の出口）に戻ってくる．すなわち，1つの平面での反射で光線は平面に垂直な面内で反転する．互いに直行する3つの平面で反射させると，光線の向きが逆方向になる．

第 4 章　光

図 4-12#　コーナーキューブの模型

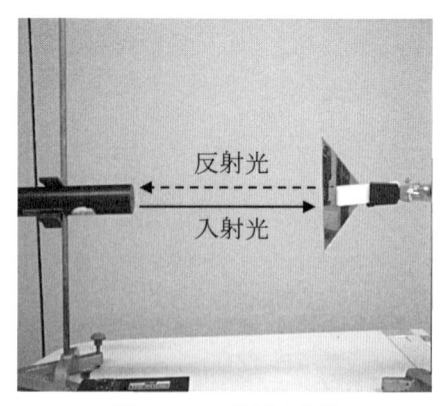

図 4-13#　装置全体図

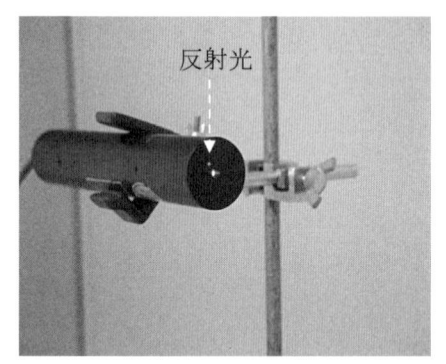

図 4-14#　反射光の位置

図 4-15#　応用例：テイルランプ
コーナーキューブは自動車や自転車のテイルランプ等に利用できる*

(2) 凹面鏡：マジックミラー〈島津製〉

　2枚の凹面鏡を合わせ，その反射により底に置いた物体が凹面鏡の穴の上に見える

全体の外観

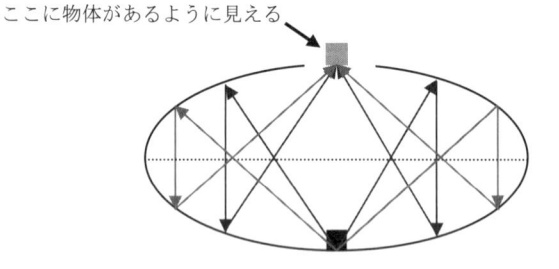

各凹面鏡（放物面鏡）の中心に相手の焦点が来るように配置する

図 4-16#　マジックミラー

---

*実際のテールランプでは，反射鏡やレンズを利用したキャッツアイが使用されている．

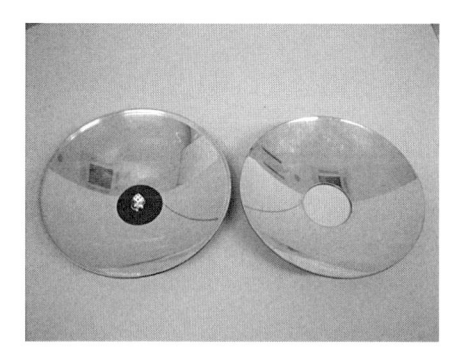

図 4-17#　マジックミラー内部（底とふた）

図 4-18#　底に置いた物体

図 4-19#　凹面鏡のふたの穴の上に浮いているように見える

図 4-20#　つかめない（実物はない）

(3) 凹面鏡の非点収差

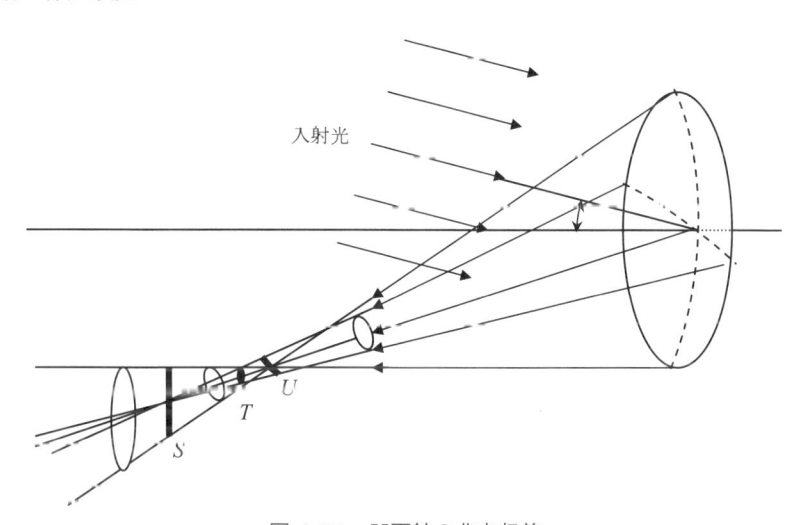

図 4-21　凹面鏡の非点収差

第4章 光

実験：スライドプロジェクターに約 3mm のピンホールのホルダーをセットし，凹面鏡に向けて，光を照射する．凹面鏡での反射光はスクリーンの位置によって，違った形の像として観察できる．

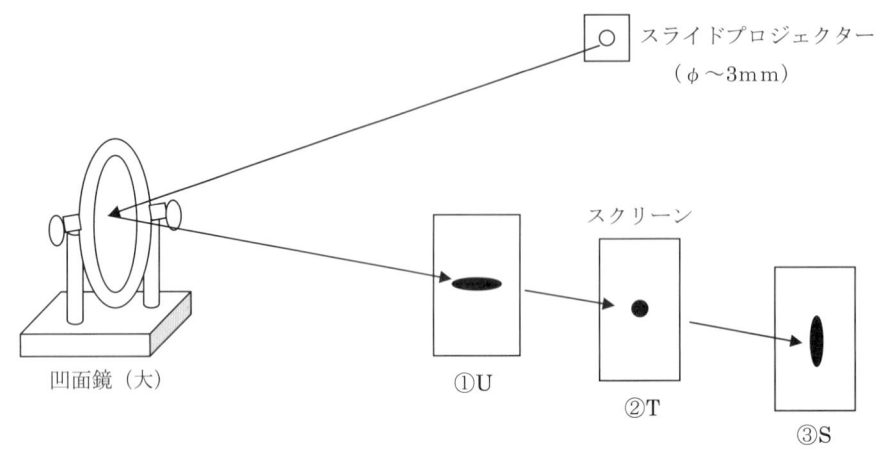

図 4-22 凹面鏡の非点収差の観察

スクリーンの位置による像の説明

① スクリーンを凹面鏡からじょじょに遠ざけて行くと，図 4-22 の位置 U で 縦軸方向のピントが最も合う ため 像は横長 になる．

② スクリーンを位置 U から遠ざけると，図 4-22 の位置 T で 縦軸・横軸両方のピント が同じくらいに はずれた 状態で，像は円形 になる．（最小錯乱円）

③ スクリーンをさらに遠ざけると，図 4-22 の位置 S で 横軸方向のピントが最も合う ために，像は縦長 になる．

※①の像と③の像は互いに垂直である．

4.3.B
空気と水の界面での光の屈折と反射

屈折率の大きい媒質 1（水）から屈折率の小さい媒質 2（空気）に光が進む時，入射光の一部は境界面で屈折し，一部は反射する．

入射角が小さい時は境界面で屈折する割合が大きいが，入射角を次第に大きくして行くと，反射する光が次第に増加する．やがて臨界角に達すると，入射光は媒質 2（空気）には全く出てこなくなる．屈折光は境界面をかすめるだけになる．さらに，入射角を臨界

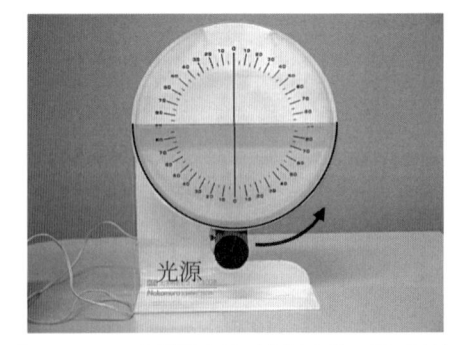

図 4-23# 光学用水槽〈中村理科工業（株）〉
底が円形で目盛のついた円板が入っており，光源は底にそって回転すれば目盛の中心となる水平線まで入る

角以上にすると入射光は全て反射する．

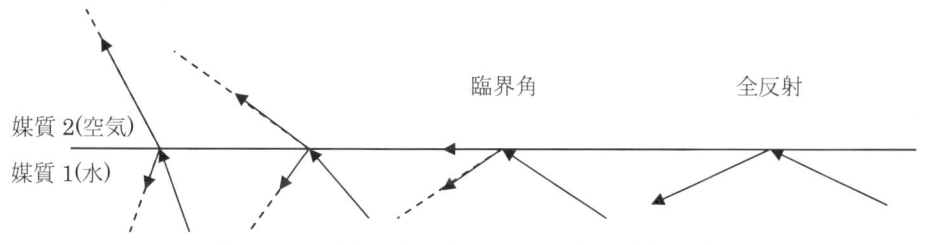

図 4-24# 空気と水の界面における光の屈折と反射

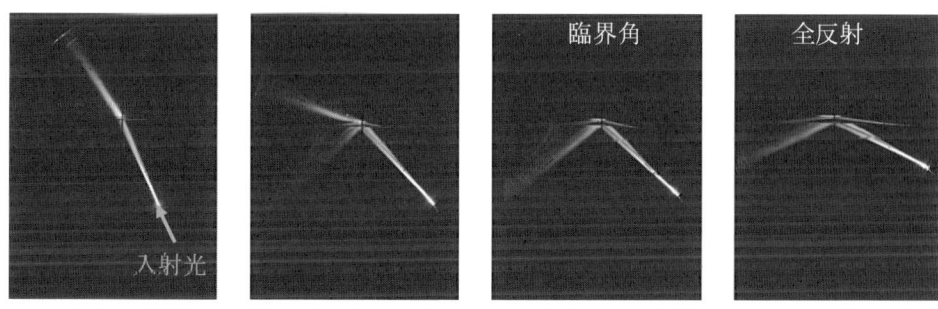

図 4-25# 光学用水槽を用いて観察した空気と水の界面における光の屈折と反射

4.3.C 光の屈折：屈折率の測定
(1) カメラの焦点位置の移動を利用した屈折率の簡単な測定法

右の図で Snell の法則より

$$\frac{n}{n_0} = \frac{\sin \phi}{\sin \phi'} = \frac{\mathrm{BE}}{\mathrm{BC}} \tag{3-1}$$

真上から観察したとき BE = AE，BC = AC より

$$\frac{n}{n_0} = \frac{\mathrm{AE}}{\mathrm{AC}} = \frac{t}{t-d} \tag{3-2}$$

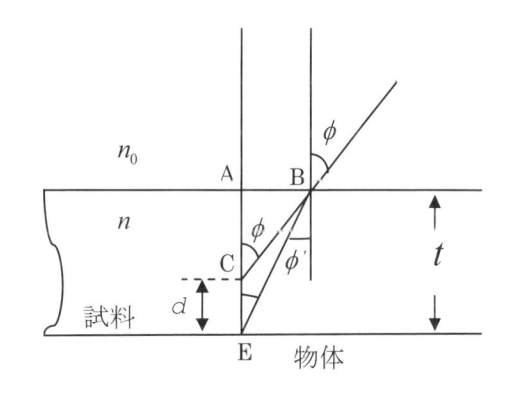

d：上に置かれた物体の実際の位置と見かけの位置との差

d を測定することによって，屈折率を求めることができる．空気中で観測するとき，$n_0 \fallingdotseq 1$ より，試料の屈折率 n は

$$n = \frac{t}{t-d} \tag{3-3}$$

実験方法（水の屈折率の測定）

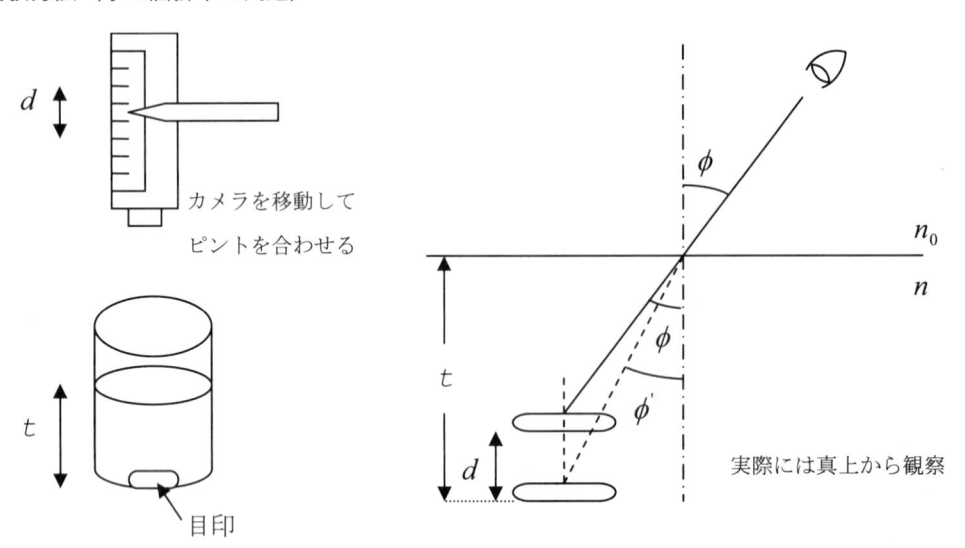

図 4-26 カメラの焦点移動による水の屈折率の測定

① （水を入れる前に）ビーカーの底の目印にカメラの焦点を合わせておく．
② 次にビーカーに水を注ぎ，カメラを移動して焦点を合わせる．このときの焦点のずれ（カメラの移動距離）d と水の深さ t を測る．

実験値
$t = 10.7$　$d = 2.8$　より　水の屈折率は $n = \dfrac{10.7}{10.7 - 2.8} = 1.354 \fallingdotseq 1.35$

---

(2) 全反射を利用した屈折計

Snell の法則より

$$\frac{n_2}{n_1} = \frac{\sin \phi}{\sin \phi'} \to n_2 \sin \phi' = n_1 \sin \phi \quad (3\text{-}4)$$

右の図のように光学的に密な物質 1 から疎な物質 2 への光の入射を考える．（入射角 ϕ，屈折角 ϕ'）

全反射を起こす臨界角 ϕ_c は，$\phi' = 90°$ より次の条件を満たす．

$$n_{12} \equiv \frac{n_2}{n_1} = \sin \phi_c \quad (3\text{-}5)$$

参考：水の臨界角 $48.6°$ （$n = 1.33$），バリウムクラウンガラスの臨界角 $41.2°$ （$n = 1.52$）

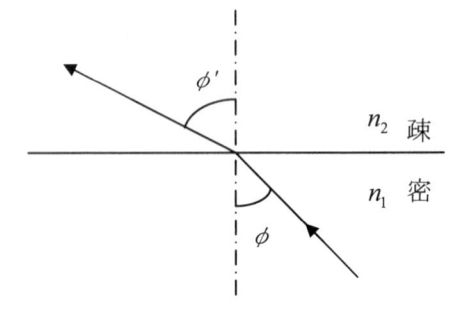

逆に，光学的に疎な物質から密な物質へ入射する場合，図 **4-27** で屈折角が ϕ_c となる入射光 C より大きな屈折角を持って進む光はない．したがって，図の右側から見たとき視野の上部は暗くなるので，視野に目盛を付けておけば，屈折率を表示できる．Abbe の屈折計はこの原理を利用して簡便な糖度計として用いられる．

図 4-27#　臨界角を利用した屈折率測定

図 4-28#　糖度計

サンプルなし　　　　　　サンプル：水　　　　　　サンプル：砂糖水

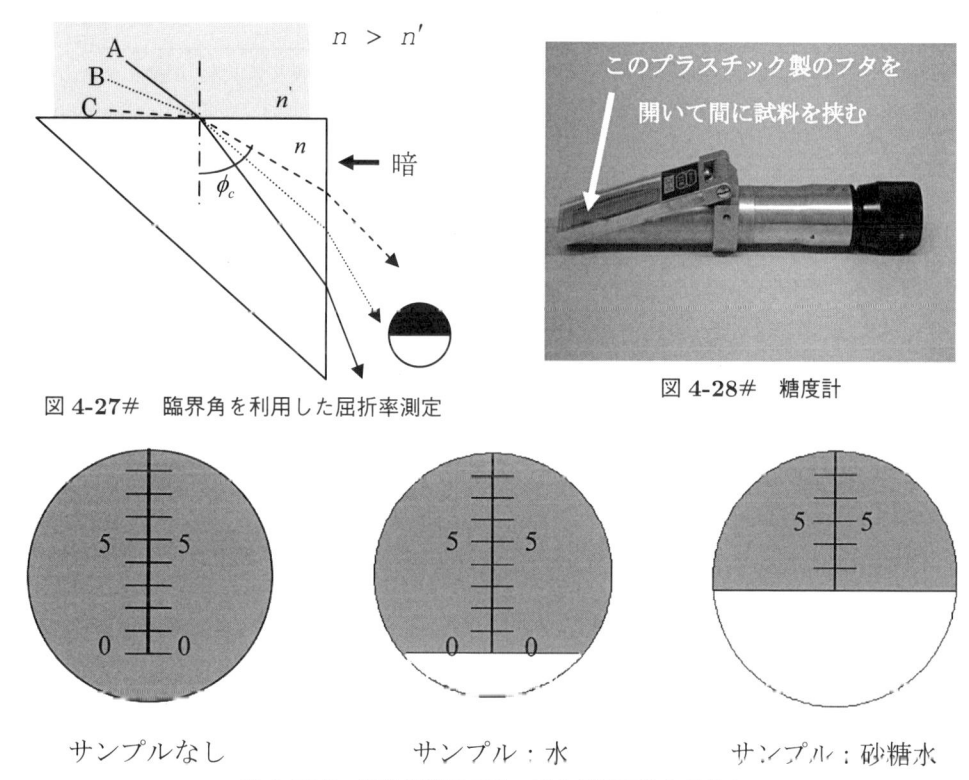

図 4-29#　液体の糖度の違いによる糖度計の見え方

通常（サンプルなしの状態）は，視野全体がブルーに見える．糖度計にサンプルを挟むと液体の種類によって視野の一部が白くなって見える．糖度計では，透過光をレンズに入射し，入射角によって明暗の位置が変わるようにしてある．

4.3.D　光の屈折：プリズム
(1) プリズムの最小偏角

プリズムに単色平行光線を入射したとき，入射光線と射出光線のなす角 (δ) を偏角またはふれの角という．入射角 ϕ_1 を変えると偏角 δ も変化し，$\phi_1 = \phi_2$ のとき最小値をとる．このときの偏角を最小偏角 ($\delta_{\min}$) という．この $\delta_{\min}$ とプリズムの頂角 α を測ることにより，次の式からプリズムの屈折率 n を求めることができる．

$$n = \frac{\sin\frac{(\alpha + \delta_{\min})}{2}}{\sin\frac{\alpha}{2}} \tag{3.6}$$

プリズム分光器では，注目する波長の光線が最小偏角になるようにプリズムを設置する必要がある．それは，最小偏角のとき，その波長の光に対してプリズムの分解能が最大となるほか，プリズムへの入射光線がわずかながら収束あるいは発散光束になった場合に像に非点収差が生じるのを防ぐためである．

図 4-30　プリズムの最小偏角

(2) プリズムによる光の分散

虹：雨が降った後の空気中には，たくさんの小さな球状の水滴が漂っており，この水滴がプリズムと同じような役割をして光を分散させ，その結果虹ができる．

プリズムによる光の分散

光は空気中からプリズムに入るときとプリズムから出るときの2回屈折するが，このとき波長によって屈折角が違うために各々の色の光に分かれて出てくる．

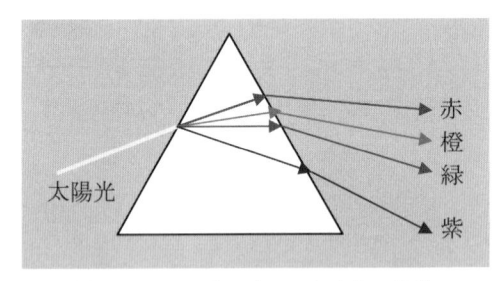

図 4-31#　プリズムによる光の分散

虹の原理

水滴の表面で反射された光や透過光は，入射位置よって様々な方向に射出され，特定の方向に強くなることはない．それに対して，水滴内部で反射して出ていく射出光は，最小偏角 δ_{min} 近傍（**図 4-32** の橙色の光線）に集中するため，虹の原因となる．

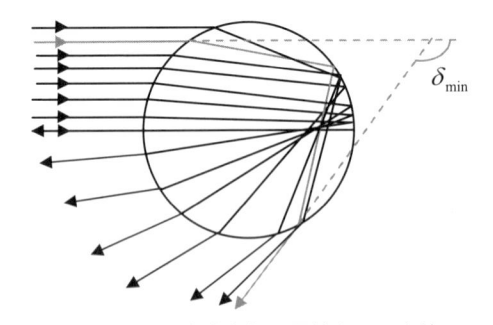

図 4-32#　水滴内部で反射される光線

主虹：内側に紫色，外側に赤色

水滴の内部で1回反射して出てきた光は，波長によって屈折率（最小偏角）が違うために，射出光は特定の角度で強くなる．最小偏角は，赤色で138度，紫色で140度．空中に浮かんだ無数の水滴ひとつひとつでこのような屈折が起こり，虹ができる．

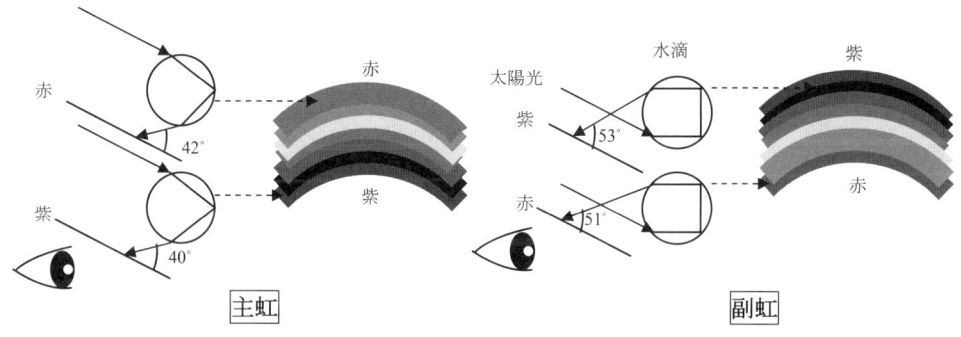

図 4-33#　主虹と副虹の原理

副虹：色の順序が主虹と逆．
光が水滴の中を 2 回反射して出てくる場合にでき，主虹の外側に淡く見える．

(3) 色消しプリズム〈Kent 製〉
　フリントガラスとクラウンガラスのように屈折率の異なる材質でできたプリズムを組み合わせて色消しプリズムを構成することができる．それぞれのプリズムの分散（偏角の波長による差）が同じになるように頂角を決める．これによって，白色光線の進行方向を色収差なしに変えることができる．

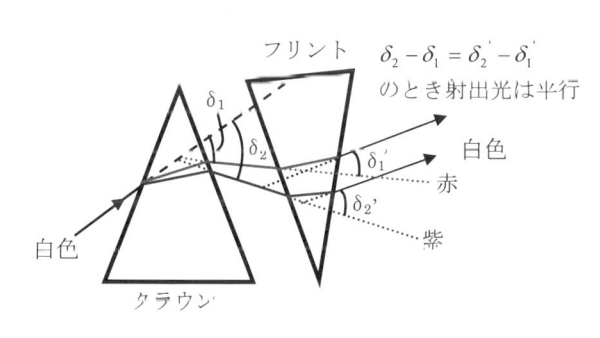

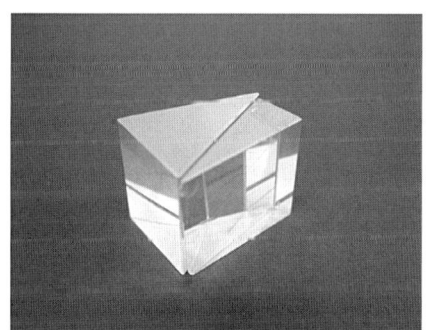

図 4-34#　色消しプリズム

4.3.E　光の屈折：シュリーレン法
　シュリーレン法によって，屈折率の局所的変化を眼で見ることができる
　エーテル等の揮発性の液体をシャーレ等に入れて放置すると，液体が揮発している様子をもやもやとした影（像）として観察することができる．これは，揮発している部分は空気と密度が違うために屈折率が変化するからである．

第4章 光

凹面鏡2 ($f=150$ cm)

約150 cm

カメラ撮影　像　カミソリ刃：左右に動くようにセットする

すりガラス　レンズ

被写体：エーテル,ろうそく等からのガス

平行光線

40〜50cm

約150 cm　スリット　レンズ

光源

スリットはレンズの焦点の位置にセット

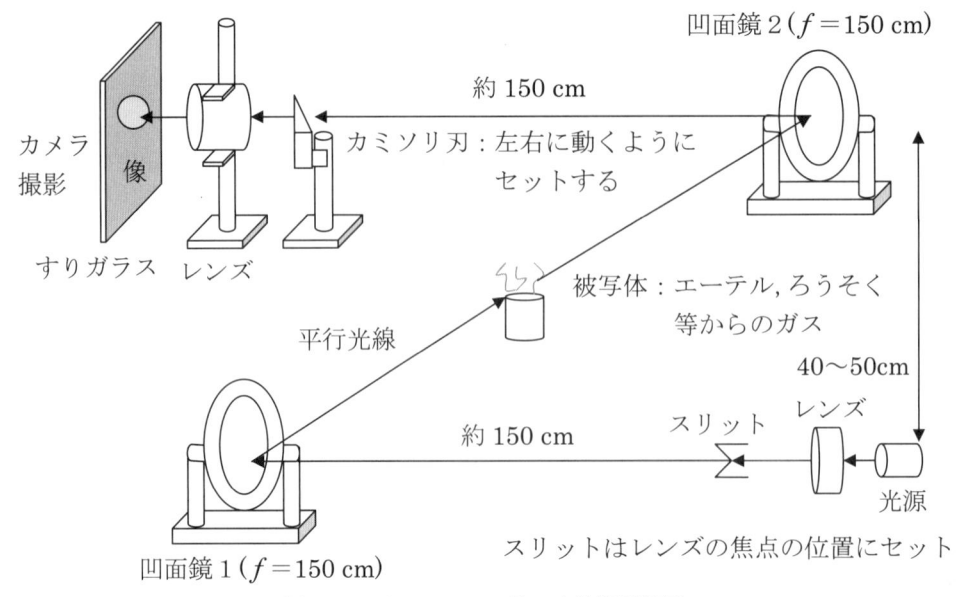

凹面鏡1 ($f=150$ cm)

図4-35　シュリーレン法の実験装置概要

実験手順

(1) 図4-35のように装置をセットし，すりガラスに被写体の像（倒立）を結ばせる．
※カミソリ刃はない状態でセットする

(2) カミソリ刃を左右に動かして，すりガラス上に写っている像の左右が均等に暗くなる位置を見つけ，像全体の明るさが初めの半分程になるようにカミソリ刃の位置を調整する．揮発部分での屈折のし方によって，カミソリ刃で遮られる光量が変わるため局所的な屈折率の違いが明暗として観察できる．

図4-36#　実験で使用する凹面鏡

〈カミソリ刃の位置の決め方〉目安としては凹面鏡2の焦点距離 f のあたり
① f より凹面鏡に近い場所
　カミソリ刃を左右にスライドさせると，像の片側の部分だけ明暗が変化する．
② f より凹面鏡から遠い場所
　①と反対の部分が明暗の変化をする．
③以上の性質を利用して，①と②の間で左右同時に明暗が変化する場所を探す．

132

(3) 被写体にエーテル等を用意してビンの蓋を開けると，揮発している部分がもやもやして見える．

4.3.F　光の屈折：レンズ
(1) レンズの球面収差

レンズに入射する平行光線が，光軸上の1点に集まらない現象．光軸に近い光は遠い位置に，光軸から遠い光は近い位置に焦点を結ぶ．球面収差は屈折率の異なる凹凸レンズの組み合わせによって修正できる．

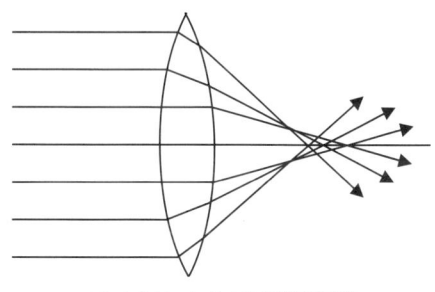

図 4-37　レンズの球面収差

球面収差の観察

光学用実験板（図 4-38）を用いて球面鏡の球面収差を直接観察する．この装置は，数本の幅を持った光線を円盤に対してわずかに傾けることにより，光路を観察できるように工夫されている．また，光源と円盤はそれぞれ独立して回転し，入射角を自由に変えることができる．この光学用実験板の中心に，球面鏡のモデル（実際は円筒状の鏡）をセットし，入射角を変えて光線を入射する．

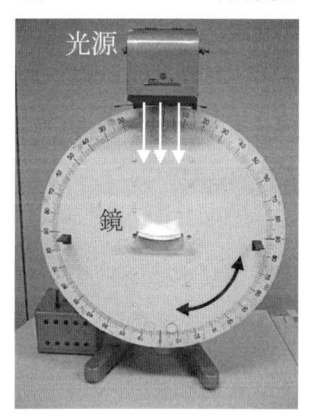

図 4-38#　光学用実験板（旧－島津製）

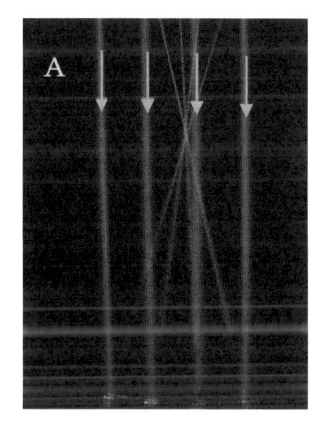

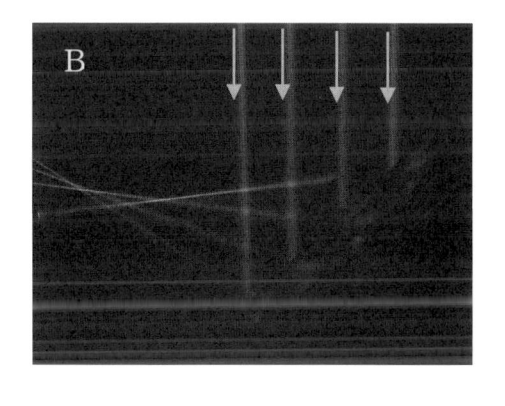

図 4-39#　球面鏡を用いた球面収差

垂直入射した場合 (A) に比べて，入射角が大きい場合 (B) は，球面収差が大きい．

(2) レンズの色収差と補正

凸レンズに白色光を照射し，透過の焦点の前後でスクリーンの位置を移動させて観察すると，スクリーンがレンズに近い位置では周囲（縁）が赤く見え，遠い位置では青（紫）に見える．これを色収差という．

スペクトルの色によって屈折率が違うので，焦点距離が変化する．

プロジェクターを用いたレンズの色収差実験

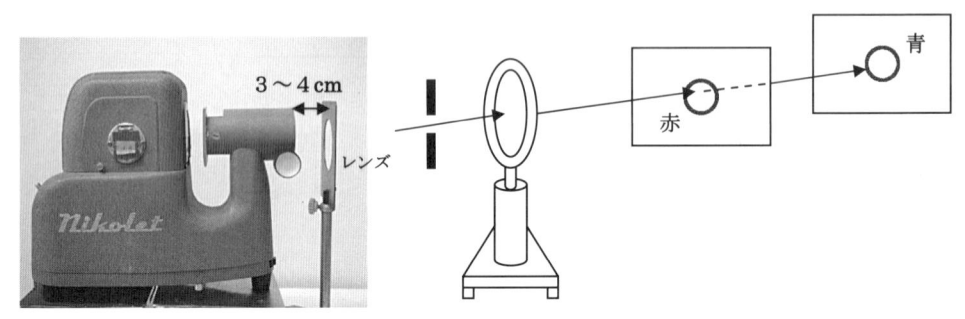

図 4-40#　光源とレンズの配置

色消しレンズ

色消しレンズで色収差を補正すると像の周りに着色しなくなる．

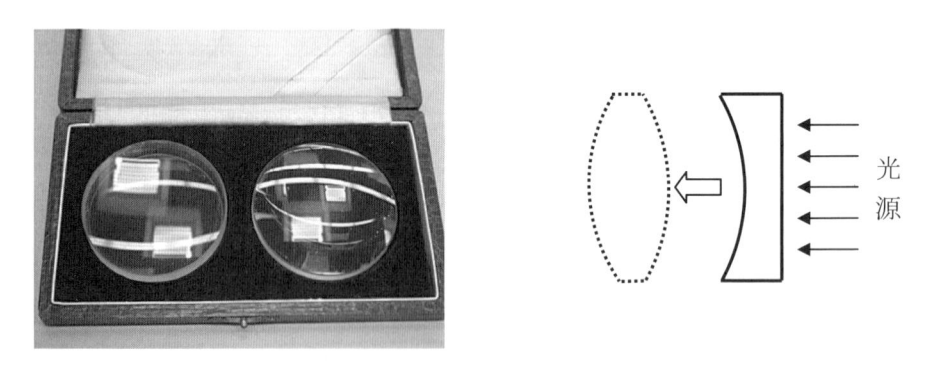

図 4-41#　2 枚の屈折率の異なる材質のレンズの組み合わせによる色消しレンズ

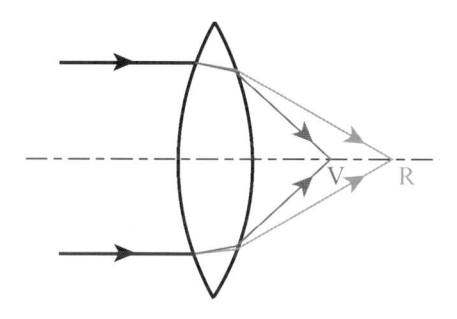

(a) 凸レンズのみでの焦点

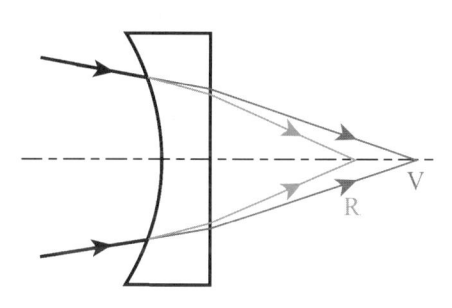

(b) 補正用レンズのみでの焦点

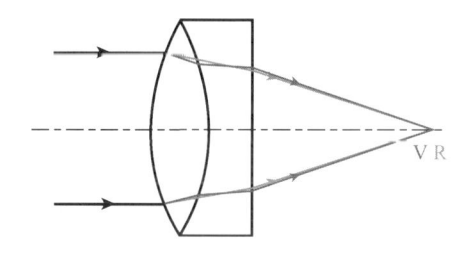

(c) 補正したレンズでの焦点

図 4-42# 色消しレンズの原理

(3) レンズによる結像

凸レンズに物体（光源にセットした矢印型ホール）から光を入射したとき物体とレンズ間の距離による像のでき方について確認する．

f_2, f_1：レンズの焦点距離
p：光源とレンズ間の距離
q：像とレンズ間の距離

物体（光源）と像の位置関係

$$\frac{f_1}{p} + \frac{f_2}{q} = 1 \qquad (3\text{-}7)$$

図 4-43# 凸レンズと矢印型ホール
（島津製－前）

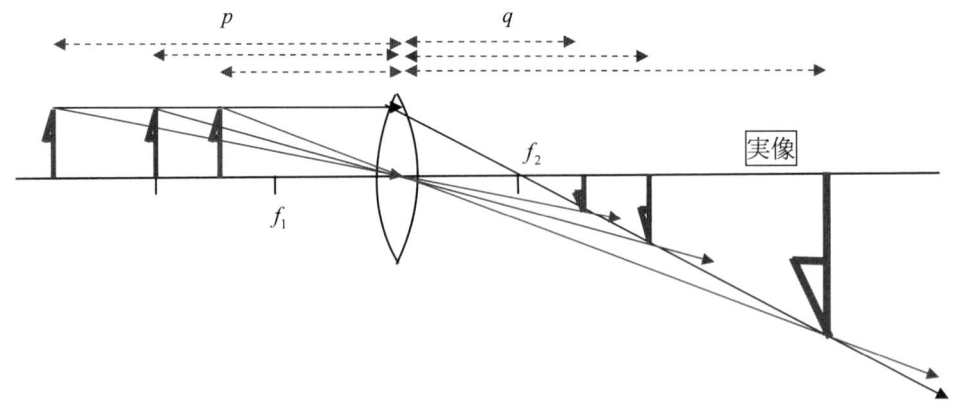

図 4-44#　凸レンズによる結像位置の作図

(a) $p > 2f_1$ のとき

　$f_2 < q < 2f_2$ の位置に元の物体より小さい倒立の実像ができる.

(b) $p = 2f_1$ のとき

　$q = 2f_2$ の位置に元の物体と同じ大きさの倒立の実像ができる.

(c) $f_1 < p < 2f_1$ のとき

　$q > f_2$ の位置に元の物体より大きい倒立の実像ができる.

(d) $p = f_1$ のとき

　像は結ばない.

(e) $0 < p < f_1$ のとき

　$q > p$ の位置に虚像

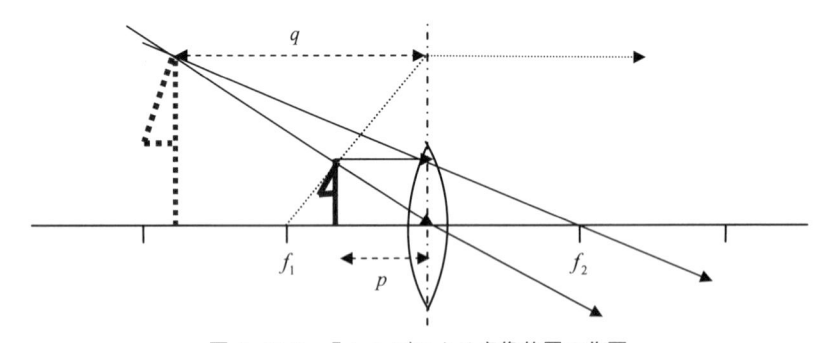

図 4-45#　凸レンズによる虚像位置の作図

(4) レンズの後側焦平面

レンズに同じ角度で入射した光線は，レンズの後側焦平面で一点に収束する．このことを利用して，フラウンホーファー回折を簡単に観察することができる（**4.4.C**）．

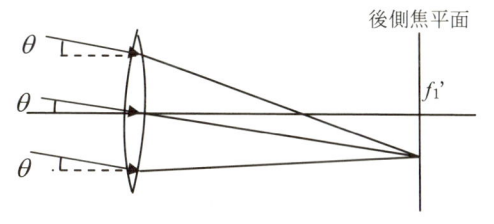

図 4-46 平行光線の後側焦平面への収束

(5) レンズのいろいろ

(a) 虫めがね：1個の凸レンズの拡大能は所定の距離（25cm）に物体の像が見えたとき，レンズのあるときとないときの網膜上の像の大きさの比で定義される．これは，虚像 A′ の物体 A に対する比と同じになる．焦点距離を f とすると

$$m = \frac{25+f}{f} \quad (3\text{-}8)$$

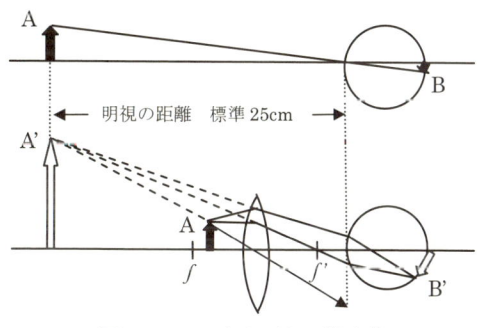

図 4-47# 虫めがねの拡大能

例） $f = 10$ cm のときの拡大能

$$m = \frac{25+10}{10} = 3.5 \text{ 倍}$$

(b) 顕微鏡：2個の凸レンズ

　　対物レンズ L_1　倍率 m_1
　　接眼レンズ L_2　倍率 m_2
　　焦点距離 $f_1 < f_2$
　　全体の倍率 $m = m_1 m_2$

対物レンズと接眼レンズの光学的な配置は，対物レンズによる像の位置を接眼レンズの焦点のやや内側になるようにしている．

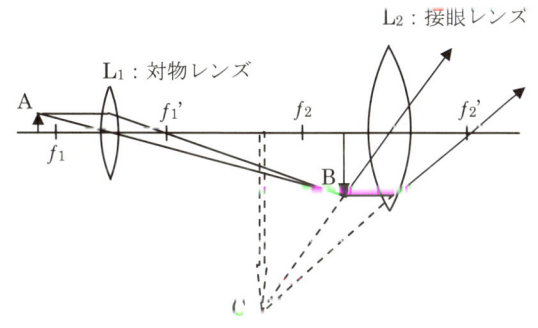

図 4-48 顕微鏡のレンズ系

(c) 望遠鏡：2個の凸レンズ

観察する物体は遠距離にあるので，対物レンズに入る光はほとんど平行光線と考えられ，物体の像は対物レンズの焦平面（f_1'の位置）上に生ずる．物体の視角をθ，対物レンズの焦点距離をf_1とすれば，

$$（像の大きさ）= f_1 \cdot \tan\theta \cong f_1\theta \tag{3-9}$$

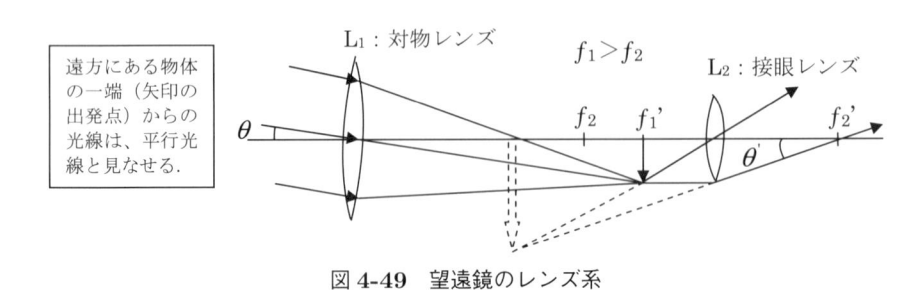

図 4-49　望遠鏡のレンズ系

対物レンズによる像を接眼レンズで拡大して見る．虚像の視角をθ'，接眼レンズの焦点距離をf_2とすると，

$$\theta' \cong \frac{（像の大きさ）}{f_2} = \frac{f_1}{f_2}\theta \tag{3-10}$$

よって望遠鏡の視角倍率 M は

$$M = \frac{\theta'}{\theta} \cong \frac{f_1}{f_2} \tag{3-11}$$

例）$f_1 = 85$cm，$f_2 = 2.5$cm の凸レンズで望遠鏡を作ると，その視角倍率 M は

$$M = \frac{85}{2.5} = 34 \text{ 倍}$$

4.4 波動光学

4.4.A 偏光と複屈折
(1) 反射による光の偏り：ガラス板からの反射による偏光

　光学用実験板（図 4-38）に裏面をスリガラスにして黒く塗ったガラスを固定し，スライドプロジェクターからの光を，様々な角度から照射し，偏光板を透過した反射光を観察する．

　ガラス板とスクリーンの間に置いた偏光板を回転させると，偏光板の方向によって，スクリーン上の反射光の明るさが変化する．

　光学用実験板を回転させて入射角 θ を変えると，偏光板の回転によって ほぼ完全に 反射光を消すことができる θ が見つかる．

　このときの反射光の偏光状態を**直線偏光**と言う．また，このときの入射角を「**偏光角（ブルースター角）**」と言う．〈ガラス面での偏光角は $56°$ と $57°$ の間である．〉

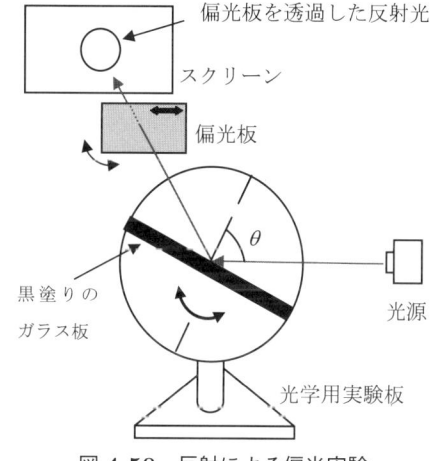

図 4-50　反射による偏光実験

(2) ガラス板を透過した光の偏り：複数枚ガラス板による偏光

　部分偏光は偏光板の方向を変えても 完全に消えることはない．
　直線偏光は偏光板の方向によって 完全に消える．

　多数のガラス板に対して偏光角で入射すると，透過光もほぼ電場ベクトルが入射面内にある直線偏光にできる．

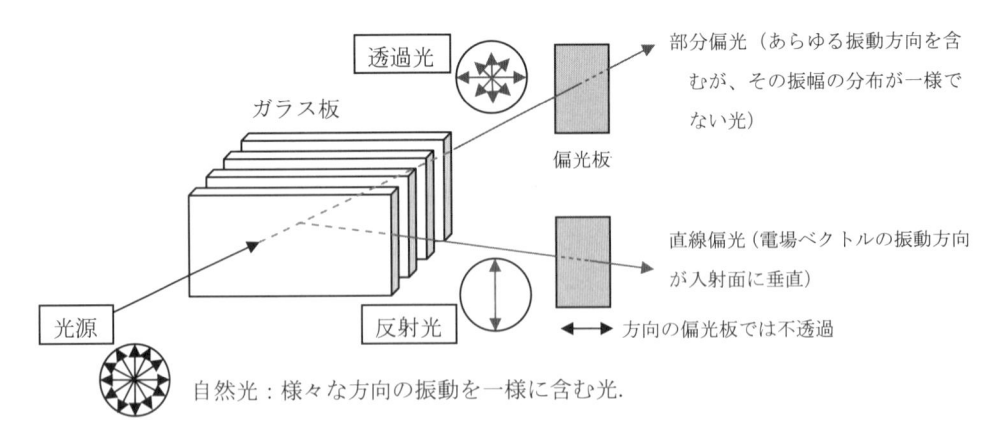

図 4-51#　複数枚のガラスによる反射光と透過光

(3) 方解石による複屈折

　方解石に入った自然光は結晶の異方性のために**常光線**（ordinary ray：**O 光線**）と**異常光線**（extraordinary ray：**E 光線**）に分かれて進む．2 つの光線に対する屈折率が異なるため，光を入射すると複屈折が起こり，屈折波が 2 つにわかれる．この複屈折により，方解石を文字の上に置くと文字が二重に見える．

　また，偏光板を通して文字を読むと，偏光板の方向によって，文字のだぶりがなくなることから，2 つの屈折波は直線偏光していることが確認できる．

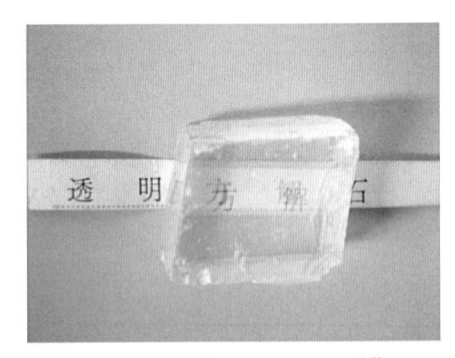

図 4-52#　方解石による二重像

　O 光線は，図 4-53 に示すように結晶の構造によって決まる光学軸（O 光線，E 光線の法線速度が等しくなる方向）と波面法線によってできる主断面に垂直に振動するのに対して，E 光線は主断面に平行に振動する．

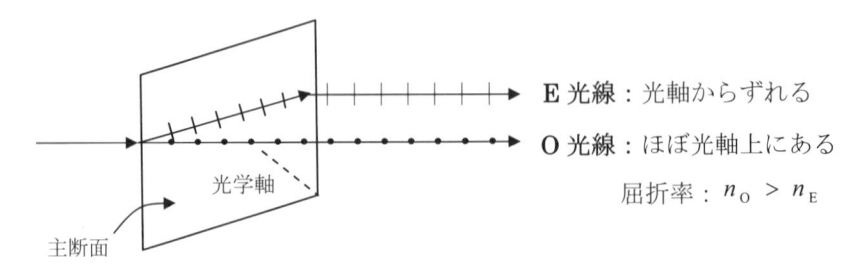

E 光線：光軸からずれる
O 光線：ほぼ光軸上にある
屈折率：$n_O > n_E$

図 4-53　常光線と異常光線

複屈折の観察

結晶の複屈折によってできるピンホールの2つの像の違いを観察する．

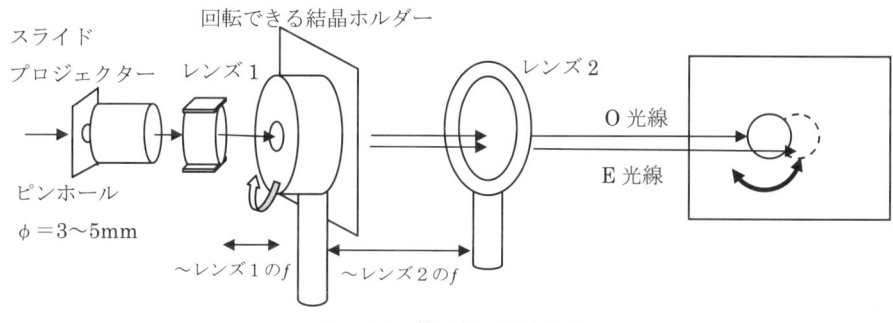

図 4-54 複屈折の観察装置

方解石を入れた缶ケースを回転させると，E光線による像の位置も回転する．（O光線による像は光軸上にあるためその位置はほとんど変わらない．）

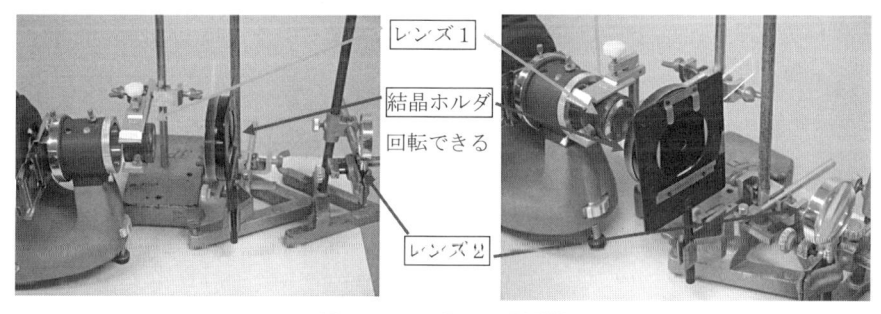

図 4-55# 複屈折の実験

(4) 偏光プリズム

スライドプロジェクターからの光線を回転できるホルダにセットした偏光プリズムを通して観察する．

(a) ニコルプリズム

方解石の結晶の71°の面角を研磨して68°にしたものをカナダバルサムではり合わせてある（$n_E <$ カナダバルサムの屈折率 $< n_O$）．O光線は2枚のプリズムの接着面で全反射されるため，複屈折は起こっているが，E光線による像だけが観察できる．ニコルプリズムは精密実験等における偏光子（偏光を作る光学素子）や検光子（偏光状態を検査する光学素子）として利用されている．

第4章　光

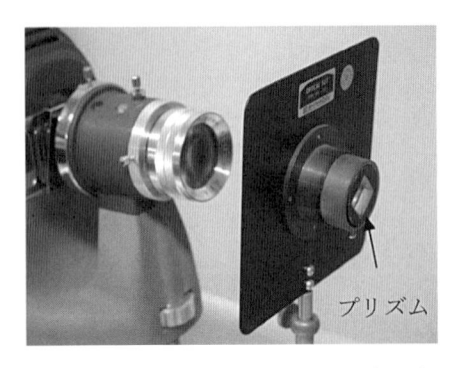

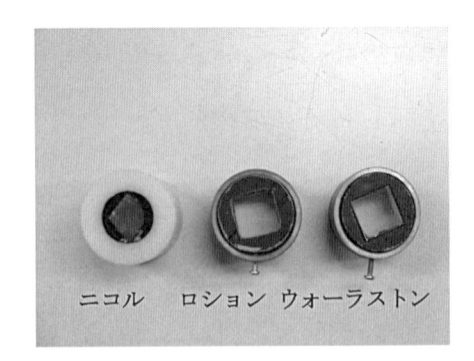

図 4-56#　偏光プリズムの実験装置と偏光プリズムの種類

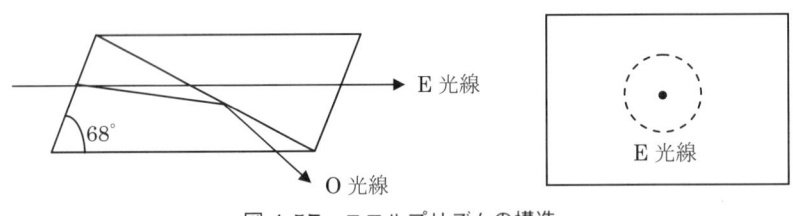

図 4-57　ニコルプリズムの構造

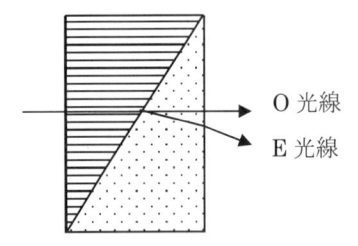

ロッションプリズム　　　　　　　　ウォーラストンプリズム

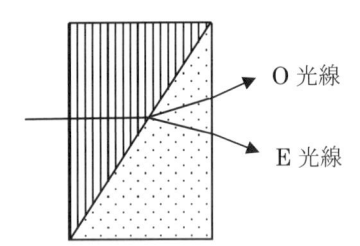

E 光線の像のみ回転　⇐　プリズムの回転　⇒　両方の像が回転

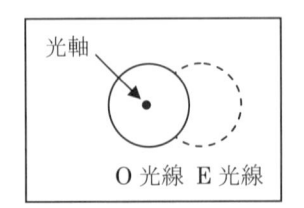

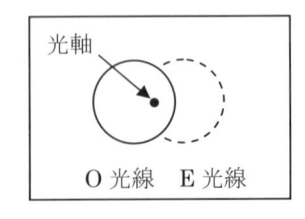

図 4-58　紫外線に対する偏光プリズム

(b) 紫外線に対する偏光プリズム

紫外線に対する偏光プリズムとして，ロッションプリズムとウォーラストンプリズムが知られている．いずれも 2 つの水晶のプリズムを，互いの結晶軸が直交するように組み合わせて作られている．

4.4.B 散乱による偏光

レイリー (Rayleigh) 散乱：波長よりも小さい粒子（～1/10 以下）に光が当たったときに起こる散乱で，波長は変化しない．電磁波の電場によって粒子内の電子が振動子（電気双極子）としてふるまう．この振動する電気双極子からの放射を考えると，散乱強度が波長 λ の 4 乗に反比例することが計算される．このため，青い光 ($\lambda \approx 400$nm) は赤い光 ($\lambda \approx 700$nm) に比べて約 9.4 倍散乱される．

大気を構成している酸素や窒素の気体分子の大きさは，可視光線の波長の 1/1000 のオーダーであり，レイリー散乱を起こす．このため，太陽光中の青い光は赤い光よりも多く大気中の気体分子によって散乱される．散乱された青い光は，あらゆる方向から目に入り，空は青く色づいて見える．実際には，空の青さには大気の密度のゆらぎによる散乱も関与していると考えられている．

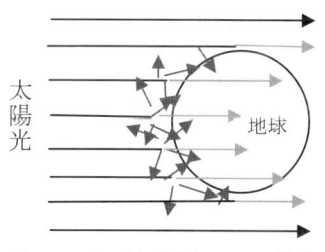

図 4-59# 地球大気による散乱

レイリー散乱の実験：夕日のモデル

チオ硫酸ナトリウム水溶液に希硫酸を加えると，化学反応によって徐々に硫黄の白色に見える微粒子が沈殿し始める．この混合液中にスライドプロジェクターから光を照射する．

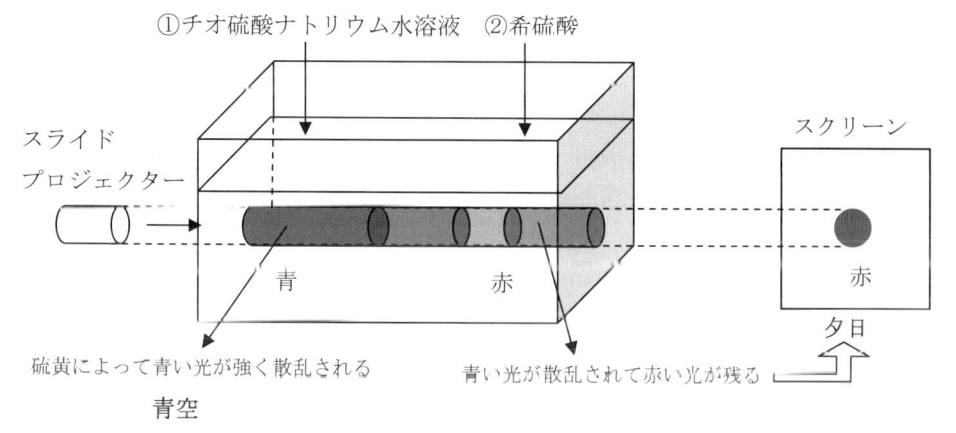

図 4-60# レイリー散乱の波長依存性

夕方は，太陽光線が大気圏（空気中）を通過する距離が日中よりかなり長く（約35倍）なるので，青い光のほとんどが散乱されてしまい，残った赤色が夕日の色として見える．

偏光板による散乱光の観察
いろいろな角度から来る散乱光を，偏光板を通して観察する．散乱光は，散乱角が大きいほど偏光しており，90°方向ではほぼ直線偏光となっている．

4.4.C 光の干渉，回折
光が波動であることを示す典型的な現象は，光の干渉と回折である．干渉は2つ以上の波がある一点に到達するとき，それらの合成波の振幅がそれぞれの波の振幅の和となる現象である．合成波の振幅の大小に応じて明暗ができる．回折は障害物の影の部分に波がまわりこむ現象で，回折波の干渉によって明暗が現われる．

(1) ホイヘンス (Huygens) の原理
ホイヘンスは，光を媒質の運動である波動と考え，波面上の各点から二次的な素元波が出ているとして，光の直進，反射，屈折などを説明した．ある瞬間の波面上の全ての点から送り出される**素元波**の包絡面（共通に接する曲面）が，次の瞬間の波面になる．**素元波**は波面の各点から図に示すように球面波を送り出す．

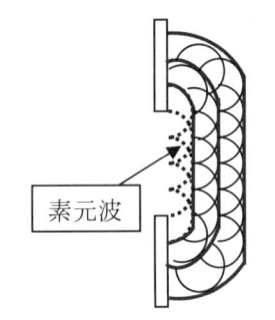

図 4-61#　ホイヘンスの原理

(2) 2光束の干渉
ひとつの光源から出た光（干渉可能な光：コヒーレント光）の波を2つに分けた後，重ね合わせると，互いの位相関係で強め合ったり弱め合ったりする．

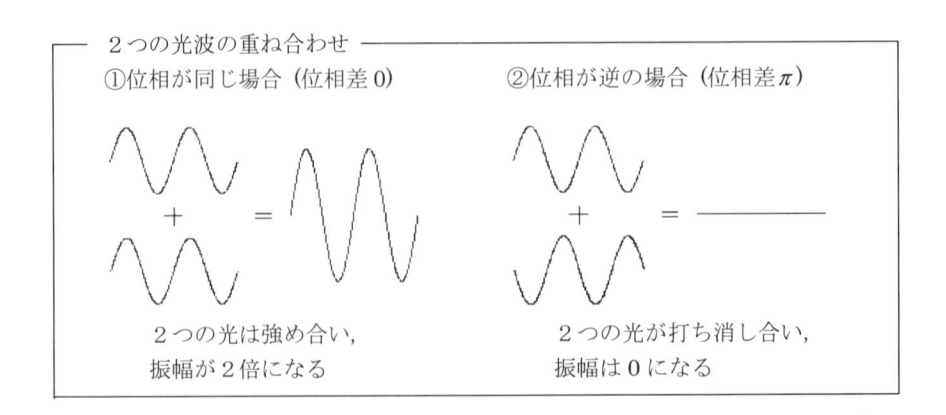

─── 2つの光波の重ね合わせ ───
①位相が同じ場合（位相差0）　　②位相が逆の場合（位相差π）

2つの光は強め合い，　　　　　　2つの光が打ち消し合い，
振幅が2倍になる　　　　　　　　振幅は0になる

(a) 2つのスリットによるヤングの実験

干渉縞を観測し，光の波動性を検証するためにヤングが行った2光束の干渉実験を簡単にしたものを示す．2つのスリットは間隔が簡単に変えられるようにV字形にする．

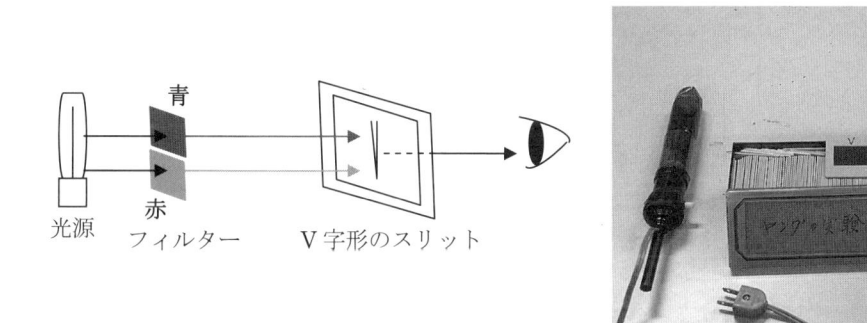

図 4-62#　V字スリットによる干渉実験

電灯の光（白色光）を青と赤のフィルターに通して，青い光と赤い光を作る．実際の実験では青と赤のセロハン紙を貼り付けた電灯を使用し，上側に青い光・下側に赤い光が入射するようにする．

このとき，目をスリットに近づけて遠くを見るようにする．こうすることによって，目のレンズを利用して網膜上に干渉縞を作る（レンズの後側焦平面とフラウンホーファー回折の項参照）．

原理　光源から出た波長 λ の光は，2つの近接したスリット S_1, S_2 に同位相で達したのち，さらに回折して広がるので，S_1 と S_2 から出た光の波は，スクリーン上の各点で重なり合って干渉する．もし2つの光の波の山と山（谷と谷）が重なれば，明るくなるが，山と谷が重なれば暗くなる．重ね合わせるのは振幅であるのに対して，観測される明るさは，光の強度（振幅の2乗に比例）であることに注意する．

光源に波長 λ の単色光を用いると，スクリーン上には，明暗の縞ができる．これを干渉縞という．単色光の代わりに白色光を用いると，干渉する位置が波長によって異なるので，着色した干渉縞を生じる．

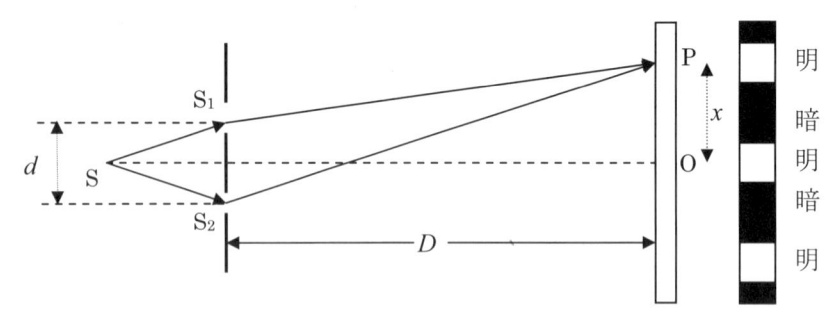

図 4-63　干渉縞の間隔の計算原理

$$\overline{S_1P} = \sqrt{\left(x - \frac{d}{2}\right)^2 + D^2} = D\left\{1 + \frac{1}{2}\left(\frac{x - \frac{d}{2}}{D}\right)^2 - \cdots\right\} \quad ①$$

$$\overline{S_2P} = \sqrt{\left(x + \frac{d}{2}\right)^2 + D^2} = D\left\{1 + \frac{1}{2}\left(\frac{x + \frac{d}{2}}{D}\right)^2 - \cdots\right\} \quad ②$$

①と②より光路差は，次のようになる．

$$\overline{S_2P} - \overline{S_1P} \approx \frac{dx}{D} \cdots \quad (4\text{-}1)$$

(1) 点 P が明線になる条件：光路差が半波長の偶数倍（波長の整数倍）のとき

$$(4\text{-}1) \text{ より} \quad \frac{dx}{D} = m\lambda = \quad \cdots \left(x = \frac{m\lambda D}{d}\right) \quad (4\text{-}2)$$

明線の間隔 Δx は，

$$\Delta x = \frac{(m+1)\lambda D}{d} - \frac{m\lambda D}{d} = \frac{\lambda D}{d} \quad (4\text{-}3)$$

(2) 点 P が暗線になる条件：光路差が半波長の奇数倍のとき

$$(4\text{-}1) \text{ より} \quad \frac{dx}{D} = \left(m + \frac{1}{2}\right)\lambda \quad (4\text{-}4)$$

スリットの上の方で見た場合	スリットの下の方で見た場合
（スリット間隔：広い）	（スリット間隔：狭い）

図 4-64#　V字スリットによる干渉縞の実際の見え方

式 (4-3) より，干渉縞の間隔は波長に比例し，スリットの間隔に逆比例することがわかる．

(b) ロイドの鏡を用いた 2 光束の干渉

2 光束干渉縞を得る方法の一つで，ヤングの実験で用いた 2 個のスリットの代わりに，鏡を利用して実際の光源と仮想的な光源からの光を干渉させる．

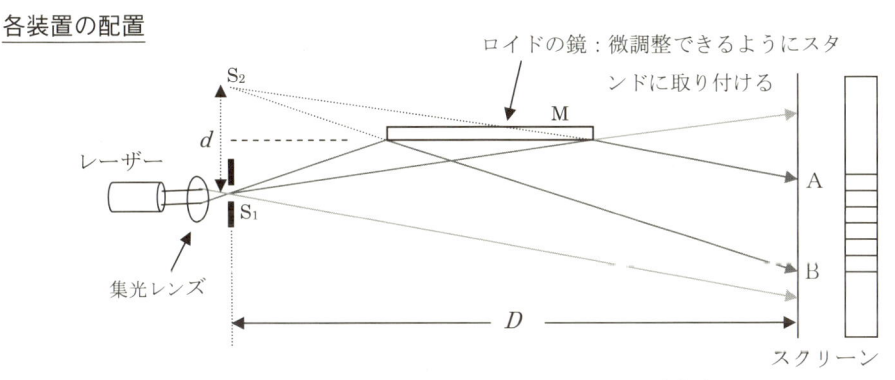

<u>各装置の配置</u>

図 4-65#　ロイドの鏡による 2 光束の干渉実験

　まず，レーザー，集光レンズ，鏡をセットし，スクリーンに適当な 2 光束の重なりができるようにする．その後，スタンドを軸に鏡を左右に回転させて，干渉縞が最も見やすい場所を探す．さらに，スリットを入れて調節する．

　光源からの光束は，鏡で反射される部分と直接広がっていく部分に分けられる．この両者が重なり合う部分（AB 間）にスクリーンを置くと，どこでも干渉縞が見られる．この干渉は点光源 S_1 と S_1 の鏡 M による虚像 S_2 をコヒーレントな 2 光源としたヤングの実験と同じで，S_1 と S_2 を結ぶ線から D の距離にあるスクリーン上に波長 λ の光がつくる干渉縞の間隔は，(4-3) 式と同じになる．ただし，鏡による反射で位相が反転するため，明暗はヤングの実験の場合と逆になっている．

(3) 等厚干渉

(a) 楔形の空気層による干渉縞〈島津製〉

　干渉膜の厚さにしたがって明暗が決まり，干渉縞ができる場合を等厚干渉という．
　2 枚のガラスの間に挟まれた空間の厚みによって干渉光の強度が決まる．

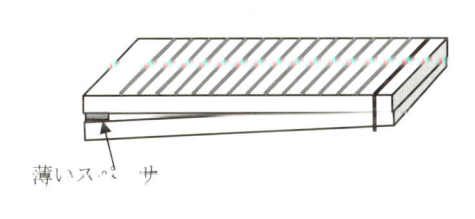

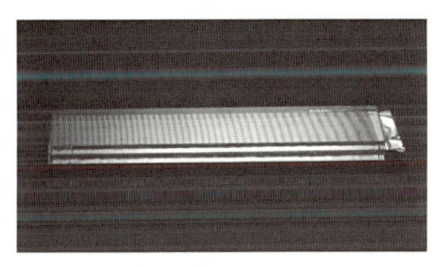

図 4-66#　楔形の空気層による等厚干渉縞の観察

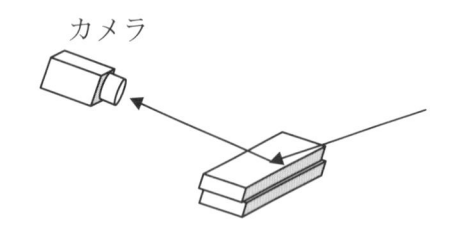

平行光線で2枚のガラスの隙間が完全な楔形だと干渉縞は等間隔に現れる．
※ガラスを押すと圧力によってガラスが歪む（空気層の厚みに変化が生じる）ので，干渉縞の形が変化する．

(b) ニュートン環〈島津製〉

曲率の小さい（曲率半径 $\gtrsim$ 50cm）球面と平面からなる平凸レンズをガラス平面板の上におくと，凸面と下の平面ガラスの間に小さな隙間ができる（図 4-67 のように隙間は非常に狭い）．そこに上から光を照射すると，平凸レンズの球面で反射される光と下の平面ガラスで反射される光が干渉して，同心円状の干渉縞が現れる．透過光の場合も干渉縞が現れる．

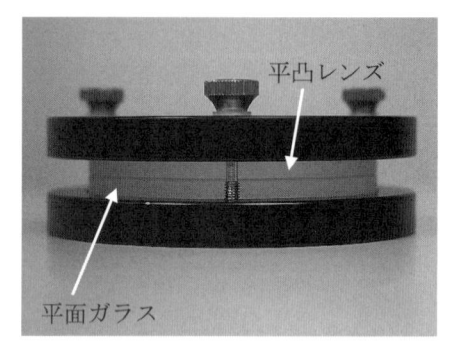

図 4-67# 横から見たニュートン環のレンズ

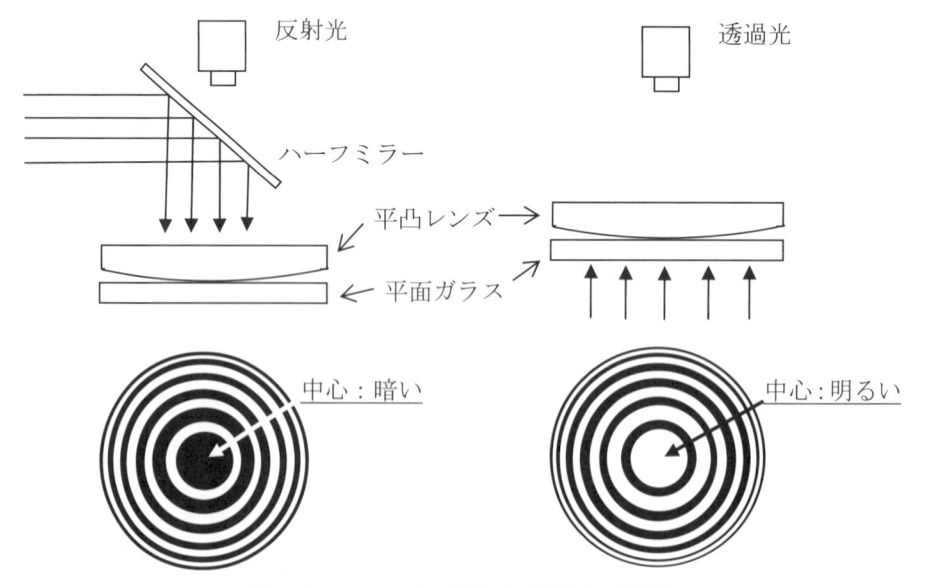

図 4-68 ニュートン環による干渉縞の観察

※反射光による干渉縞のコントラストの方がはっきりして明暗が見やすい.

100 の光を照射したとすると，96 は透過する.

反射では 0 と 4 での明暗　透過では 96 と 100 での明暗

原理

B 点での反射光と D 点での反射光が干渉する.

B 点での反射は位相変化なく，D 点での反射は位相変化 π を伴うので，BD 間の光路差 Δ は

$$\Delta = 2d - \frac{\lambda}{2} \qquad (n=1) \qquad (4\text{-}5)$$

平凸レンズの曲率半径を R，$CD = r$ とすると，

$$r^2 = R^2 - (R-d)^2 = (2R-d)d \approx 2Rd \qquad (d \ll R)$$

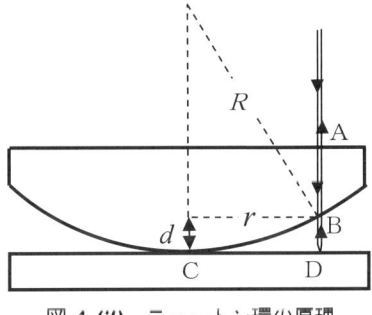

図 4-69　ニュートン環の原理

よって

$$2d = \frac{r^2}{R} \qquad (4\text{-}6)$$

干渉縞の明暗の条件は次のようになる.

$$\left.\begin{array}{l} \dfrac{r^2}{R} = (2m+1)\dfrac{\lambda}{2} \quad 明 \\ \dfrac{r^2}{R} = 2m \cdot \dfrac{\lambda}{2} \quad 暗 \end{array}\right\} m = 0, 1, 2 \cdots \qquad (4\text{-}7)$$

d または r の値に応じて，O を暗い中心とする明暗の同心環が見える.

※透過光による明暗の条件は反射光の明暗の条件と反対になる！

(4) 等傾角干渉（ファブリ・ペローのエタロン）

2 枚の平行平面ガラス板の間に一定の厚みの空気層を作ったもので，入射光の角度によって，干渉縞の明暗が決まる．干渉縞は角度によるので，エタロンの特定の場所にあるわけではない．

図 4-70 のように Na ランプを用いていろいろな方向から単色光を入射し，カメラの焦点を無限遠に合わせると，くっきりした同心円状の干渉縞が観察できる．干渉縞の間隔は，中心から離れるにしたがって狭くなる．

第 4 章 光

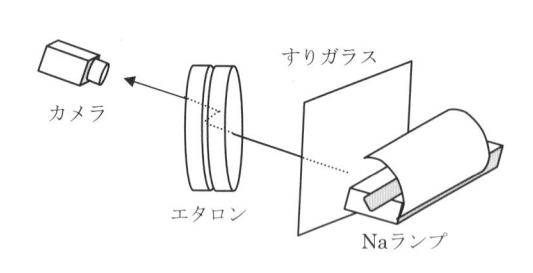

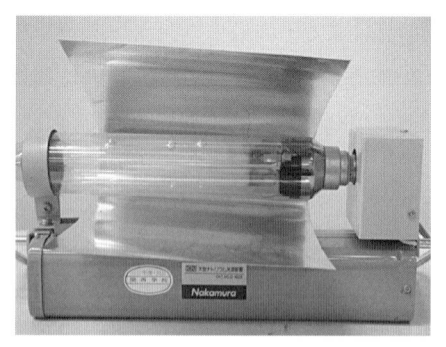

Naランプ＜中村理科工業㈱＞

図 4-70#　ファブリ・ペローの干渉計による干渉縞の観察

(5) マイケルソン干渉計〈島津製〉

2 光束干渉計の 1 種で相対性理論の光速度不変を示す Michelson-Morley の実験に使用された．この干渉計の発明によってはじめて，干渉する 2 光束の光路が明確に分離された．ここでは，マイケルソン干渉計を用いて光の波長を測定する．

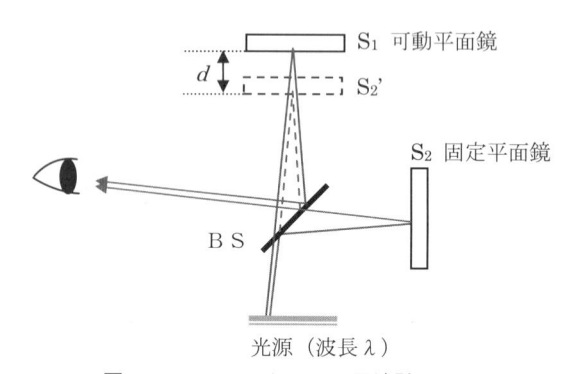

図 4-71#　マイケルソン干渉計の原理

単色光源からの光はビームスプリッター BS に入射し，2 つのビームに分かれる．

ビーム 1（赤線）　　光源→ BS 反射→平面鏡 S_2 → BS 透過→検出器
ビーム 2（青線）　　光源→ BS 透過→平面鏡 S_1 → BS 反射→検出器

ビーム 1 は，仮想的に考えた平面鏡 S_2' によって反射されたビーム（赤点線）と同じ光路長を持つので，結局 S_1 と S_2' による反射光の間の干渉とみなせる．これは，ファブリ・ペローの干渉計の場合と同様等傾角干渉となり，同心円状の干渉縞を生ずる．すなわち，干渉は図 4-71 の d の厚みの空気層によって生じると考えられる．

平面鏡に垂直に入射する光線では，光の波長 λ に対し光路差 $2d$ が $\lambda/2$ 変化するごとに明暗

が反転する．平面鏡 S_1 を光軸にそって Δd（光路差 $2\Delta d$）動かしたとき，干渉縞の中心の明暗が n 回反転（明→暗→明または暗→明→暗を 1 回）したとすると，

$$\text{光の波長} \quad \lambda = \frac{2\Delta d}{n} \tag{4-8}$$

Δd と n を測定することによって，光の波長 λ を求めることができる．

(6) 光の回折
(a) フレネル回折とフラウンホーファー回折

ホイヘンスの原理では，素元波によって反射波や屈折波がどのような方向に進むのか説明できたが，ヤングの干渉実験などを説明するためには不十分であり，素元波という考えに加えて各素元波間の干渉を考慮する必要がある（**ホイヘンス・フレネルの原理**）．このホイヘンス・フレネルの原理を数学的に定式化したものが，**キルヒホッフの回折理論**である．キルヒホッフの回折理論で，光源とスクリーンが無限遠にある場合（**フラウンホーファー回折**）には，回折像と実像は互いにフーリエ変換の関係になる．光源とスクリーンが無限遠にあると見なせない場合の回折は，**フレネル回折**と呼ばれる．レーザーを利用して平行光線を試料に照射し，回折光をレンズに入射すると θ 方向に回折された光は後側焦平面で 1 点に収束する（**4.3.F** の **(4)**）ので，レンズの後側焦平面にフラウンホーファー回折を観察することができる．

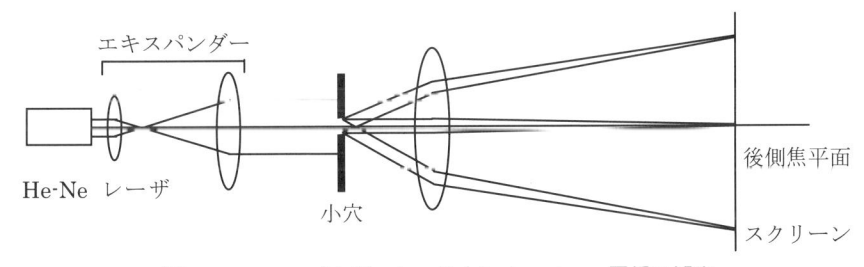

図 4-72　レンズを用いたフラウンホーファー回折の観察

(b) 1 つの小穴による回折　エアリー像

He-Ne レーザー（$\lambda = 632.8$nm）からの光線をエキスパンダーで 1cm 程度の平行光線に広げ，直径が 1mm 以下の円形の小穴に入射する．小穴からの回折光を焦点距離 1m のレンズに入射し，その後側焦平面にスクリーンまたはレンズを付けないカメラを置いて回折像を観察する．

1 つの円形の小穴によるフラウンホーファー回折像は，エアリー像と呼ばれる同心円状のパ

図 4-73　エアリー像

ターンとなる．エアリー像の強度がゼロの位置は，等間隔ではなくベッセル関数によって記述される．

(c) スリットによる回折

(b)と同様に細いスリットの回折像を観察する．スリットの幅を変えてみると，幅が狭いほど，回折像のピークの間隔が広くなる．

V字スリットによるヤングの実験とは違い，スリットに垂直方向に細く伸びた回折像になっていることに注意する．これは，レーザー光では光の位相がよく揃っているだけでなく可干渉距離が非常に長く，スリットと平行方向にも干渉が起こるためである．

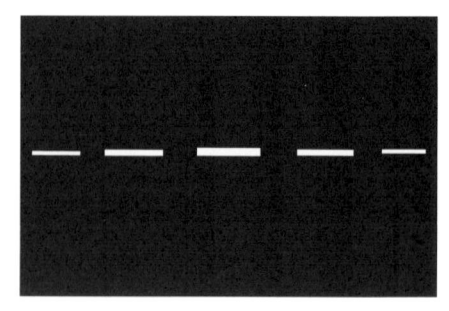

図 4-74 スリットの回折像

(d) 2つの小穴による回折

2つの小穴がある場合は，それぞれの小穴によって作られるエアリー像が重なり合うが，エアリー像の各点における両者の位相が異なっているために干渉が起こり，エアリー像のパターンの中に明暗の縞ができる．干渉縞の間隔は，基本的にヤングの干渉実験の場合と同様な計算になる．

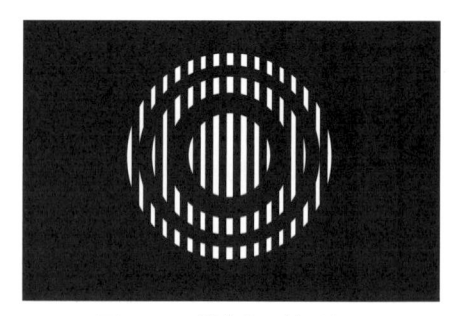

図 4-75 横方向に並べた 2つの小穴による回折像

このように，回折像の全体の強度分布は，1つの基本となるユニット（ここでは1つの円形の小穴）によって決まる．このような基本単位は，X線回折では，ユニットセルと呼ばれる．

(e) 光ろ過

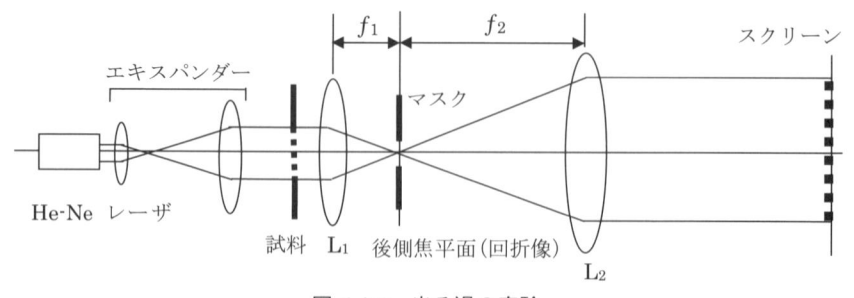

図 4-76 光ろ過の実験

レンズ1の後側焦平面：試料の回折像

スクリーン：試料の拡大像（実像）．倍率は，f_2/f_1

レンズ1の後側焦平面の位置にマスクを入れることにより，回折パターンの一部のみを透過させると，試料の中から選択的に特定のパターンを抽出することができる．

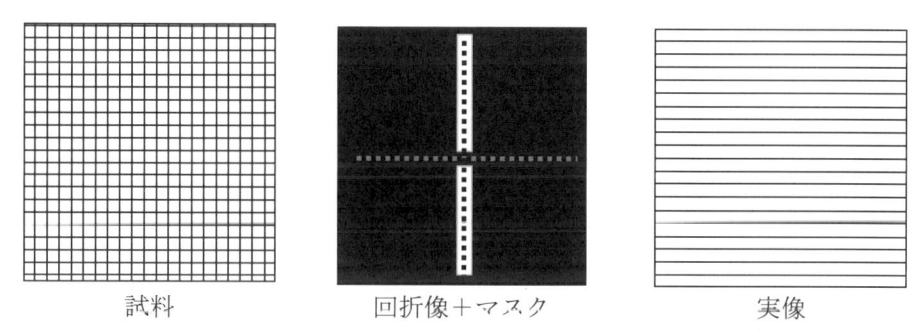

　　　　試料　　　　　　　回折像＋マスク　　　　　　　実像

図 4-77　縦方向の回折パターンのみ透過させる光ろ過

回折像の中心をマスクすると，背景が暗くなり実像は明るいラインに見える．

4.5　量子光学

4.5.A　原子スペクトル

1900年のPlanckによる量子仮説の発表以来，ミクロな世界の物理学は量子力学として発展し，エレクトロニクスをはじめとする現代科学技術を基礎付けてきた．ミクロな原子内の電子状態の情報は，そこから放出される光（原子スペクトル）を調べることによって得られる．ここでは放電管からの光を回折格子を用いて分光することにより，原子のエネルギーレベルと放出される光の関係について理解する．

実験

水銀ランプ，Naランプ，ネオン管などを用意し，スリットを通したこれらの光源からの光を反射回折格子に入射する．

回折光は，カメラで検出する．

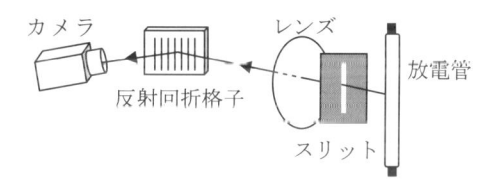

図 4-78　回折格子を用いた原子スペクトルの観察

原子に特有の輝線スペクトルが観察でき，原子のエネルギーレベルが飛び飛びであることがわかる．

4.5.B　レーザー光

量子光学は，レーザー光源抜きにしては考えられない．Townes らの理論に基づき，1960 年 Maiman が実際にルビーレーザー（694.3nm のパルス光）を発光させて以来，レーザー(**LASER**: <u>L</u>ight <u>A</u>mplification by <u>S</u>timulated <u>E</u>mission of <u>R</u>adiation) は急速発展し，様々な分野で応用されている．

(1) レーザー発振の原理

原子や分子の準安定なエネルギー準位に電子を励起（ポンピング）することにより，低い準位よりも高い準位にある電子数が多い状態（反転分布）を作り出す．この準位間の遷移によって放出された光に誘導されて誘導吸収と誘導放出が起こるが，反転分布のために誘導放出の方が多く起こり光が増幅される．

よく使われる He-Ne レーザーでは，放電によって加速された電子が He に衝突して，He を励起する．

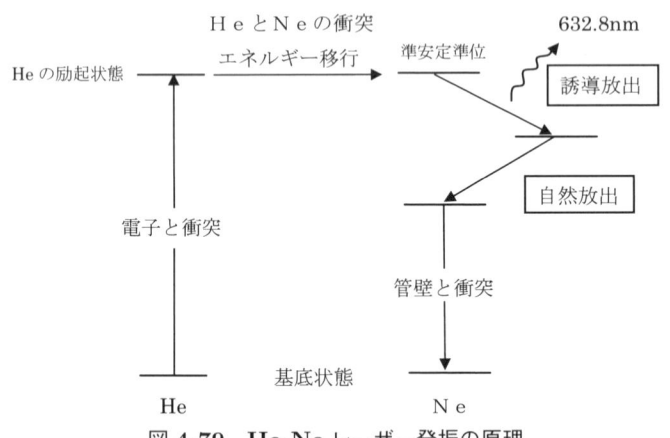

図 4-79　He-Ne レーザー発振の原理

レーザーの特徴

(a) 単色光である．

(b) 位相がそろっている．

(c) エネルギー密度が高い（高密度）

レーザー光のこれらの特徴を利用して，様々な応用がなされている．物体からの光の位相情報を記録して3次元像として再生するホログラフィー，光通信，ディスクからのデジタル情報の読み取り，干渉現象を利用した計測装置，高エネルギー密度を利用した材料加工，レーザー

メスなどの医療機器，核融合など応用例は無数にある．上述の光の回折実験などでもレーザーは，光源として欠かすことができないものである．

(2) レーザー光の広がり（電灯との比較）

光エネルギーが光源からの距離によってどのように変わるか測定することによって，レーザー光の特徴を探る．

実験装置

光検出ダイオード，デジタルボルトメータ（またはエネルギーメータ）
200ワット電球，5mWヘリウム―ネオンレーザー，ものさしなど

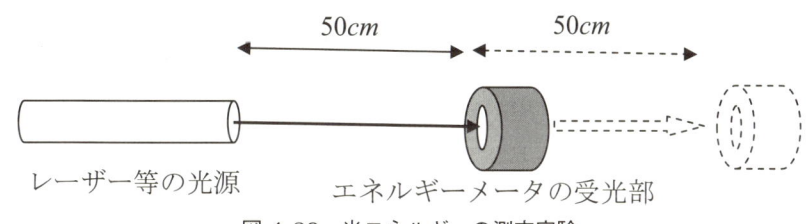

図 4-80　光エネルギーの測定実験

実験手順

(a) 光源として電球をセットし，光源から 50cm，100cm の所に検出ダイオードをおいて電流の目盛りを読む．測定した電力が $1/4\pi r^2$ に比例することを確かめる．
(b) 同じことをレーザーの出口からの距離を変えて行う．
(c) 2m の位置でどちらのエネルギーが大きいか？また波長 10nm あたりのエネルギー（波長に対するエネルギー密度）で考えよ．He-Ne レーザーは波長 632.8nm の単色光であるのに対して，電球の光の波長は 200〜1000nm に広がっている

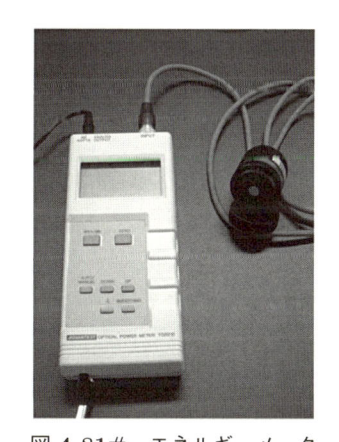

図 4-81#　エネルギーメータ
〈(株) アドバンテスト〉
（受光部の直径 8mm）

(3) レーザー光の応用：ホログラフィ

位相のそろったレーザー光の良い干渉性を利用した写真技術がある．レーザー光で照射した物体上の各点からの散乱光と光源からの平面波とを写真乾板上で重ねて記録される干渉縞をホログラムという．ホログラムにレーザー光の平面波をあてると 3 次元物体像を観測することができるこの技術をホログラフィーという．ホログラフィーは計測，表示など各方面で利用されている．

光　まとめ

序　光学の歴史：光は粒子か波動か

Huygens の波動説と Newton の粒子説

干渉・回折現象，水中の光速度測定など波動説を支持する実験

電磁波としての光

量子光学の発展　粒子と波動の二面性

4.1　光速の測定

1.A　高速回転ミラーを用いた光速測定

光が反射鏡から戻ってくる間のミラーの回転により，像がずれることを利用する．ミラーと像の距離 f，ミラー回転周波数 N_1（正方向），N_2（逆方向），正逆方向回転による像のずれ幅 δ より

$$光速\quad C_0 = \frac{24\pi f^2 (N_1 + N_2)}{\delta}$$

4.2　光源と色

2.A　電磁波の分類

ラジオ波（長波，中波，短波，超短波，マイクロ波），赤外線（780nm〜1mm）

可視光線（380nm〜780nm），紫外線（1nm〜380nm）

X 線（0.01nm〜数十 nm），γ 線（$\lesssim$ 0.01nm）

2.B　光源の種類

光の放射は，温度によって決まる熱放射，真空放電など高電圧による放射，蛍光，燐光などの光の刺激による放射に分けられる．

2.C　3 原色

光：加法混色　赤 (R)，緑 (G)，青 (B)

絵の具：減法混色　シアン (C)，マゼンタ (M)，イエロー (Y)

補色：互いに混ぜ合わせると白色の光になる色の組み合わせ

カラー TV：3 本の走査電子ビーム，シャドーマスク，3 原色の蛍光体で色表現

2.D　色ガラスフィルターと干渉フィルター

色ガラスフィルター：適当な波長範囲の光を吸収

干渉フィルター：厚さ d の薄膜による干渉を利用

$m\lambda = 2dn\ (m = 1, 2, 3 \ldots)\ n$：屈折率

色ガラスフィルターよりも干渉フィルターの方が，透過光の波長範囲が狭い

4.3 幾何光学

光の直進性と反射・屈折の法則に基づく

反射，屈折の Fermat の原理による説明：光路程最短

3.A　光の反射

コーナーキューブ

xy 面での反射：光線方向のベクトル $\bm{k}(a,b,c) \to \bm{k}'(a,b,-c)$

直交する3面による反射：$\bm{k} \to -\bm{k}$

凹面鏡と凸面鏡の曲率半径 r と倍率 m

$2/r = 1/p + 1/q$, $m = q/p$　凹面鏡（$r > 0$），凸面鏡（$r < 0$）

非点収差：反射により光の収束発散 → 色収差はないが非点収差は生じる

3.B　空気と水の界面における光の屈折と反射

屈折 (Snell) の法則：$\sin\theta_i / \sin\theta_r = n_r / n_i = v_i / v_r = \lambda_i / \lambda_r$

全反射：水中から空気中へ光が入射するとき　臨界角 θ_c　$\sin\theta_c = n_r / n_i$

　　光ファイバーへの応用

3.C　光の屈折：屈折率の測定

屈折率測定　屈折により物体の焦点位置がずれることを利用した簡便な測定

　　　　　　全反射を利用した屈折計，糖度計

3.D　光の屈折：プリズム

頂角 α のプリズムの最小偏角 $\delta_{\min}$ と屈折率 n の関係　$n = \dfrac{\sin\dfrac{\delta_{\min}+\alpha}{2}}{\sin\dfrac{\alpha}{2}}$

虹の原理：水滴の最小偏角近傍への透過光の集中と最小偏角の波長依存性

色消しプリズム：2つのプリズムの組み合わせで色収差を打ち消す

3.E　光の屈折：シュリーレン法

シュリーレン法による屈折率の局所的変化の観察

屈折光が遮光板（カミソリ刃）で遮られることにより，明暗の像ができる

3.F　光の屈折：レンズ

球面収差：球面レンズであるために，光軸から離れた光が1点に集束しない

色収差：屈折率の波長依存性により焦点距離が波長に依存→色消しレンズ

レンズによる結像

焦点距離 f，レンズの曲率半径 r_1, r_2, 物体 p と像 q の位置と倍率 m

$1/f = 1/p + 1/q = 1/r_1 + 1/r_2$, $m = q/p$, 凸レンズ（$r > 0$），凹レンズ（$r < 0$）

第4章 光

レンズに角度 θ で入射した平行光線→後側焦平面で 1 点に収束
虫眼鏡, 顕微鏡, 望遠鏡などの結像
 焦点距離 f の 1 個のレンズ（虫眼鏡）による結像：拡大能 $m = (25 + f)/f$
 倍率 m_1 と m_2 の 2 個のレンズによる顕微鏡の倍率：$m = m_1 m_2$
 焦点距離 f_1 と f_2 の 2 個のレンズによる望遠鏡の視角倍率：
  $M = \theta'/\theta \simeq f_1/f_2$ 物体の視角 θ, 虚像の視角 θ'

4.4 波動光学

4.A 偏光と複屈折
 偏光：光波の電場ベクトルの先端の軌跡により, 直線偏光, 円偏光などに分類
  ガラス表面での反射：偏光角（ブルースター角）で入射→直線偏光
  ガラス板からの透過光：部分偏光
  2 色性結晶：特定の偏光を選択的に吸収
  方解石の複屈折：結晶構造の対称性によって決まる光学軸
   光学軸に垂直な面内は等方的→常光線の電場ベクトルはこの面内
    異常光線の電場ベクトルは, この面内にない
  偏光プリズム：複屈折性の結晶を貼り合わせて, 直線偏光を得るのに利用
   ニコル, ロッション, ウォーラストン, グラントムソン
  光弾性（ひずみの検出）：クロスニコルで観察

4.B 散乱による偏光
 レイリー散乱：波長の 4 乗に反比例, 散乱角によって偏光状態が変わる

4.C 光の干渉, 回折
 ホイヘンスの原理：波面からの二次的な素元波の包絡面が次の波面
 二重スリットによるヤングの干渉実験
  明線の条件 $dx/D = m\lambda$ 明線の間隔 $\Delta x = \lambda D/d$
  暗線の条件 $dx/D = (m+1/2)\lambda$ $(m = 0, 1, 2\ldots)$
  d：スリットの間隔, x：スクリーン中心からの距離
  D：スリットからスクリーンまでの距離
 ロイドの鏡, バイプリズムでも同様の原理で干渉縞ができる
 フレネルの Zone Plate：m 番目の同心円の半径 r_m と焦点 b の関係
 $r_m = \{(b+m\lambda/2)^2 - b^2\}^{1/2} \approx (mb\lambda)^{1/2}$ 焦点は複数個できる
 等厚干渉：干渉膜の厚さで明暗が決まる
  ニュートン環（反射光）による干渉縞の明暗の条件
   $r^2/R = (2m+1)\lambda/2$ 明 $m = 0, 1, 2, \ldots$

$r^2/R = 2m\lambda/2$　暗

　　r：中心からの距離，R：平凸レンズの曲率半径

　反射防止膜 $dn = \lambda/4$　　d：膜厚，n：屈折率

等傾角干渉：一定の厚さの干渉膜で，入射角によって明暗が決まる

　　エタロン，ファブリ・ペローの干渉計

マイケルソンの干渉計：ビームスプリッターと 2 個の平面鏡を利用

　　光の波長測定 $\lambda = 2\Delta d/n$　　Δd：平面鏡の移動距離，n：明暗の反転回数

フレネル回折とフラウンホーファー回折

　　フラウンホーファー回折：光源とスクリーンが無限遠の場合

　　　　　　　　　レンズを利用すると後側焦平面に観察できる

回折格子（格子間隔 d，入射角 i，屈折または反射角 θ）

　透過型　　$m\lambda = d\sin\theta$（面に垂直の光線について）

　反射型　　$m\lambda = d(\sin i - \sin\theta)$

4.5　量子光学

5.A　原子スペクトル

放電管からの光を回折格子で分光→原子に特有の線スペクトル

　原子の飛び飛びのエネルギー準位に由来

5.B　レーザー光

準安定なエネルギー準位とポンピングによる反転分布状態の誘導放出を利用

特徴：位相のそろった単色光が得られる　また，エネルギー密度が高い

応用：ホログラフィー，光通信，CD の読み取り，医療機器，核融合など

演 習 問 題

1. 光の速度を観測するフーコー（Foucault）の実験の原理と，光速度の測定が光が波動であることをあきらかにした理由を説明せよ．

2. 光の3原色，赤，緑，青のうち，赤と緑を混合するとどうなるか，3色混合するとどうなるか．

3. 曲率半径 r の凹面鏡の前面の距離 $p > 2r$ に物体をおいたとき像はどこにむすばれるか．倍率はいくらか．また物体を $r > p > r/2$ においたとき $q > 2r$ より見た像はどのように見えるか．倍率はどうなるか．

4. 2個の凸レンズの焦点距離を $f_1 > f_2$ としたとき，望遠鏡を作るにはどのように配置すればよいか．

5. 頂角 α のプリズムの屈折率 n を決定するのに最小偏角を観測する．この最小偏角と n の関係を導け．

6. 屈折率 1.2 と 1.5 のプラスチックの中空繊維がある．この内部に水を満たして水中の物体を見る光ファイバーとして使いたい．いずれを使えばよいか，理由を述べよ．

7. ガラスの反射光が偏光していることを確かめる方法を述べよ．またどの方向に偏光しているか．ガラス面の法線に対して45度から光線を入射した場合，反射光の強度は入射光の何%になるか．ただしガラスの屈折率は 1.5 とする．

8. 色ガラスフィルターと干渉フィルターの違いを述べよ．

9. 反射防止膜として屈折率 n で厚み $\lambda/4$ の薄膜をコートする．屈折率 1.4 の眼鏡に有効に働くには n はいくらのものがよいか．波長は 580nm と考えよ．

10. 曲率半径 1.2m のニュートン環に，波長 560nm の光を垂直に入射したとき見える干渉縞の間隔はいくらか．透過光による明暗の条件が反射光の明暗の条件と反対になる理由を考えよ．

11. ロイドの鏡の干渉条件を導け．また，図 4-65 で $D = 1$m, $d = 2$mm としたとき，明線の間隔はいくらか．

12. 図 4-73 の小穴による回折像の実験で，小穴の位置を上下左右に動かすと回折像はどうなるか．

第 5 章　電気と磁気

はじめに

電気（摩擦電気）や磁気の存在は古くから知られ，磁鉄鉱を用いた方位針などが実際に実用化されてきた．しかし，本格的な応用がはじまるのは近代になってからである．静電気（物質間の摩擦等によって生じる電荷）の研究は，18 世紀に入ると著しい進歩をとげることになった．電気には 2 種類の性質のものがあることが発見され，フランクリンによってこれらは正電気・負電気と名付けられた．以来，2 種類の電気に対して正・負が用いられるようになった．後に，負電気が電子の電荷であることが，19 世紀末の陰極線の実験からわかった．J.J トムソンが電極を封じたガラス管の真空度を上げてゆく過程で見出した陰極線は，電場によって曲げられ，また陽極側の蛍光物質を光らせることから負電荷を持つことがわかった．この段階で電子の比電荷 e/m（電子の電荷と質量の比）の値が計測された．現在陰極線はブラウン管に応用されている．

電荷は物質の最小単位である原子の構成成分である電子の過不足によって生じるが，実際に電子の質量と電荷の値が精度よく決定されたのは 1909 年のミリカンの油滴実験によってである．ミリカンは油滴に X 線を当てて帯電させ，その油滴が電場のもとで動く速度と電場のないときの速度を観測して，X 線照射によって変化する最小の電荷量を決定した．

電荷の最小単位である電気素量は，電気分解の実験からも求めることができる．食塩（NaCl）を電気分解したとき陰極の金属表面に 1 モル（23g）の Na を集めるのに必要な電気量を 1 F(ファラデー) という．また 1F は 9.649×10^4 C(クーロン)であることから，これをアボガドロ数の 6.02×10^{23} で割って 1 個の原子を陰極に集めるために必要な電気量は 1.6×10^{-19} C と計算される．これは，1 個の電子が持つ電気量に相当する．電子の質量 m_e は，電気素量と比電荷から $m_e = 9.11 \times 10^{-31}$ kg となる．

電子の発見をはじめ多くの電気磁気現象が 18-19 世紀に知られるようになるのにともなって，現象を記述する法則が経験則として定式化されていった．その最初はクーロンの法則であり，ついでオームの法則が続く．アンペールによる電流の磁気作用の発見やファラデーによる電磁誘導現象の発見など，すべて実験に基づいている．最後にマックスウェルが経験式に推理を加え，数学の微分方程式（マックスウェルの方程式）で電磁現象をまとめ上げた．マックスウェルの方程式から示唆された電磁波の存在は，20 世紀のはじめにヘルツにより実験的に証明されている．

電気も磁気も直接目に見えるものではない．ここでは電気的磁気的相互作用から派生する力や光を利用して目に見える形で現象を示していく．摩擦電気からはじめ，誘電現象，電荷の動きをともなう電流，電流によってできる磁場，電気と磁気の相互作用である電磁誘導，交流回

5.1 静電気

電気の存在は紀元前 600 年頃から，いろいろな物体で摩擦した琥珀が，紙や羽根などの軽いものを引きつける事実によって知られていた．16 世紀になってギルバートはこのことについてさらに研究を行い，摩擦によって生ずる力を琥珀力という意味でエレクトリカ「Electrica」と名付けた．〈現在使っている「電気（electricity）」は，electrica から生れた．〉琥珀力の有無で物質を電気物質と非電気物質に分類し，琥珀だけでなく硫黄，樹脂，ガラス，水晶なども摩擦により同様の現象が生じることを明らかにした．

静電気（物質間の摩擦等によって生じる電荷）の研究は，18 世紀に入ると著しい進歩をとげることになった．電気には 2 種類の性質のものがあることが発見され，フランクリンによってこれらは正電気・負電気と名付けられた．以来，2 種類の電気に対して正・負が用いられるようになった．

電荷の正負と帯電列（静電序列）

摩擦によって正電荷を帯びるか負電荷を帯びるかは，こすり合わせる物質の組み合わせによって異なり，一定の物質にいつも決まった極性の電荷が生じるわけではない．以下に主な物質の帯電列（静電序列）を示す．この列の中の 2 つの物質を摩擦すると，左側の物質が正に，右側の物質が負に帯電する．また，離れた位置にある物質を組み合わせるほど帯電量は多くなる傾向がある．

帯電列

⊕毛皮・フランネル・ガラス・絹・手・金属・ゴム・琥珀・エボナイト⊖

帯電列（静電序列）は次ぎの規則に従って並べたものである．

帯電列に関する規則

3 種類の物質 A，B，C について，A と B を摩擦したとき，A が正，B が負に帯電し，B と C を摩擦したとき，B が正，C が負に帯電するならば，A と C を摩擦するときは，A は正に C は負に帯電する．

5.1.A 摩擦電気を箔検電器で調べる（島津製 – 前）

箔検電器は導体である金属を使い，同種の電気がしりぞけあうという性質を利用して，物体の帯電の有無やその程度，帯電体の符号を調べる装置である．この検電器を用いて様々な物体

の帯電の仕方を調べる.

〈検電器を + に帯電させる方法〉

　毛皮でエボナイト棒をこすると摩擦電気が生じることを利用して検電器に + の電荷を与える（図 5-1）. ⇒ 毛皮が（+），エボナイト棒が（−）に帯電

　方法（図 5-2）

① 毛皮とエボナイト棒で摩擦電気を発生させる.

② エボナイト棒(−)を金属円板に近づける.
　⇒ 箔が開く

③ 金属円板に指を触れる*. ⇒ 箔が閉じる

(*人の体はアースされている.)

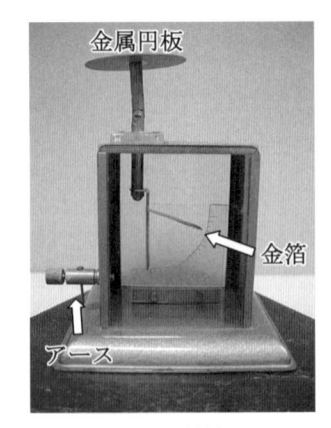

④ 指を離してからエボナイト棒を遠ざける. ⇒ 箔が再度開く

図 5-1#　箔検電器

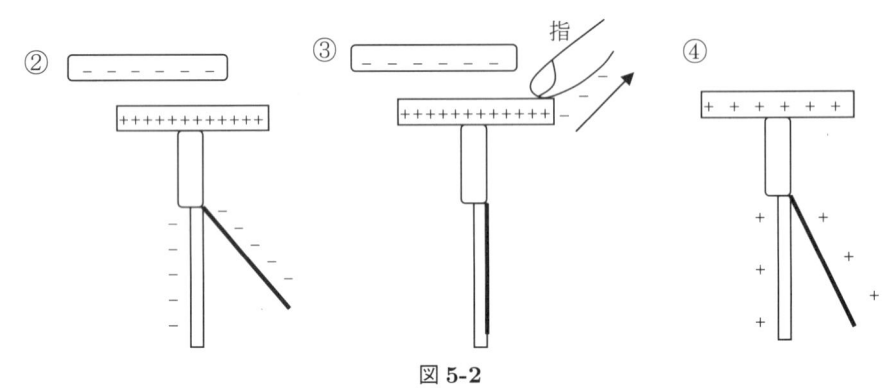

図 5-2

②金属円板のマイナス電荷が箔へ追いやられ，金属円板は正，箔は負に帯電する．
③箔のマイナス電荷が手から逃げるので*，箔は閉じる．金属円板は正に帯電したまま．
④指を離すと金属円板から箔にプラス電荷が移動するので箔は正に帯電し，箔は開く．

5.1.B　検電器を用いた実験例

実験 1：物体の帯電の有無や電荷の正負を調べる．

　上記の方法で + に帯電させた検電器の金属円板に，調べたい物体を近づけた後，遠ざける．このときの箔の動きを確認する．

箔の開きと帯電の関係

① 箔は全く動かなかい場合 ⇒ **物体は帯電していない**

② 箔の開きが大きくなった後，元に戻る場合 ⇒ **物体は＋（正）に帯電している**
③ 箔の開きが小さくなった後，元に戻る場合 ⇒ **物体は－（負）に帯電している**
  箔の開きの変化が大きい程，強く帯電していると言える．
④ 検電器は D.C.(直流) 電源につないでも開く．

実験 2：水の帯電（噴霧帯電）

ノズルから液体を噴出する場合には，水のような液体でも帯電する．噴出された液体は，小さな液滴になって空中に浮遊するため，電荷の逃げ場がなくなり，電荷を保持するためである．

参考 水が噴霧されると，できる液滴の大きさはある分布を持つが，特に大きな液滴と細かい液滴の間には帯電極性の逆転がおこる場合がある．水の表面は負極性に，そのすぐ内側は正極性に帯電しており，水が分裂して小さな粒径の液滴ができると，小さな液滴は負極性に帯電し，大きな液滴は残りの正極性電荷を持つ傾向がある．（レナード効果と呼ぶ．）

検電器の金属円板の上にステンレス製容器を置き，洗瓶を使ってその中に水を噴出すると，水の帯電によって検電器の箔が少しずつ開く．

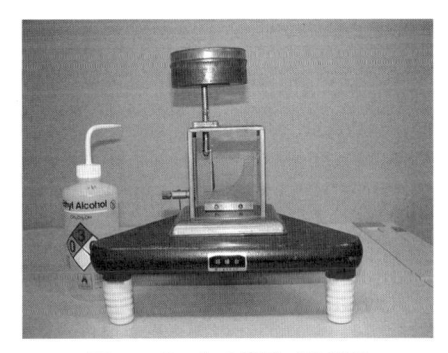

図 5-3#　水の帯電（検電器は絶縁台に乗せている）

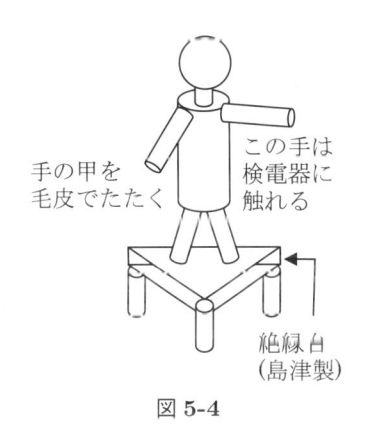

実験 3：人体の帯電

人体は静電気的には導体であると考えてよいが，完全な導体でない．人体は絶縁性の良い靴を履いたり，あるいは絶縁性の良い床の上にいるときは，導体として静電気をためるコンデンサの役割をして帯電し得る．特に動くと帯電しやすい．

<u>人</u>でも簡単に<u>帯電させる</u>ことができる．
① 絶縁台に乗り，人差し指で検電器の金属円板に触れる．
② 反対の手の甲を（別の人が）毛皮でたたきつける．
⇓
手と毛皮の摩擦によって帯電現象が生じ，箔が少しずつ開く．

図 5-4

実験 4：同じ物質同士の摩擦による帯電

ガラス同士の摩擦で平面ガラスは +，すりガラスは − に帯電する．同一物質間の摩擦電気は面の粗滑，曲率半径，温度によって異なる．

静電誘導

図 5-5 のように導体の近くに帯電体を近づけると，帯電体に近い側には帯電体と異種の電気が現れ，遠い側には帯電体と同種の電気が現れる．

この電荷は図 5-6 に示すように自由電荷で外部に取り出せる．

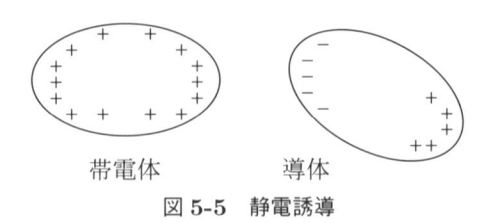

図 5-5　静電誘導

誘電分極

不導体では，電子は原子や分子から離れないが，帯電体の静電気力によって原子や分子の中の電子配置がずれる**分極**が起こる．不導体の内部では正負の電荷が打ち消されるが，帯電体側の不導体の表面に帯電体と異種の電気が図 5-7 のように現れる．不導体を**誘電体**ともいう．この電荷は束縛されていて外部に取り出せない．

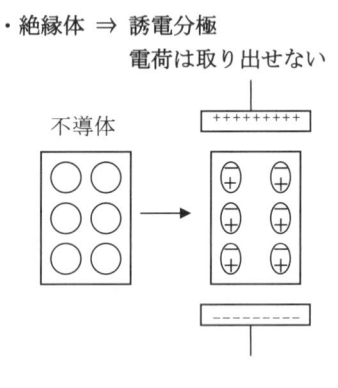

図 5-6

図 5-7

5.1.C　静電誘導の実験

① 図 5-8 のように 2 本の鋼鉄棒を接触させてそれぞれの棒の連結付近にデジタルボルトメータ（以下デジボルと略す）の端子をつないでおく．

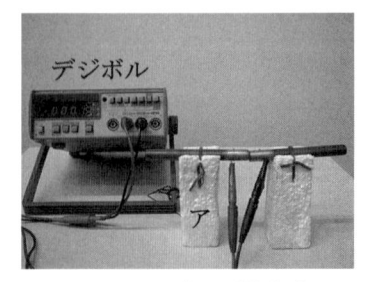

図 5-8#　静電誘導実験

② 毛皮とエボナイト棒で摩擦電気を発生させる．
③ エボナイト（−）を**ア側**（左側の鋼鉄棒の左端）に近づける．
④ 右側の鋼鉄棒を離す（図5-9）．

エボナイトを遠ざけると，デジボルの数値が変化する．⇒ 静電誘導によって鋼鉄棒にたまっていた電荷がデジボルを通って移動し，左から右に一時的に電流が流れた．
⑤ 鋼鉄棒のかわりにプラスチック棒などの誘電体で試みるとデジボルは変化しない

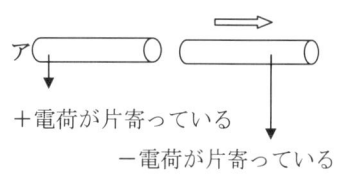

図5-9 鋼鉄棒の電荷の片寄り

（＋電荷が片寄っている／−電荷が片寄っている）

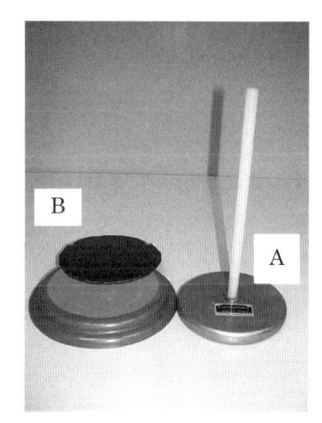

図5-10# 電気盆

電荷をためる
5.1.D 電気盆（旧−島津製）

電気盆は金属の円板に絶縁体の柄をつけたもの（A），エボナイトの円板（B）およびこれらをのせる台からなっている．摩擦により帯電させたエボナイトの上にAをのせて金属円板に指を触れると，Bと同じ極性の電荷は指から人体を伝わって大地に逃げる．この状態で，Aの柄をもってBから離すと，いったん接地したはずなのにAは帯電している．接地した金属円板が帯電した現象は，接地したときエボナイト板に向かい合っている面には誘導された電荷があるが，それは電荷に引かれて逃げることができない．

しかしAをBから離すとAの誘導電荷は結びつく相手から離れてしまうため自由になり，A板の表面全体に分散して分布するようになる．その結果，A板が帯電する．金属円板に絶縁体から離した状態で接地線を触れれば，電荷は大地に流れて帯電していない状態になる．これを再び帯電したエボナイト板の上にのせて上と同様の手順を繰り返すと静電誘導が起こるので，何度でも帯電させられる．金属円板を帯電した絶縁体Bから離す力学的な仕事が電荷を貯わえるエネルギー（電位）を生んでいる．

実験 D1
① （絶縁）台の上にエボナイト円板を置き，毛皮で円板をこする．エボナイト円板は−に帯電
② 帯電した円板の上に，絶縁ハンドルをつけた金属円板を置く（図5-11）．金属円盤の下部

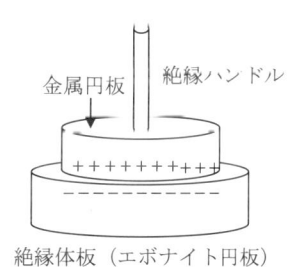

図5-11

に＋の電荷，上部に－電荷が片寄る．

③ 金属円盤の上部に指を触れ，－電荷をアースして逃がす（図 5-12）．

④ 金属円盤 A を検電器の金属円板に接触すると，箔が開く．（図 5-13 検電器が＋に帯電した状態）．

⑤ ②〜④を繰り返すごとに，箔の開きが大きくなっていき，電荷量が増えていくのがわかる．

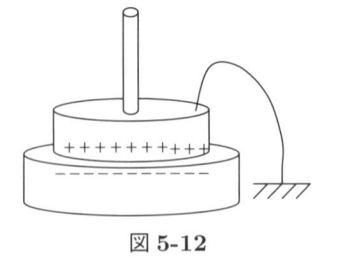

図 5-12

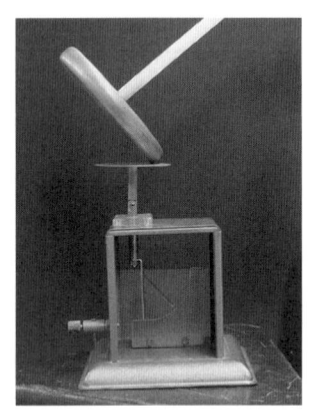

図 5-13#

電気の基礎
電荷の間に働く力

2 つの電荷の間には力が働く．同じ符号の電荷の間には斥力が働き，異なる符合の電荷間には引力が働く．

18 世紀にクーロンが力は 2 つの電荷間の距離の 2 乗に逆比例することを見出し，現在ではクーロンの法則として，q_1 が q_2 から受ける力 F_{12} は次の式で表される．

$$F_{12} = kq_1q_2/r^2 \qquad (1\text{-}1)$$

q_1 と q_2 は電荷で正負の符号も含む．k は単位系に依存する比例定数で SI では $k = 1/4\pi\varepsilon_0$ である．

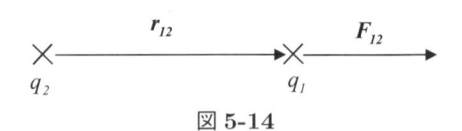

$$\varepsilon_0 = 8.85 \times 10^{-12} \mathrm{C}^2/\mathrm{Nm}^2$$

図 5-14

は真空の誘電率である．

電荷の単位はクーロン（C），力の単位はニュートン（N），距離の単位はメートル（m），電荷 q_1 が受ける力の方向は 2 つの電荷を結ぶ方向で，ベクトルの表し方では次のように記す．

$$\boldsymbol{F}_{12} = q_1q_2\boldsymbol{r}_{12}/4\pi\varepsilon_0 r_{12}^3 \qquad (1\text{-}2)$$

ただし $\boldsymbol{r}_{12}$ は q_2 を始点，q_1 を終点とするベクトル．また $r_{12} = |\boldsymbol{r}_{12}|$．

電荷が数多く存在する場合はたとえば q_1 に働く力は q_2 とそれ以外の電荷が q_1 に及ぼす力

を足し合わせ，重ね合わせの原理で表す．

$$F_1 = F_{12} + F_{13} + F_{14} + \cdots \tag{1-3}$$

電場と電位

電荷 q_1 が他の電荷から受ける力をその電荷と他の電荷が q_1 に及ぼしている電場の積で表す．

$$F_1 = q_1 E_1 \tag{1-4}$$

q_1 の位置における電場を表すベクトル E_1 は次の式で表される．

$$E_1 = q_2 r_{12}/4\pi\varepsilon_0 r_{12}^3 + q_3 r_{13}/4\pi\varepsilon_0 r_{13}^3 + \cdots \tag{1-5}$$

電気力線

電場を図示するには**電気力線**（line of electric force）を用いる．これは曲線上の各点における接線が，その場所における電場 E に平行であるように描いた曲線である．電気力線は図 **5-15** のように正電荷から始まって，無限遠方に向かうか，無限遠方から負電荷に向かうか，また正電荷から発して負電荷に終わるか，そのいずれかであって，決して電荷のない点で始まったり終わったりすることはない．

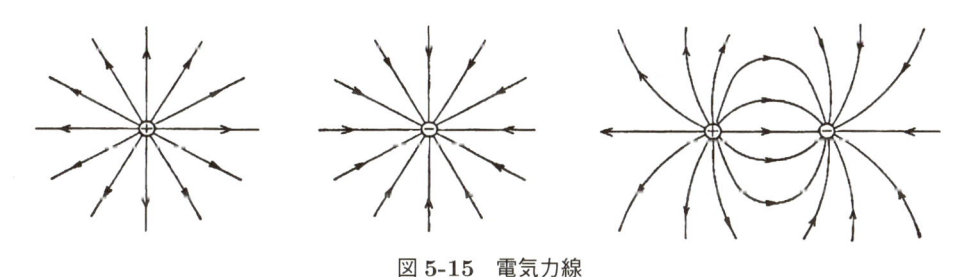

図 5-15 電気力線

ガウスの法則

閉曲面を内部から外部に貫ぬく電気力線の総数はその内部に含まれる全電荷量の $1/\varepsilon_0$ （真空中）に等しい．

電気力線は直接には電場の強さを表わさない．電場の強さを表すにはガウスの法則（巻末物理量をあつかう数学参照）を使って**電気力管**（tube of electric force）によって図示する．電気力管は側面に電気力線をもつ管で，流体の場合の流管に相当する．いま内部に電荷を含まない1本の細い電気力管の垂直な2つの断面を dS_1 および dS_2 とし，それらの断面における電場の大きさを E_1 および E_2 とする（**図5-16**）．この2つの断面と，電気力管の側面とからなる閉曲面についてガウスの法則を適用すると，側面から出る電気力線は存在しないので

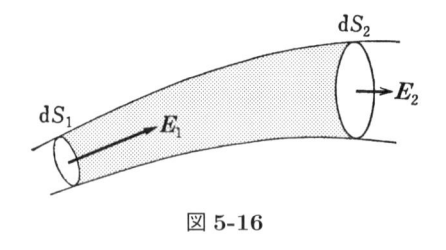

$$-E_1 dS_1 + E_2 dS_2 = 0$$

となる．すなわち内部に電荷を含まない電気力管では垂直な断面を貫く電気力束 EdS は一定である．空間の電場をこのような電気力管の集合とみなし，その単位断面積を貫く電気力線の数，すなわち電気力線の密度を n とすると，微小面積 dS を通る電気力線の数は ndS である．電気力管の両端での電気力線の密度を n_1, n_2 とすると，$n_1 dS_1 = n_2 dS_2$，したがって $\frac{n_1}{n_2} = \frac{E_1}{E_2}$ となり，n はその点の電場の大きさに比例する．したがって電気力線の走り方と疎密によって電場の方向と強さを一目で知ることができる．

電気力線を見るには植物の小さい種を使ってその配列で示すことができる．

電位と等電位面

ある電荷 q が他の電荷から無限大の距離にある場合，電場は零である．そこで電荷 q を r の位置に運ぶには，q は電場からの力とつり合う力 F を受けながら仕事 W をされることになる．

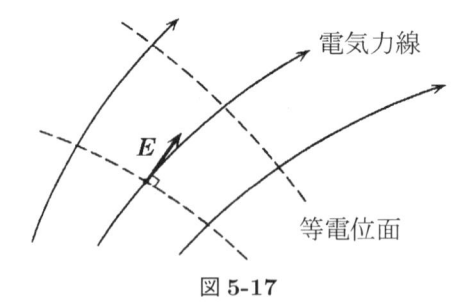

$$W = \int_\infty^r \boldsymbol{F} \cdot d\boldsymbol{s} = -q_1 \int_\infty^r \boldsymbol{E}_1 \cdot d\boldsymbol{s} = qV \tag{1-6}$$

ここで V は電位で単位はボルトである．また電場の単位は V/m で表す．電位の分布を図示するには V が一定の曲面群を描く．このような曲面を**等電位面**（equipotential surface）という．式 (1-6) より $-\boldsymbol{E} \cdot d\boldsymbol{s} = dV$ となり，電場は電位 V の勾配ベクトル $\boldsymbol{E} = \left(-\frac{\partial V}{\partial x}, -\frac{\partial V}{\partial y}, -\frac{\partial V}{\partial z}\right)$ で表されるので，電気力線と等電位面は直交する．

5.1.E ウイムスハーストの誘導起電機 (島津製)

これは電気盆の原理を応用してライデン瓶に多量の電荷を蓄える機械である．互いに反対方向に回転する2枚の絶縁円板に扇形のアルミニウム箔が対称についている．直線状の棒の先についている金属ブラシが対称的な位置のアルミ箔を連結するとき，逆回転しているもう一方の円板上のアルミ箔が電極となって静電誘導を起こす．その結果金属ブラシで連結されたアルミ箔にそれぞれ反対符号の電荷が発生する．アルミ箔上の電荷が2本の電極を通してライデン瓶に蓄えられる．

ライデン瓶に多量の電気がたまり，ある電位に達すると放電して火花が飛ぶ．

図 5-18#　誘導起電機

5.1.F　Van de Graaff：静電高圧発生機 (島津製)

コロナ放電によって，電荷をベルトに帯電させ，それをベルトで運んで高圧を発生させる装置．島津製のは摩擦帯電を利用したベルト発電機で，図 5-19 のように合成樹脂で作られた下部ローラー B の回転でそのローラーと，それに掛けられたゴムベルト間に摩擦が起こり，ローラー B は正に，ゴムベルトは負に帯電する．

帯電したゴムベルト上の電荷は，ベルトの上昇によって絶縁支持された中空の球状電極内に運び込まれ，これに接した尖端導体の集電板へコロナ放電して，ベルト上の負の電荷が電極の表面に移される．電荷を与え終わったベルトは表面に特殊被膜を施した上部ローラー A と摩擦して，ローラー A は負に，ベルトは正に帯電して下部ローラーの方に降り，台に接続された集電板にコロナ放電してその電荷は移

図 5-19#

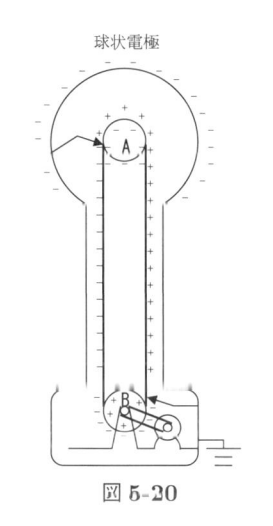

図 5-20

第 5 章　電気と磁気

る．そしてゴムベルトは再び下部ローラー B と摩擦帯電して上昇する．

　このように連続して運び込まれた電荷が，電極に蓄積されて，高電圧になる．球状電極の電気容量は電極の表面積と共に増加し，電極の大きさによっては 250 万ボルト以上の電位に達することも可能である．

実験 D2

① Van de Graaff の電源を入れ，高電圧を発生させる．

②　接地した支持台付電極（図 **5-19** の小さい方の放電極）を，①の Van de Graaff の電極（球の表面）に近づけると，火花放電が見られる．Van de Graaff の電極は − に帯電しているので，近づけた方の電極の表面は ＋ の電荷が誘導され，放電現象が見られる．

注意）電源を切った後，必ず小さい方の電極を Van de Graaff の電極に一度接触させてアースする．（アースするのを忘れて触ると感電する危険がある．）

火花放電

　平行平板電極や球間隙の電場分布は均一性が良いので，平等電場という．これらの電極間の電圧を次第に高くすると，電極間の荷電粒子の衝突によって，荷電粒子の数がなだれ的に増加して電極間に大電流が流れ，強い光をともなって放電する．このような放電を火花放電又はフラッシュオーバーという．

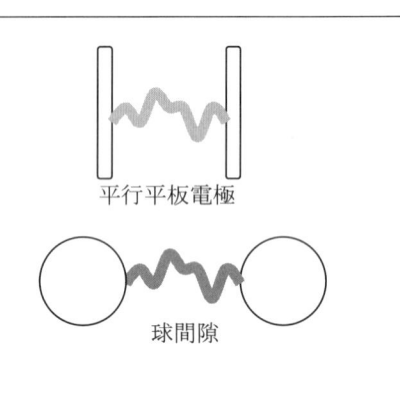

平行平板電極

球間隙

コロナ放電（尖端放電）

　導体棒や導線と平面電極との間の電場を不平等電場というが，導線（導体棒）の付近の電場が非常に高くなると，空気分子が電離（イオン化）して絶縁性を失い，ごく弱い（かすかな）光を放ちながら起こる放電現象．導線の一部に鋭い先端があると特に起こりやすいので尖端放電とも呼ばれる．

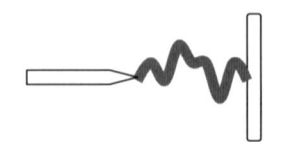

参考）半径 r の球状導体の表面の電荷密度は

$$\rho_s = \frac{q}{4\pi r^2} \cdots\cdots ①$$

表面の電位　$V = k\dfrac{q}{r} = \dfrac{q}{4\pi\varepsilon_0 r} \cdots\cdots ②$

①，②より　$\rho_s = \varepsilon_0 \dfrac{V}{r}$

つまり，曲率半径の小さい（尖った）場所に電荷は集まる．

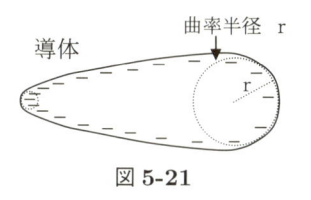

図 5-21

放電管（真空放電）

　ガラス管の両端に金属線電極を封じ込め，真空ポンプで管内の気圧を減らした後，電極間に十分高い電圧をかけると，希薄な気体原子がイオン化して放電が起き，美しい光を出す．このような放電管は，1859 年プリュッカーが硝子工ガイスラーに依頼して作ったのが最初であることから，ガイスラー管ともいう．ガイスラー管から放電中に放出される光の色は，気圧や管の太さによっても変わるが，封入する気体の種類によっての変化が最も著しい．例えば，窒素は赤紫，ヘリウムは黄，ネオンは華やかな橙赤である（巻頭カラーページ参照）．

5.1.G 電気反動車

　先の尖った（手裏剣型の）金属板を図 5-22 の様に一本の支柱で支え，静電発電機につなぐと，金属板は図の（先端の向きと反対）方向に回転する．

　金属板の先端の強い電場によって空気中のちりが誘電分極して一旦先端に引きつけられ，その後先端と同種の電荷を帯びて先端からはね飛ばされる．その反動で，金属板は常に図の方向（先端の向きと反対方向）に回転する．

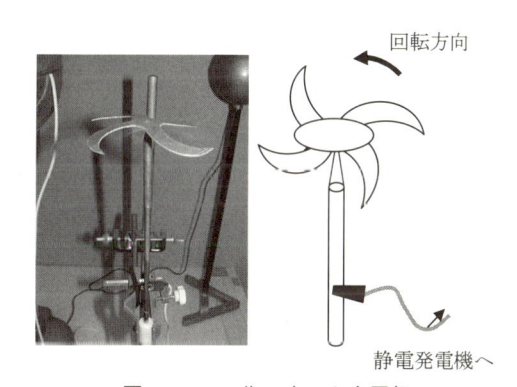

図 5-22#　先の尖った金属板

実験

　先の尖った（手裏剣型の）金属板を図 5-23 の様に一本の支柱の先端で支え，Van de Graaff の静電高圧発生機につなぐ．高電圧を発生させると，金属板は先端の向きと反対方向に回転する．

注意）電源を切った後，必ず小さい方の電極を

図 5-23#　電機反動車

Van de Graaffの電極に一度接触させてアースする．（アースするのを忘れて触ると感電する危険がある．）

5.1.H　コットレルの集塵装置

図 **5-24** の様なガラスの筒の下部から煙を入れると，煙は上昇し筒の上部から外に出て行く．

筒の中には非常に細い電極と太い電極が入れてある．それら電極を静電高圧発生機（Van de Graaff）につなぐと，やがて筒から外に煙が出なくなる．これは中心にある細い導体表面でコロナ放電が起きて空気中のチリ等の粒子が帯電し，中心にある電極に吸い付けられるためである．

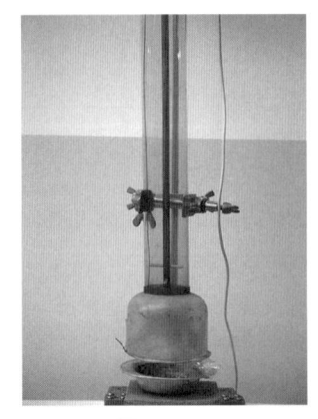

図 **5-24#**

5.1.I　電気毛管現象

図 **5-27** のように導体をコイル状にして固定した分液ロートの中に水を満たし，コックを適当に開くとロートの先端から水が水滴となってポタポタ落ちる．ロートを静電発電機につないで電場をかけると，コックの開き方を変えていないが，水のしたたる割合がはるかに大きくなる．

水が電荷を帯びると表面電場が生じ，表面電場と表面張力が打ち消し合って水滴の内部圧力が小さくなるためである．

帯電した水滴の内部圧力 P は

表面張力：$P_\gamma = \dfrac{2\gamma}{r}$　　γ：表面張力

表面電場：$P_e = -\dfrac{\varepsilon_0}{2}E^2$　　ε_0：真空の誘電率

$$P = P_\gamma + P_e = \frac{2\gamma}{r} - \frac{\varepsilon_0}{2}E^2 = \frac{2\gamma}{r} - \frac{\varepsilon_0}{2}\frac{V^2}{r^2}$$

水滴を半径 r の導体球と考え，その表面電荷を q とすると

表面の電位：$V = \dfrac{q}{4\pi\varepsilon_0 r}$

表面の電場：$E = \dfrac{q}{4\pi\varepsilon_0 r^2}$　で表される．

図 **5-25#**

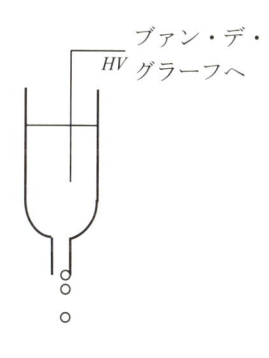

図 5-26

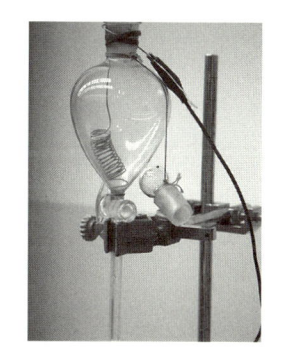

図 5-27#

5.2 物質の誘電現象

5.2.A コンデンサと電気容量

平行平面板コンデンサの電気容量

一般に帯電している導体があるとき，導体内部の電場は 0 だが，$\sigma(\text{C/m}^2)$ を表面電荷密度とすると導体のすぐ外側の電場 $E(\text{V/m})$ は次式で与えられる．

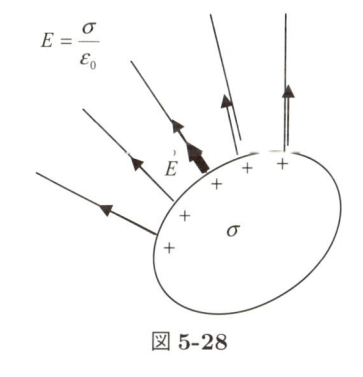

$$E = \frac{\sigma}{\varepsilon_0} \qquad (2\text{-}1)$$

$\varepsilon_0 = 8.85 \times 10^{-12}$ (C^2/Nm^2) は真空の誘電率

図 5-28

電荷が導体表面にある場合，図 5-28 に示すように電気力線は導体の外側に向かって出る．このように導体表面の電気力線の本数は表面電荷に比例し，単位面積あたりの電気力線の本数（電気力線密度）が電場なので，導体表面の電界 E は表面電荷密度 σ に比例する．

図 5-29 の平行平面板コンデンサで，各々の面積 $S(\text{m}^2)$ の極板に $+Q(\text{C})$，$-Q(\text{C})$ の電荷が分布して，それぞれの電位が $V(\text{V})$，$0(\text{V})$ とすると $\sigma = \dfrac{Q}{S}$ (C/m^2)，$E = \dfrac{V}{d}$ (V/m) であるので (2-1) 式を考えると電荷 Q は次の

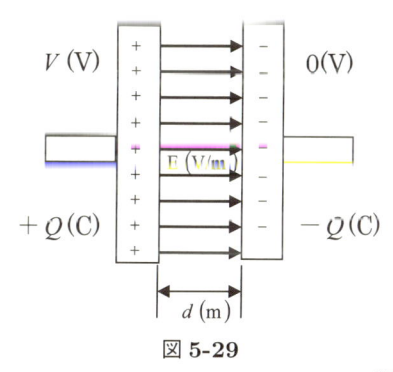

図 5-29

ようになる．

$$\frac{V}{d} = E = \frac{\sigma}{\varepsilon_0} = \frac{1}{\varepsilon_0}\frac{Q}{S} \quad \rightarrow \quad Q = \frac{\varepsilon_0 S}{d}V$$

また上式を $Q = CV$（C：比例定数〈電気容量〉）と比較すると平行平面板コンデンサの電気容量は

$$C = \frac{\varepsilon_0 S}{d} \text{ (F)} \tag{2-2}$$

となる．単位は1クーロンの電荷により1Vの電圧が得られるとき1ファラッド（F）で表す．

誘電体が極板間にあるときの平行平面板コンデンサの電気容量

5.2.B 誘電率

コンデンサの極板間が真空のときの電気容量を C_0 とする．極板間に誘電体を入れると，その電気容量は大きくなって C となり

$$C = \varepsilon_r C_0 \tag{2-3}$$

ε_r：比誘電率（誘電体の種類によって定まる定数）

また，ε_r と ε_0（真空の誘電率）との積

$$\varepsilon = \varepsilon_r \varepsilon_0 \tag{2-4}$$

で決まる ε を誘電率という．

5.2.C 誘電体のある平行平面板コンデンサの電気容量

誘電率 ε の誘電体が極板間に入っている平行平面板コンデンサの電気容量 C(F) は (2-2)，(2-3)，(2-4) 式から電気容量はつぎのようになる．

$$C = \varepsilon_r \varepsilon_0 \frac{S}{d} = \varepsilon \frac{S}{d} \tag{2-5}$$

5.2.D 電束密度

一定の電圧をかけた平行平面板コンデンサに誘電体を挿入することを考える．誘電分極により極板の電荷の一部が打ち消されるが，電位差は一定なので極板間にできる電場 E は誘電体を挿入しても変わらない．このため，極板に蓄えられる電荷は増加する．結果として，極板に蓄えられた真電荷が作る電場は，誘電体を挿入すると分極 P の分だけ大きくなるが，これを電束密度 D を用いて次のように表す．

$$D = \varepsilon_0 E + P \tag{2-6}$$

等方的な誘電体では、$P = \chi_e E$ と書けるので、

$$D = (\varepsilon_0 + \chi_e)E = \varepsilon E \tag{2-7}$$

ここで、χ_e は電気感受率、ε は誘電率である。電束密度の次元は、電荷の面密度 $[C/m^2]$ と同じである。真空中では、ε は ε_0 となる。

D-(1) コンデンサの実験

あらかじめ検電器の金属円板に + の電荷を与えておく。エボナイトを毛皮で摩擦して皿に近づけ、マイナス電荷は皿を指で触れて逃がす。箔は開いた状態にしておく。

(a) 電極間の距離を変える

①電極間の距離を長くすると箔の開きが大きくなる。これは、金属円板にあった+の電荷が箔に片寄るため。これによって、電極間の電気容量は減少する。

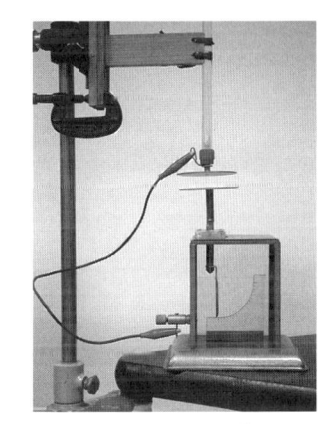

図 5-30# 電極間の距離をかえる

②電極間の距離を短くすると箔の開きが小さくなる。これは、箔にあった+の電荷がさらに金属円板に片寄るため。これによって、電極間の電気容量は増加する。

平行平面板コンデンサの電気容量は電極間の距離に反比例する。

(b) 電極間に誘電率の異なる物質を入れる

比誘電率の異なる例：エタノール（24.55），水（78.30），雲母（5.6～6.6），空気（1.00）

〈誘電率の大きな物質〉
① 電極間に入れるとき ⇒ 箔の開きが小さくなる．電気容量：増加
② 電極間から出すとき ⇒ 箔の開きが大きくなる．電気容量：減少

電極間に誘電体を入れると平行平面板コンデンサの電気容量は増加する．

(c) 色々なコンデンサ

コンデンサは平行平面板で代表される電荷を蓄えることができる一組の導体で、薄いプラスチック膜の両面に金属を薄く塗布（真空蒸着）したものを巻いて、樹脂で固めたものが一般的

第5章　電気と磁気

である．コンデンサには，電極間にはさむ誘電体の種類によってフィルムコンデンサ・電解コンデンサ・セラミックコンデンサ等呼び名が違い，電気容量の大きさの範囲や用途が異なる．

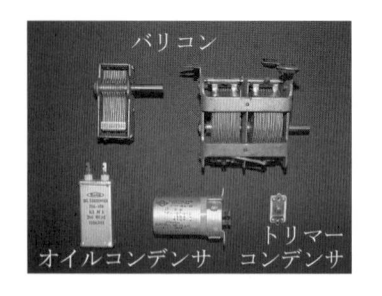

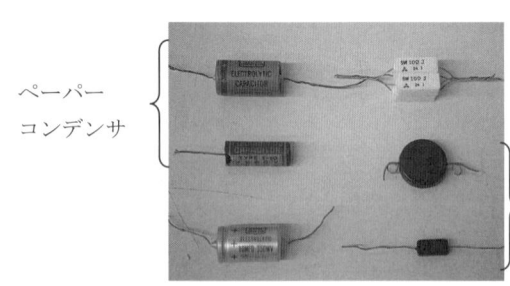

図 5-31#　左図下 2 個はケミカルコンデンサ．右図右中はマイカコンデンサ．

5.2.E　圧電効果

強誘電体に電場を与えると分極が起き，それに伴い寸法の変化が生じる現象を電気ひずみと言う．また，万力などで力を加えると電荷が誘導されて電場が生じる現象を圧電気と言う．

・圧電結晶（圧電気を示す結晶）

　チタン酸バリウム，ロッシェル塩，水晶など

図 5-32#

E-(1)　チタン酸バリウム（圧電結晶）

図 5-32 のようにチタン酸バリウムをヤンキーバイスに固定し，検電器につなぐ．万力で強くしめると電圧が生じて検電器の箔が開く．力を緩めると箔は閉じる．

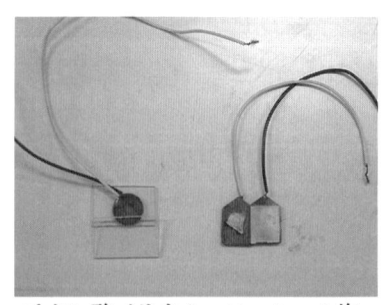

E-(2)　ロッシェル塩

金属板（プラスチック付）電極の間（金属面）にロッシェル塩をはさみ，ペンチで固定する．また電極の両端を増幅器の入力に接続し，プラスチック部分をドライバーでたたくとトントントンという増幅された音がでる（図 5-33）．

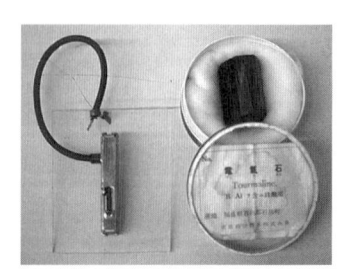

チタン酸バリウム　ロッシェル塩
図 5-33#

図 5-34#　左は点火装置
右は電気石〈京都科学標本㈱〉

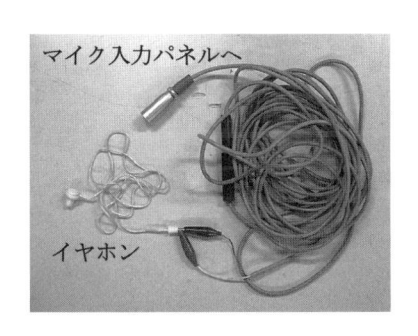

図 5-35#　マイク端子

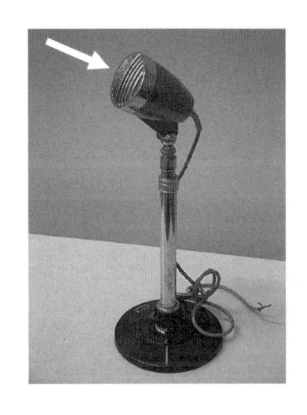

図 5-36#　クリスタルマイク

E-(3)　ガス器具の点火装置
瞬間的にかける力によって発生する火花によって点火させる（図 5-34 左）．

E-(4)　コンデンサマイク（クリスタルマイク：旧－島津製）
マイクの中にクリスタルが入っていて，吹き込み口（→）部分をたたくことでクリスタルが振動する．この振動が電気信号に変わり，増幅されてスピーカーから音が出る（図 5-35,36）．

図 5-37#　クリスタルイヤホン

5.2.F　逆圧電効果
電場によりに生じる電気ひずみを言う．

F-(1)　クリスタルイヤホンとクリスタルマイク
通常は電気信号によってクリスタルが歪み，それが音として聞こえる．
イヤホンをマイクとして利用することも可能である．

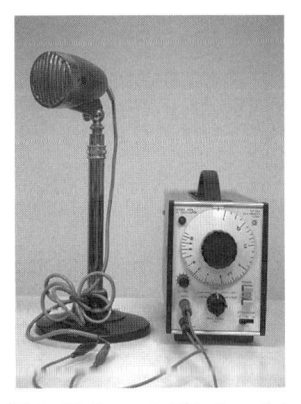

図 5-38#　コンデンサマイク

図 5-37 のイヤホンにマイク端子を接続し，白い矢印部分をたたくとマイク同様に増幅した音が聞こえる．

F-(2) コンデンサマイク（クリスタルマイク）の逆利用

マイクに発信機を接続し，様々な周波数の電流を流すと周波数に応じた高さの音がマイクから聞こえる．このようにすれば，マイクをイヤホンとして利用できる（図 5-38）．

F-(3) 超音波洗浄器〈国際電気（株）〉

電気振動を音波に変換している．この音の振動をホモジナイサー（**Homogenizer**）として利用することができる．試験管に水とベンゼンを入れる．手で試験管を振っても混ざらないが，超音波洗浄器にしばらくつけると混ざるのが液が白濁することで確認できる（図 5-39, 40）．

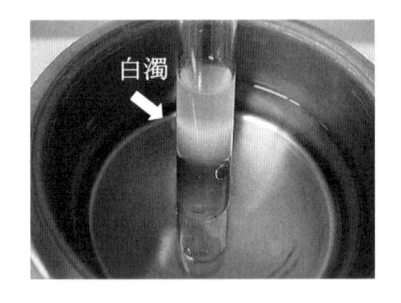

図 5-39#　水とベンゼン　　　図 5-40#　超音波洗浄器にかけたとき

超音波洗浄器にかけると、水とベンゼンが混ざる。

5.2.G　焦電気

物体内の温度差（熱）から電流（電荷）への変換

電気石（図 5-32），硫酸リチウム一水和物，ショ糖，強誘電性チタン酸バリウム等．

①初め電気石は電荷の無い状態 では 検電器に近づけても箔は開かない．

②これを**液体窒素**で冷却すると，分極によって電荷が生じる．

　　検電器に近づけると箔が開く．

両端で＋・－違う電荷に帯電していることも確認

検電器に既知のチャージを与える（毛皮とエボナイト使用）：検電器は＋に帯電した状態で，一端を近づけると箔の開きが大きくなる．すなわち＋に帯電している．他端を近づけると箔の開きは小さくなる．－に帯電している．

5.3 電流と電気抵抗

5.3.A オームの法則

電荷がある断面積 S を 1 秒間に通過する電荷量 [C/s] を電流 I とし，アンペア A で表す．電流は導体である金属では流れやすく，絶縁体ではほとんど流れない．電流を流すには起電力 V が必要で電流の流れやすさをオームの法則としてあらわす．

$$V = RI \tag{3-1}$$

R は抵抗でこれは電流の流れている導体の断面積 S と長さ L により次の式で表される．

$$R = \rho L / S \tag{3-2}$$

ρ は抵抗率と呼ばれ単位は $\Omega \cdot \mathrm{m}$ で表される．表 1 に物質の抵抗率の例を挙げる．

表 1　抵抗率 $\rho [\Omega \cdot \mathrm{m}]$

Ag	1.587×10^{-8} (20°C)	グラファイト	$4 - 7 \times 10^{-7}$
Cu	1.678×10^{-8} (20°C)	Ge	0.43 (27°C)
Al	2.650×10^{-8} (20°C)	Si	2.6×10^{-3} (27°C)
Fe	10.0×10^{-8} (20°C)	ガラス	9×10^{11}
ニクロム	107.3×10^{-8} (0°C)	イオウ	1×10^{15}

温度を示していないものは，室温 23°C 付近の値である．

抵抗率の値で $10^{-8} - 10^{-5}$ を導体，$10^{-5} - 10^{6}$ を半導体，10^{6} 以上を絶縁体と呼んでいる．抵抗体の例を図 **5-41**，**5-42** に示す．

5.3.B 電気抵抗の温度変化

導体の抵抗は温度によって変化する．金属導体の抵抗は一般に温度の上昇とともに増加し，温度 t_1, t_2 のときの抵抗率をそれぞれ ρ_1, ρ_2 とすると

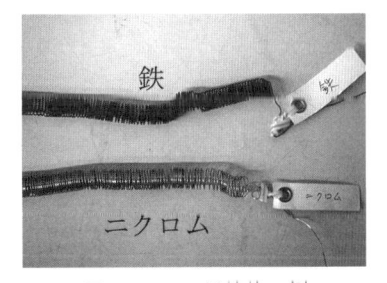

図 5-41#　抵抗体の例

$$\rho_2 = \rho_1 \left(1 + \alpha t + \beta t^2 + \cdots \right), \quad t = t_2 - t_1 \tag{3-3}$$

と表される．

常温付近では通常次のように近似される．

$$\rho_2 \fallingdotseq \rho_1 (1 + \alpha t) \tag{3-4}$$

また一般に抵抗 R に対して

$$R \fallingdotseq R_1 (1 + \alpha t) \tag{3-5}$$

の形で表される．α は抵抗の温度係数で

$$\alpha = \frac{\rho_2 - \rho_1}{\rho_1 (t_2 - t_1)} = \frac{R - R_1}{R_1 (t_2 - t_1)} \tag{3-6}$$

となる．

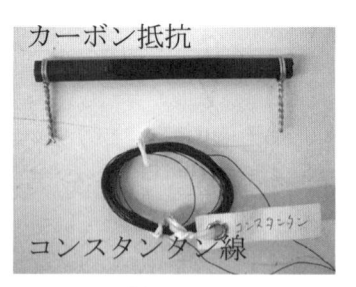

図 5-42#

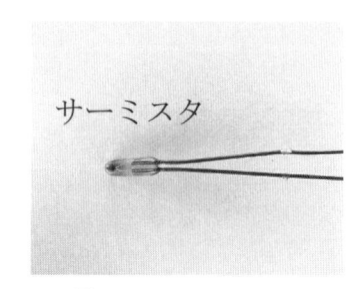

図 5-43#　サーミスタ

表 2　おもな金属の抵抗率（20°C）と抵抗の温度係数（$t_1 = 0$°C）

金 属	抵抗率 $\times 10^{-8}$ ($\Omega \cdot$m)	温度係数 $\times 10^{-3}$ (/°C)	金 属	抵抗率 $\times 10^{-8}$ ($\Omega \cdot$m)	温度係数 $\times 10^{-3}$ (/°C)
アルミニウム	2.417	3.9	炭 素※	40–70	−0.5
銅	1.543	3.9	マンガニン	43	0.00
鉄	8.57	6.2	コンスタンタン	49	0.008
鉛	19.2	4.3	ニクローム	107.3	0.4
銀	1.467	3.8	サーミスタ*		−44
白金	9.6	3.7			

※炭素・サーミスタは冷やすと抵抗が大きくなる．
* 抵抗率が様々な値になるように設計できる．

5.3.C　実験：タングステン（電球のフィラメント）をうちわで扇ぐ

① 図 5-45 のようにガラスを取り除いた電球を電流計（300mA）とスライダックに直列接続する（図 5-44）．

② 電流計の値が 200 mA 程度の電流が流れるようにスライダックで調節する．

図 5-44#　実験装置

③ うちわでコイル部分を扇ぐと電流値が大きくなる．つまり，冷やしたことで抵抗値が小さくなった．

タングステン：抵抗の温度係数は正で温度が高くなると抵抗が大きくなる．

> ※コイル部分がエジソンが発明したようにの炭素のフィラメントの場合，抵抗の温度係数が負で温度が高くなると抵抗が小さくなる．

図 5-45#　電球のフィラメント

5.3.D　実験：鉄コイルをバーナーで熱する

① コイルを電流計（300mA）とスライダックに直列に接続する．

② 電流計の値が **200 mA** 程度の電流が流れるようにスライダックで調節する．

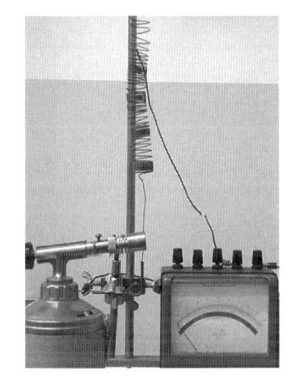

図 5-46#　実験装置

③ バーナーでコイルを加熱すると，温度上昇に伴い電流値が小さくなる．つまり，加熱によって抵抗値が大きくなる．

5.3.E　金属の超伝導とマイスナー効果（16mm フィルム：奇妙な世界極低温へ〈（株）岩波映画制作所〉）

温度を下げると金属の電気抵抗値が小さくなるが，絶対温度 0 K 付近まで温度を下げると，電気抵抗がほとんど 0（測定不能）の状態に相転移するものがある．このような状態を**超伝導状態**といい，この性質をもった金属を**超伝導体**という．

ある種のセラミック（酸化物）は 100K 程度で超伝導状態を得ることができることが発見された．

5.3.F　マイスナー効果〈ケニス（株）〉

通常，金属の上に磁石を近づけると両者はくっつくが，超伝導状態になった金属は磁石の磁力線を通さなくなるので，磁石が浮く．この現象を**マイスナー効果**と呼んでいる．

実験：シャーレの中に円板状の酸化物（セラ

図 5-47#

183

ミック）を入れ，液体窒素を注ぐ．しばらくして，磁石をセラミックの上にのせようとすると，磁石が浮く．

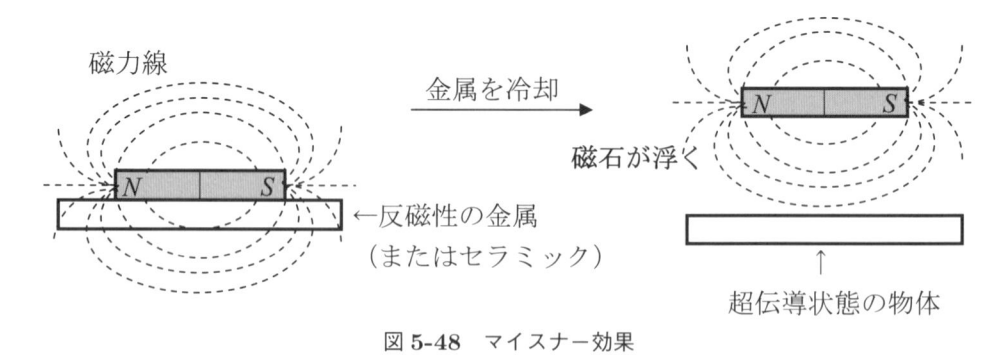

図 5-48　マイスナー効果

5.3.G　ストレインゲージ（歪み計）〈新興通信工業（株）〉

金属（針金）に力学的歪みを加えると抵抗値が変化するのを利用したもの．

抵抗 R は (3-2) より L：長さ (m)，S：断面積 (m^2) とすると次式で表せる．

$$R = \rho L/S$$

つまり抵抗は長さに比例し，断面積に反比例する．

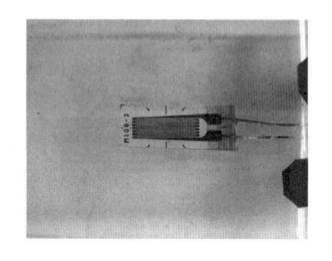

図 5-49#

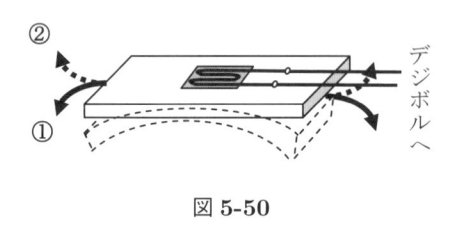

図 5-50

実験：ストレインゲージをデジボルに接続し，圧力（歪み）による抵抗値の変化を確認．

①針金が**伸びる**方向にプラスチック板を曲げる：抵抗値が**大きくなる**（図 5-50 実線の矢印）
〈長さが長くなる＝断面積が小さくなる〉

②針金が**縮む**方向にプラスチック板を曲げる：抵抗値が**小さくなる**（図 5-50 点線の矢印）
〈長さが短くなる＝断面積が大きくなる〉

5.3.H　イオン伝導

H-(1)　食塩水中のイオン伝導（図 5-51）
①スライダック・電球（100W）・電極を直列に接続する．電圧はほぼ 100V 前後にしておく

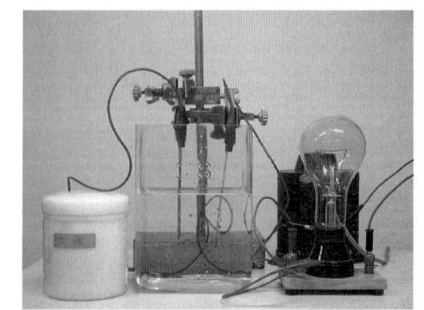

図 5-51#　食塩水中のイオン伝導

②脱イオン水の入った水槽に電極を入れる．電極を互いに近づけてゆくと電極がくっつく寸前まで電球は点灯しない．
③②の水槽に食塩をスプーン2杯程度加えてガラス棒でよく撹拌した後，再び電極を入れる．電極を近づけるとすぐに電球が点灯する．これはNa^+, Cl^-イオンの移動によって水中に電流が流れたためである．

図 5-52#　ガラスの伝導

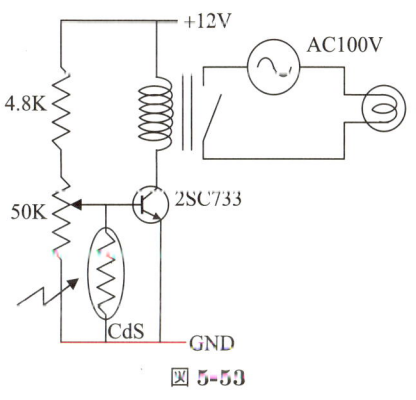

H-(2)　ガラスの伝導（ガラスも高温になると電流を通す）（図 5-52）
①軟質の太いガラス棒の2箇所に銅線を巻きつける．
②スライダック・ガラス棒・電球（100W）を直列に接続する．
③バーナー（図左下）で銅線の間のガラス部分を加熱する．ガラスが溶け始めたら電球が点灯する．これは，ガラスに含まれているイオン（主成分として含まれている金属がイオンとなる）が電荷の担い手としてガラス中を電流が流れるためである．
　また，加熱を止めてもガラスが溶けきって2つに切断されるまで，電球は点灯し続ける．これは，電流が流れることでジュール熱が発生し，その熱によってガラスは溶け続けるためである．

5.3.I　CdSを使った点灯装置（光伝導効果を利用）
①図 5-53 のような回路の装置を組み，12V の電圧をかける．
②可変抵抗をダイヤルで調節する．
③CdSを窓のある黒紙筒で覆う．
④窓の手前に手をかざす（光を遮断する）と，電灯が点灯し，手を放す（光が入る）と電灯は消える．AC100V に直列に入っているスイッチはリレースイッチで電流が流れるとオフとなる．
　この原理は日中電気は消え，夜間は点灯する電灯の自動点灯装置として応用されている．このような素子は光電変換素子とも呼ばれている．

図 5-53

5.4 電流の作る磁場

アンペールは電流の流れている導線の付近に方位針を置くとその向きがかわること，また2つの電流の流れている導線の間に力が働くことを発見し，磁気についてのアンペールの法則を提案した．磁性体と言われているものも現在では原子のなかの電子のスピンや軌道運動に起因することが知られている．磁気を理解するには電流の起こす現象を知ることが必須である．

5.4.A 電流の流れている2本の導線間に働く力

図 5-54 のように平行導線の中心間の距離を r[m]，導線に流れる電流をそれぞれ I_1[A]，I_2[A] とする．

磁束密度 B の大きさ

電流 I_1 が点 A につくる磁束密度の大きさ B_A は次の式で表される．

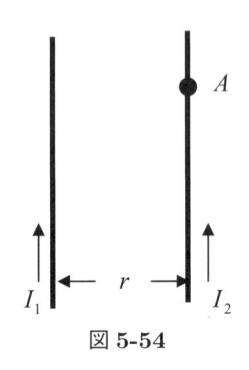

$$B_A = \frac{\mu_0 I_1}{2\pi r} \quad (4\text{-}1)$$

図 5-54

磁束密度の方向

1本の直線の導線のまわりの磁場ベクトルは導線を中心とする円の接線方向を向く．電流の方向にねじを向けると右ねじの進むときの回転方向となる（図 5-55）．

2本の導線に働く力

図 5-54 で平行な導線の電流 I_2 の長さ l の部分が受ける力 F は

$$F = I_2 l B_A = \frac{\mu_0 I_1 I_2 l}{2\pi r} \quad (4\text{-}2)$$

図 5-55

となる．

力の働く向き

図 5-54 のように平行導線に同じ向きに電流が流れている場合，I_1 が点 A につくる磁場は，右ねじの法則から，紙面に垂直で表から裏を向いている．

すると，フレミングの左手の法則より I_2 には左向きの力が働くことがわかる．同様にして I_1 には右向きの力が働く．したがって，2本の導線は互いに引き合う．

平行電流（同方向）の場合：引力
反平行電流（逆方向）の場合：斥力

実験：電流の流れの向きを変えて2本の導線間に働く力をみる．

(1) 平行電流による力　配線：ターミナル1と5，2と3，4と6
(2) 逆平行電流による力　1と2，3と5，4と6

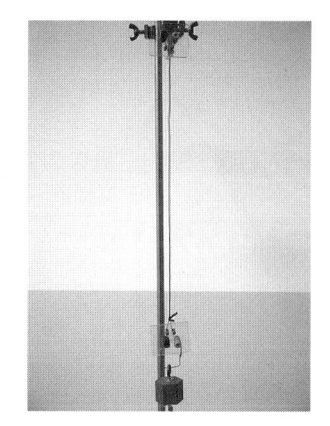

図 5-56#　実験装置

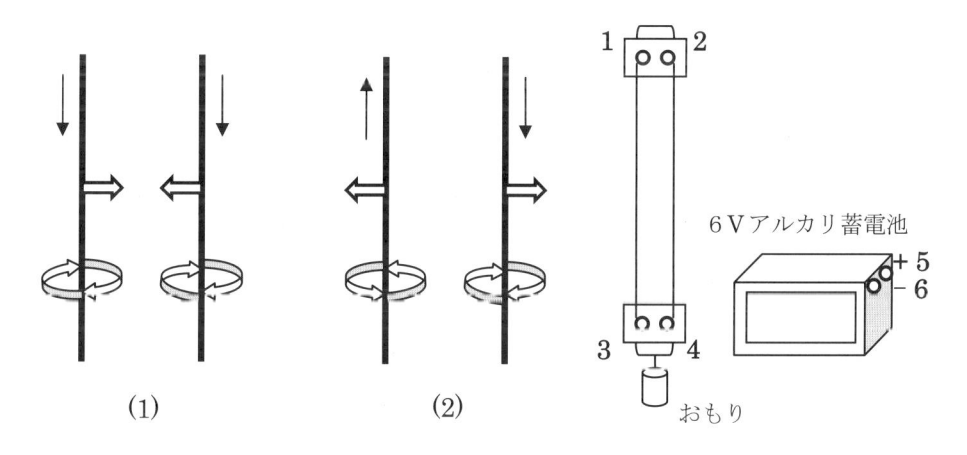

図 5-57　電流の流れている2本の導線間に働く力
導線を回る矢印は磁束密度の向きを示す．
カメラで拡大して観察すると，導線が動くのがわかる．

5.4 B　永久磁石の作る磁場

鉄粉が磁場の作る磁力線の方向にならぶのを利用して棒やU字形磁石の作る磁場を見る．磁石の上にプラスチック板を置き，その上に鉄粉を撒く．

① 2本の棒磁石による磁場　　　　　　　　　　　　② U字型磁石による磁場
　a) 同極が平行のとき　　b) 同極が逆平行のとき

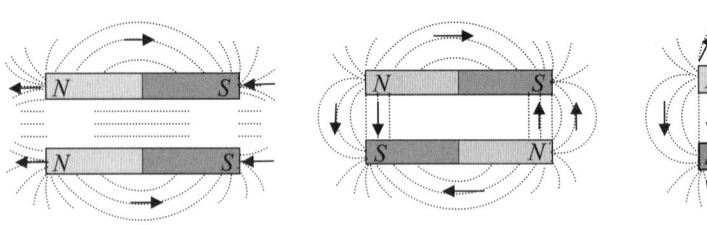

図 5-58#　2本の棒磁石による磁場

5.4.C　磁性体の色々

物質を構成している原子や分子の磁気的な相互作用によって常磁性，反磁性，強磁性等の現象を示す．不均一磁場のなかでの物質が磁化してどのような力を受けるかを調べる．反磁性体の磁化率は温度によらないが，常磁性体は低温になるほど磁化率が大きくキュリーの法則に従う．

（1）強磁性体

鉄・フェライト等の永久磁石になる物質．

物質が磁化されてないとき，図 5-59 上図のように磁化がいくつかの領域（磁区）に分かれている．それぞれの領域の磁化が異なる方向を向いているため，全体としては磁化が 0 になっている．これを磁場の間に置くと，各領域の磁化の方向がそろい，全体として大きな磁化を持つ．

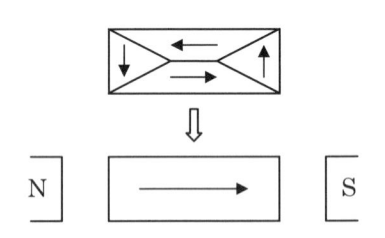

磁化の向き：磁場の方向
図 5-59

磁場を取り除いても磁化が残っているものを**永久磁石**と呼んでいる．

5.4.D　方位針で地磁気の方位角と伏角を測る〈島津製〉

地磁気の伏角（傾角）および方位角（偏角）を求めることで，地球磁場の方向を求め地球の磁気的性質を知ることができる．

5.4.E　強磁性体の磁気履歴曲線（ヒステリシスループ）
磁化曲線（図 5-62）

強磁性体の磁化 $M=0$ の状態から磁場 H を印加したときの磁束密度 B，磁化 M，透磁率 μ の特性は図 5-62 のようになる．

図 5-60#　伏角の測定

図 5-61#　方位角の測定

初期段階では B, M とも H の増加に対しゆっくり増加する．このとき $\mu_i = B/H$ （μ_i：**初期透磁率**）もそれ程大きくない．

ある点を過ぎると B も M も急激に増加，μ も急に大きくなり最大透磁率 μ_m に達する．その後 B も M も飽和する．〈B の飽和値を**飽和磁束密度**という〉透磁率 μ は急速に小さくなる．

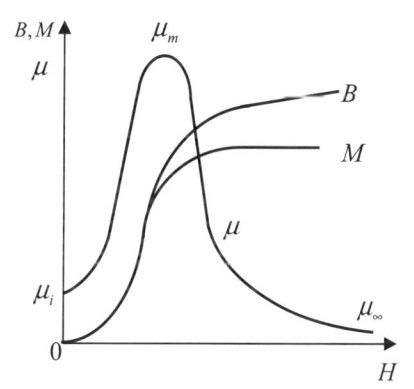

図 5-62　強磁性体の磁化曲線

ヒステリシスループ

図 5-62 で磁場を小さくしていくと，B や M はもととは違う経路で減少する．その過程は図 5-63 のようになる．
① $O \to a \to b$（**初期磁化曲線**）で磁化
②磁場を小さくしていき 0 にすると，B は 0 になるのではなく B_r の値（**残留磁化**）となる．今度は磁場の向きを逆にして値を大きくすると，$B = 0$ になる．このときの磁場 H_c を**保磁力**という．
③負の磁場を大きくすると逆に飽和する．
④磁場を逆にし，正にすると f, g を通って b に戻る．

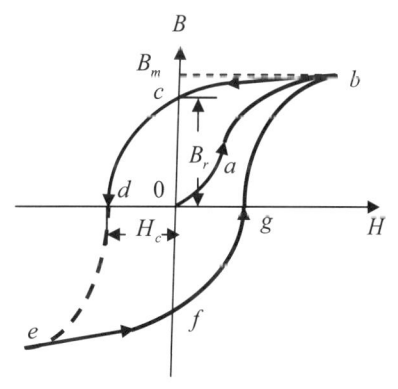

図 5-63　ヒステリシスループ

第5章　電気と磁気

> 変圧器・発電機・モータ・リアクタ・音声機器等の重要な電気機器には，強磁性体が利用されている．図 5-63 のようなループを描かせるにはエネルギーを必要とし，これは発電機などの電気機器でのエネルギー損となり，機器を加熱昇温させてしまうので，ヒステリシスループの描く面積 0 のものを用いる．

実験：オシロスコープで鉄やニッケルのヒステリシスループを見る．

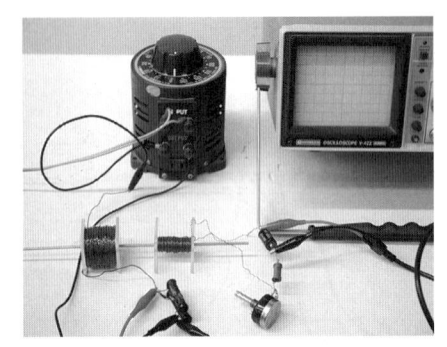

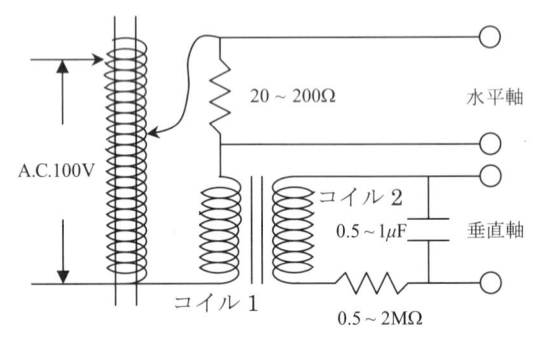

図 5-64#　コイル 1 に流れる電流が磁場 H に比例して水平軸に示され，またコイル 2 に発生する起電力はコンデンサの電圧として垂直軸に示され，これは磁束密度 B に対応する．

ヒステリシスループを利用した消磁

スライダックで最初 100V をコイルにかけておき，磁化した鉄片をコイルに入れてスライダックの電圧を序々に下げて最後に 0V にする．鉄片の磁化はほとんどなくなっている．上述のヒステリシスループを小さくしていくことになる．別法としてスライダックの電圧をそのままにして磁化した鉄片をゆっくり取り出しても消磁できる．

図 5-65#

強磁性体のキュリー温度

強磁性体の磁化は，磁気モーメントをそろえる力とそれを乱そうとする熱振動による力の影響を受けるので，温度が上昇するとその並び方が乱れるようになってくる．そして，物質によって定まった温度（キュリー温度）で強磁性が失われ常磁性体となる．このときの磁化率 χ と温度 T には次の関係がある．

$$\chi = \frac{C}{T - T_c} \quad T：絶対温度, \quad T_c：キュリー温度 \tag{4-3}$$

これをキュリー・ワイスの法則という．$T_C = 0$ のときキュリーの法則といい，後にのべる常磁性体の磁化率を表す．

5.4.F　キュリー温度〈Fe 片，Ni 片を使用〉

① Fe 片に磁石を近づけ，磁石にくっつくことを確認する．②（Fe 片が磁石についている状態で）Fe 片をバーナーで加熱すると，やがて磁石から離れる．この時の温度をキュリー温度という．

※バーナーは弱い炎で Fe 片のみを加熱する．

Fe 片に磁石を近づけてもつかない．

③加熱をやめ，Fe 片が冷えると再び磁石につく．

キュリー温度の例 Fe：760°C Ni：360°C

5.4.G　キュリー温度を利用した消磁：熱消磁

①鉄（Fe）片を磁石で磁化させ，くぎをつける．
②バーナーで鉄片を加熱すると，くぎが少しずつ落ちて，やがて全て落ちてしまう．鉄片にくぎを近づけてもつかない．

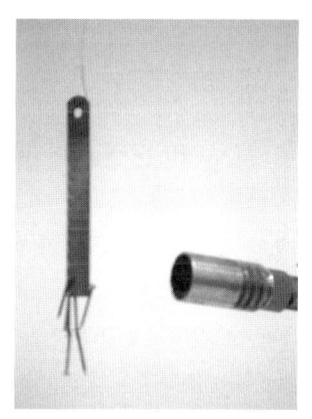

図 5-66#

5.4.H　磁歪（じわい）：磁気ひずみ

強磁性体が磁場により歪む（伸び縮みする）．この現象を観測する原理を図 5-67 に示す．

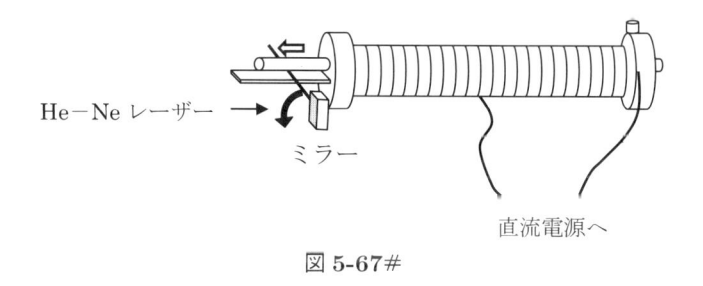

図 5-67#

実験：（図 5-68，69）

① コイルを巻いた金属筒の中に Fe 棒を入れ，棒の一方の端を固定する．

第 5 章　電気と磁気

図 5-68#　実験装置全体図
右側は尺度とレーザーを示す

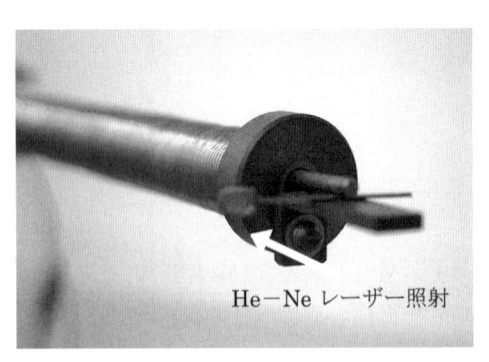

図 5-69#　ミラー部分

② 他方の固定台と棒の間にミラーのついた針を挟む.
③ ミラーに He − Ne レーザーを照射し，反射光の位置を確認する.
④ 筒のコイルに直流電流を流すと，磁場が生じるので反射光の位置が（上下に）変化する.
　・**Fe**：元の位置より下がる
　　Fe 棒が伸びてミラーが下向きに押される
　・**Ni**：元の位置より上がる
　　Ni 棒が縮んでミラーが上向きに引っ張られる

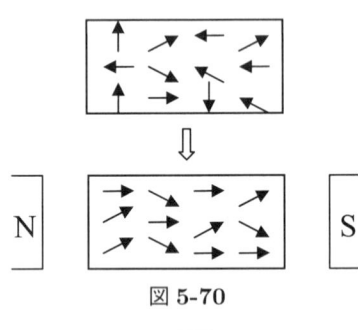

図 5-70

図 5-71#　附磁用電磁石〈旧一島津製〉

(2) 常磁性体

　アルミニウム Al・白金 Pt・液体酸素 O_2 等の磁石に弱く引き寄せられる物質.

　常磁性体の分子または原子は，電子磁気モーメントを持っており，それぞれが勝手な方向を向いていて全体として磁化は零である．磁場がかかると磁場の方向に磁気モーメントが揃おうとするが，熱運動がそれを妨げるので，全体としてわずかな磁化が生じる．磁化の向きは磁石に引かれる方向で強磁性体と同じである.

図 5-72#

磁化率 χ と温度 T はキュリーの法則で表される.

$$\chi = \frac{c}{T} \tag{4-4}$$

5.4.I 常磁性体の実験
① Al 片を図 5-71 のように磁石の間にぶら下げ，電磁石のコイルに電流を流すと，磁石のすき間に引き寄せられる.
② 液体酸素
　液体酸素を磁石に注ぐと磁石の隙間に引き寄せられて落ちる（電流が流れていない時は引き寄せられずに流れ落ちる．反磁性の液体窒素と比較せよ．）

※液体酸素の作り方（図 5-72）
　魔法瓶に液体窒素を入れ，空の試験管を漬けておくと，試験管の中に液体酸素が溜まる．（約 30 分）これは，液体酸素の方が液体窒素より沸点が高いため，空気を冷却すると先に液体酸素ができる．

(3) 反磁性体
　H_2・Cu・H_2O・Bi・ガラス等の磁石に反発される身の回りにある大部分の物質.

　反磁性体は外部磁場がなければ，内部に磁化はない.

　これを磁石の間に置いて外部磁場が加わると，図 5-73 のような向きにミクロな磁化が生じ，磁石の N 極に近い側に N，S 極に近い側に S が現れる．外部磁場を打ち消そうとする向きに磁化が現れる．そのため磁石から反発力を受けて，両方の端が磁石から遠ざかるような配置をとる．図は誇張して描いているが磁化率の値は常磁性の 10^{-3} 程度と小さい.

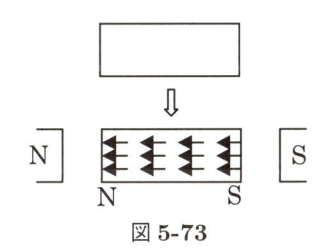

図 5-73

図 5-74# ビスマス

図 5-75# ガラス片

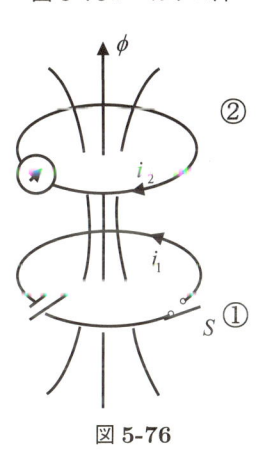

図 5-76

5.4.J 反磁性体

① Bi（ビスマス）　両端にビスマス（Bi）の付いた棒を図 5-74 のようにセットする．Bi に磁石の N 極・S 極どちらを近づけても反発力によって棒が磁石から遠ざかる方向に回転する．

② ガラス片
ガラス片を図 5-75 のようにセットして電流を流すと，磁石から遠ざかる方向に動く．

5.5　電磁誘導

コイル内の磁束の時間変化によってコイルに起電力が生じる現象を電磁誘導という．図 5-76 のような 1 次，2 次のコイルがあり，1 次コイル①のスイッチを閉じて電流を流すと，2 次コイル②に電流が流れ，1 次コイルの電流が一定になると，2 次コイルに電流は流れなくなる．次にスイッチを開くと逆方向に電流が流れる．この現象がファラデーの発見した**電磁誘導**である．

> 電磁誘導の際に生じる起電力を**誘導起電力**，電流を**誘導電流**という．

(1) 誘導起電力の向き
コイル内の磁束の変化を妨げる（外から加えられた磁束の変化を打ち消すような）向きに生じる．→ レンツの法則

(2) 誘導起電力の大きさ e は磁束 ϕ の時間変化の割合に比例する．
→ ファラデーの電磁誘導の法則

$$e = -\frac{d\phi}{dt}\,[\mathrm{V}] \qquad (5\text{-}1)$$

〈負の符号はレンツの法則を示す〉

<u>コイルの巻き数が n 巻きのときは誘導起電力も n 倍になる．</u>

5.5.A 電磁誘導実験

準備：ガルバノメーターの鏡に He − Ne レーザー光を照射し，数メートル先の反射光の

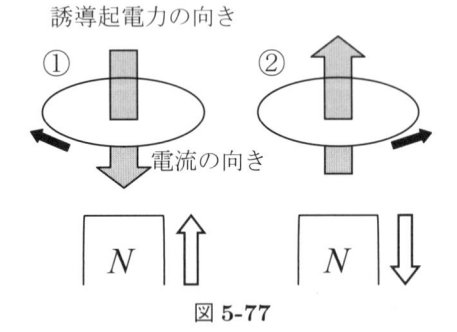

図 5-77

図 5-78#　ガルバノメーター（島津製―前）

位置を確認する．電流が流れると平衡位置から左右に動く．

A-(1) 地球磁場を使ってコイルの中の磁束を変化させる
（コイルの向きを変える図 5-79）
①コイルを直接ガルバノメーターに接続する．
②コイルを素早90°回転させて，止める．

コイルを動かした瞬間にコイルの中を通っている磁束〈（地球）磁場〉が変化することにより，誘導起電力・誘導電流が生じる．

この電流によってガルバノメーターのミラーが微少に動き，その結果レーザーの反射光の位置も動く．

③コイルを②と反対方向に素早く回転させ，元の位置までもどして止める．

ガルバノメーターへ
図 5-79#

〈反射光の位置の動き〉
例）②のとき平衡位置から右方向に動くとする．
②：瞬間的に右方向に移動し，その後平衡位置まで戻る．
③：瞬間的に左方向に移動し，その後平衡位置まで戻る．
　　③の動き　　　　　　②の動き
※左右方向への移動距離は磁束の時間変化に比例する．

(a) コイルの中を通っている磁束を変化させる方法
1' コイルの面積を狭くまたは，広くする（図 5-80）．
2' コイルの中に磁石を出し入れする（図 5-81）．

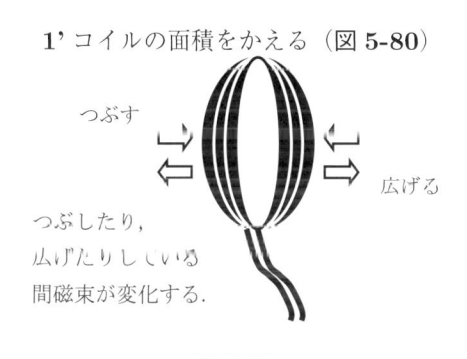

1' コイルの面積をかえる（図 5-80）
つぶす　　広げる
つぶしたり，広げたりしている間磁束が変化する．
図 5-80

2' 磁石で磁束密度を変化させる（図 5-81）
※磁石のN・S両方の極について行う．
磁石を動かしている間磁束が変化する．
図 5-81

3' 別（左側）のコイルに電流を流す   **4'** 別のコイルの電流の大きさを変える

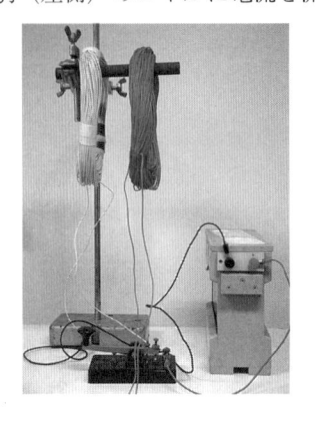

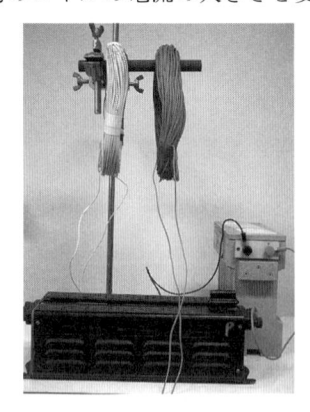

図 5-82#   図 5-83#

　左のコイルはスイッチ・6V アルカリ蓄電池と**直列回路**になるように配線（図 **5-82**）．
　3' のスイッチをスライダックと交換し，左コイルに流す電流量を変える（図 **5-83**）．
※ **3'** は電流を流す瞬間と切る瞬間に磁束が変化．**4'** は電流量が変化している間磁束が変化する．

(b) 1 巻きコイルでの磁束の変化

　地球磁場のつくる磁束の変化を利用して，1 巻きコイルでも面積を大きくすることで，多重巻きコイルと同様に扱うことができる．
　磁束は面積 S と巻き数 n に比例する．次ぎの式に書ける．

$$\phi = nSB \tag{5-2}$$

　(a) と同じくコイルの面積を変える実験をして示す（図 **5-84**）．

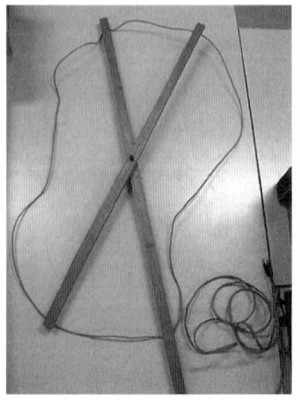

磁束 ϕ の定義

　ある面積 $S[\mathrm{m}^2]$ を垂直に通り抜ける磁束密度 $B[\mathrm{Wb/m}^2]$ の総量は面積 S を通り抜ける磁力線の総数に比例する．

$$B = \frac{d\phi}{dS}(\mathrm{T}) \tag{5-3}$$

図 5-84#　1 巻きコイル

$$\phi = \int B_n dS = \int B\cos\theta\, dS \text{(Wb)} \tag{5-4}$$

($1\text{Wb} = 1T\cdot m^2$), θ は面積 S の法線と磁束密度 B のなす角である．

※磁束密度 B の単位：テスラ [T] の定義

1A の電流が磁場と垂直に流れているとき，電流 1m 当りに働く力が 1N になる場合の磁束密度を 1T と定義．〈$1\text{T} = 10^4\text{G}$（ガウス）〉

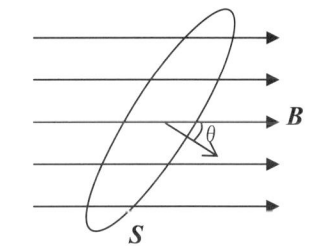

5.5.B 蛍光灯点灯の原理（逆起電力を見る）

レンツの法則では電流を流そうとする反対方向に起電力が発生するので逆起電力とよんでいる．蛍光灯を点灯するために利用されている．

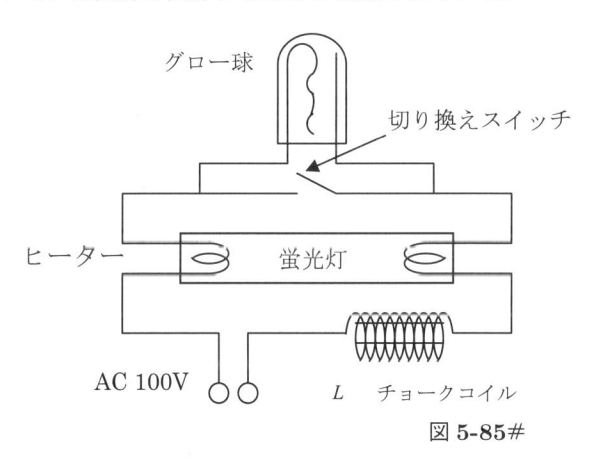

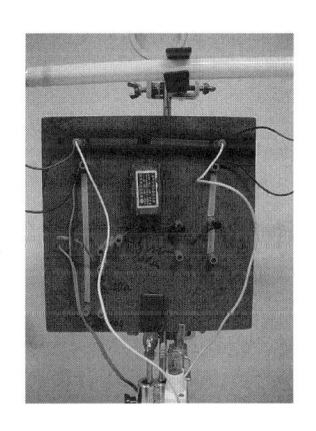

図 5-85#

① 切換えスイッチを on 側にして電源を入れると蛍光灯はヒーターによって両端だけ明るくなる．（中央部分は暗い）

② スイッチを off 側にすると，完全に点灯する．スイッチを切る瞬間にチョークコイル（鉄芯を入れ，巻き数を多くしたコイル）内の電流が急激に変化するので，大きな誘導起電力が生じて蛍光灯が点灯する．

※蛍光灯の点灯開始には 200V 以上の電圧が必要であるが，いったん点灯すると電流がながれやすくなり，その後は 100V でも点灯を続ける．

③　再びスイッチを on 側にすると，両端のみが明るい（①と同じ）状態になる．

★スイッチを off 側にした状態で電源を入れても蛍光灯は点灯しない．蛍光灯を点灯させるためにスイッチを on・off するのは面倒であるので切り換えスイッチの代わりに**グロー球（点灯管）**を回路中に入れる（蛍光灯に並列に接続する）ことで自動的に点灯する．

点灯管のしくみ

電圧がかかると点灯管がグロー放電を起こしてバイメタル部分 (青色) が熱によって伸び，反対側の極板に近づく．両極板が接触すると放電が止み，バイメタルが冷えて接触が切れる．その瞬間チョークコイルに発生する逆起電力を利用して蛍光灯が点灯する．すると点灯管にかかる電圧は大きく下がるためバイメタル部分は冷えて極接点が完全に切れる．

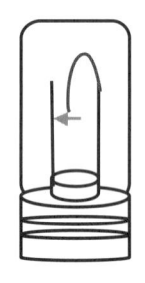

図 5-86#　点灯管

5.5.C　渦電流

導体板でも磁束の変化があればコイルと同様に誘導起電力が生じ，電流が流れる．このときの電流は環状になっているので，渦電流という．

渦電流はジュール熱となって消費されるので，電力損失の原因となる．これをブレーキに利用する．

図 5-87#　Waltenhofen の振子

(1) Waltenhofen の振子（図 5-87, 88）

①図のように金属板を電磁石の間に吊るす．
②①の状態で金属板を → の方に引いて手を離すと，金属板は振子（単振動）運動を行い，減衰して静止するまで，かなり時間がかかる．
③電磁石に電流を流して②と同様の実験をすると，金属板はすぐに静止する．

金属板に渦電流が発生し，これが制動力と

6V アルカリ蓄電池へ

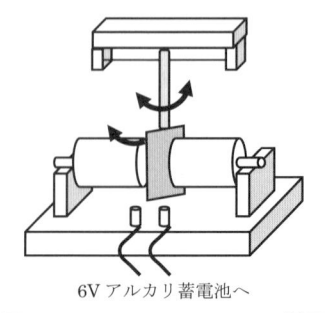

図 5-88　Waltenhofen の振子

なる．

　図 5-89 のような磁場中を金属板が → の向きに動く時，金属板の手前部分には右側に N 極の磁石ができる様な誘導起電力が生じ，奥の部分には逆の誘導起電力が生じる．この結果，金属板が → の向きに動くのを妨げる．

図 5-89

(2) 渦電流実験器〈旧島津製　図 5-90〉
①まず金属円盤を手で回転させて，静止するまでの時間を測る．
②電磁石に 4V の電圧を加えて，①と同様に円盤を手で回転させると円盤はすぐに止まる．渦電流が回転のエネルギーを消費する．
③周囲に溝のある円盤の場合，4V の電圧を加えて回転させても静止時間は①と変らない．
　図 5-91 のように溝があるので渦電流が生じない．

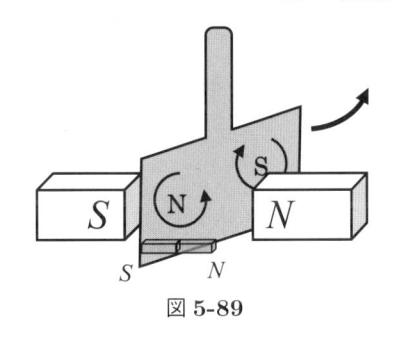

図 5-90#　渦電流実験器

図 5-91#　渦電流なし

5.5.D　自己誘導と相互誘導
(1) 自己誘導
回路を流れる電流が変化したとき，その回路に誘導起電力が生じる現象．コイルに電流が流れると，その大きさに比例した磁束が生ずる（図 5-92）．コイルの磁束 ϕ[Wb] は電流 i[A] に比例するので，電流が変化したとき生じる誘導起電力 e は，i の時間変化率 $\frac{di}{dt}$ に比例する．（図の矢印は $\frac{di}{dt} > 0$ の場合を示す）．また，誘導起電力は磁束の変化をさまたげる向きに生じる（レンツの法則）．

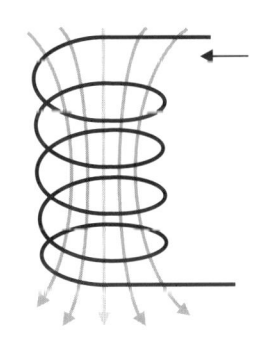

図 5-92　自己誘導による磁束

第5章 電気と磁気

L は自己誘導係数で単位は 1A/s の電流変化が 1V の起電力を発生するとき 1 ヘンリーである.

$$\phi = Li[\text{Wb}] \quad L：自己誘導係数 \tag{5-5}$$

このときの誘導起電力（単位時間における磁束密度の変化の割合）は次式となる.

$$e = -\frac{d\phi}{dt} = -L\frac{di}{dt}[\text{V}] \tag{5-6}$$

> 自己誘導係数（自己インダクタンス）の単位：1H（ヘンリー）
> 回路を流れる電流が毎秒 1A の割合で変化したとき，その回路に 1V の誘導起電力が生じるときの自己誘導係数が 1H である．

ネオンランプを点灯して明るさを比較1（図5-93）

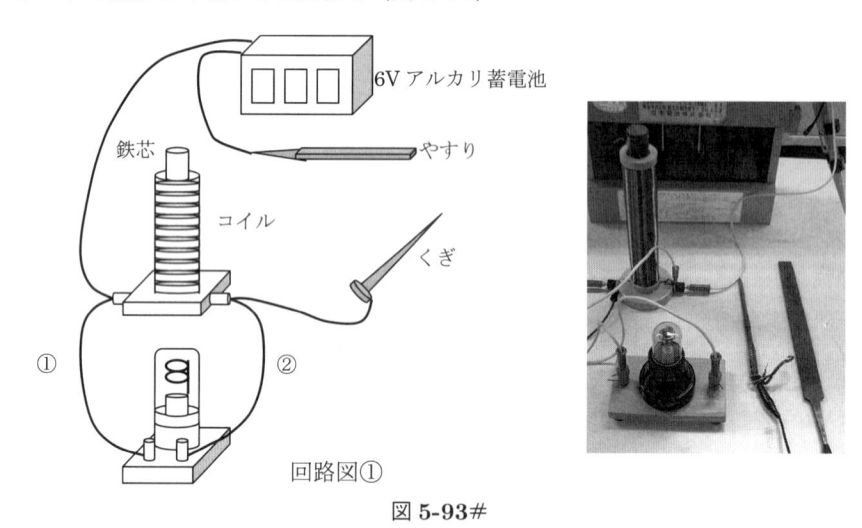

図5-93#

コイルとネオンランプを並列に接続しただけでは，ネオンランプは点灯しないが，回路図①のようにやすりとくぎを回路に入れ，くぎでやすりをこすってコイルに流れる電流を変化させるとネオンランプが点灯する．釘とやすりはパチパチ音を立てながら火花を散らし，こすり方を激しく（速く）する程ランプは明るくなる．

(2) 相互誘導

図5-94のように2つの回路があり，一方の回路を流れる電流が変化すると，他方の回路に誘導起電力が生じる現象．一方のコイル1に電流 $i_1(\text{A})$ が流れるとき，これによって生じる磁

束のうち，他方のコイルを貫く磁束を ϕ_{21}(Wb) とすると，次の式で表される．

$$\phi_{21} = M_{21}\, i_1 \text{(Wb)} \qquad \text{Wb：ウェーバー} \tag{5-7}$$

この比例定数 M_{21} を**相互誘導係数**（相互インダクタンス）という．単位はヘンリーで自己誘導の場合と同じである．

相互誘導によって生じる起電力は次のように表される．

$$e_2 = -\frac{d\phi_{21}}{dt} = -M_{21}\frac{di_1}{dt} \text{ (V)} \tag{5-8}$$

逆にコイル 2 に電流 i_2(A) を流すとき，コイル 1 を貫く磁束を ϕ_{12}(Wb) とすると

$$\phi_{12} = M_{12} i_2 \text{(Wb)}$$

であり，コイル 1 に誘導される起電力は次式で与えられる．

$$e_1 = -\frac{d\phi_{12}}{dt} = -M_{12}\frac{di_2}{dt} \text{ (V)}$$

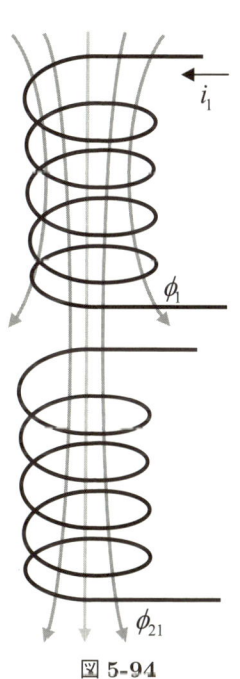

図 5-94

ここで，M_{12} と M_{21} は等しく，次のように添え字を省いて共通の記号 M で表す．

$$M_{12} = M_{21} = M \tag{5-9}$$

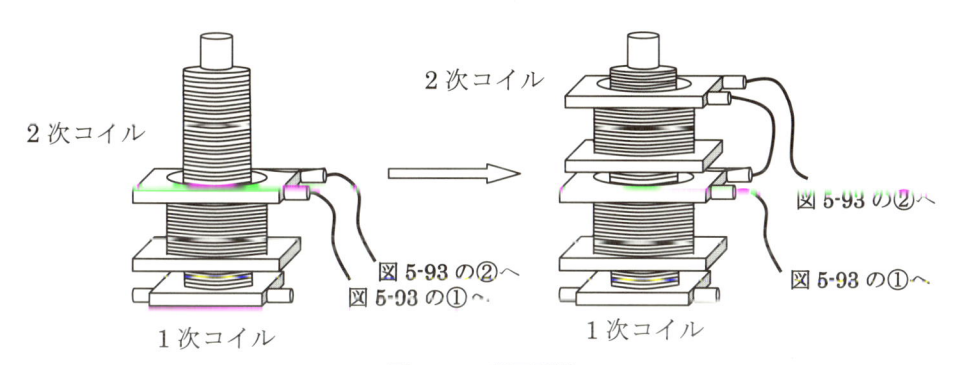

図 5-95　相互誘導
この原理を利用したのが変圧器である．

ネオンランプを点灯して明るさを比較 2

回路図①（図 5-93）のコイル部分にさらにコイルを重ね相互誘導によるネオンランプの明るさを比較すると，自己誘導のときよりネオンランプが明るく点灯する．

また，2 次コイルの巻き数を増やすことで，得られる電圧が増加するのでさらに明るくなる（図 5-95）．

5.5.E 相互誘導の利用（島津製電磁現象導入実験機）

(1) 電気溶接器：釘の溶接

図 5-96 のように溶接機器をセットし，コイル端から出ている隙間に釘 (2 本) を置いて挟むと溶接できる．

1 次コイルは 250 回巻きに対して，2 次コイルは数巻きなので，誘導炉の電圧は 1 次コイルより小さく (1/50) になるが，誘導炉に流れる電流が大きくなり大量のジュール熱 V^2/R (R=0.01Ω, V=0.04V) が発生するため．

(2) トムソンリング

図 5-97 のように装置を配線し，1 次コイルに電圧を加えると，2 次コイルにあたるリングに起電力が生じ浮き上がる．

切れ目のあるリングでは起電力が生じない！

5.5.F ローレンツ力

運動している荷電粒子が磁場から受ける力

電荷 $q(\mathrm{C})$ をもった荷電粒子が磁束密度 $B(\mathrm{Wb/m^2})$ の磁場中を磁場と角 $\theta(\mathrm{rad})$ をなす方向に速度 $v(\mathrm{m/s})$ で運動するとき，帯電粒子が受けるローレンツ力 $F(\mathrm{N})$ は次の式で表

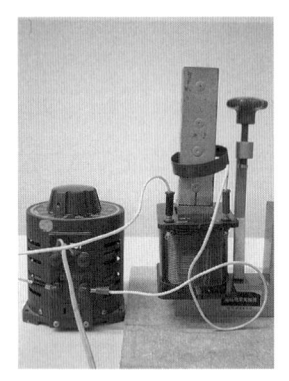

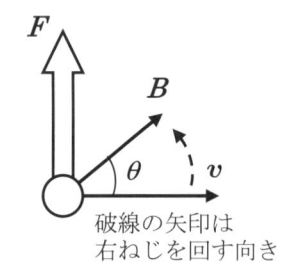

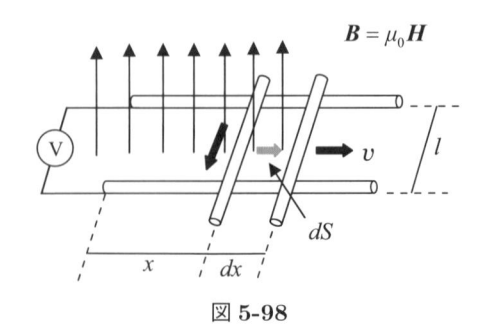

される．

$$F = qv \times B$$

$$F = qvB\sin\theta \tag{5-10}$$

ローレンツ力 F の方向は，速度と磁束密度のいずれにも垂直で，その向きは，力の方向に右ねじを置いて，速度の向きから磁場の向きに回したとき，右ねじが進む向き（**右ねじの法則**）．

5.5.G 導体の移動による誘導起電力

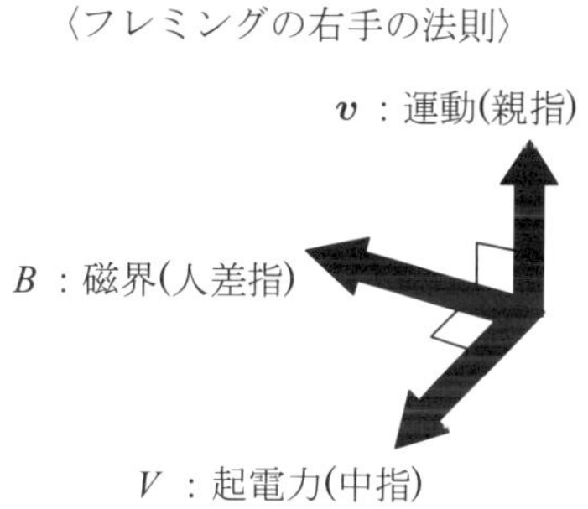

図 **5-98** のように，磁束密度 B (T) の一様な磁場の中にある平行導体棒上を，直線導体が速度 v(m/s) で移動しているとする．dt 秒の間に移動する距離を dx とすると磁束と鎖交する面積は $dS = ldx = lvdt$ となるから，ファラデーの法則によりこの回路に誘導される起電力は次のように表される．

〈フレミングの右手の法則〉
v：運動(親指)
B：磁界(人差指)
V：起電力(中指)

$$V = -\frac{d\phi}{dt} = -\frac{Blvdt}{dt} = -vlB$$

で，導線の単位長さ当りでは次のようになる．

$$V_e = -vB \tag{5-11}$$

ここで，導線内にある自由電子に着目する．導線を動かすと電子も一緒に速度 v で動くから，単位体積当りの電子の個数を n，電荷を e とすると，ローレンツ力により

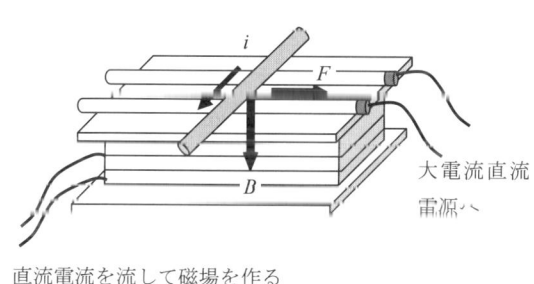

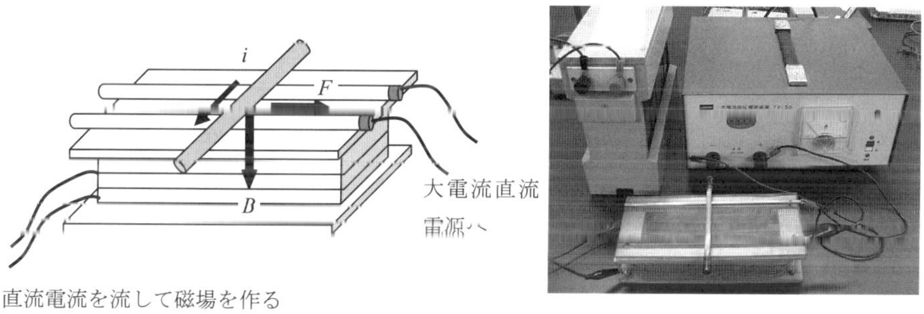

直流電流を流して磁場を作る

図 **5-99**# 磁場中の金属棒の運動

第 5 章　電気と磁気

$$F = ne^-vB \tag{5-12}$$

の力が，磁束密度および移動の両方に対し直角に働くことになる．この力により，電子の移動が起こり，起電力が発生する．

速度が磁束密度 B と θ の角度をなしているときは，単位長さ当りの起電力は次のようになる．

$$V_e = -vB\sin\theta \text{ [V]} \tag{5-13}$$

5.5.H　磁場中の金属棒の運動

図 5-99 のように配線して，電源のスイッチを入れると，金属棒は右方向に転がる．

電流が磁場から受ける力が棒を転がす．フレミングの左手の法則より磁場は下向きとわかる．※電源装置やアルカリ蓄電池の ＋・− を逆にした時の金属棒の動きも確認する．

5.5.I　ローレンツ力の応用

(1)　図 5-100 のようにスピーカーのボイスコイルに直流電流を流す．スピーカーを 6V アルカリ蓄電池に接続すると，スピーカー前面の円形の中心部分が外側に押し出される．＋・− の配線を逆にすると，内側に引っ張られる．

この前後運動（振動）によって音が聞こえる．

(2)　イオンの動き：磁場中の電解液の運動
※　電流の向き：壁面から中心

図 5-100#

このとき電場もかかっているので，電場による力も考慮する．

$$\boldsymbol{F} = e\boldsymbol{E} + e\boldsymbol{v} \times \boldsymbol{B} \tag{5-14}$$

図 5-101 のように配線して電流を流すと硫酸銅水溶液は上から見て時計回り（右回り）に回転する．（図 5-102 に示すように水溶液に白い紙片を浮かせるとよくわかる．）

溶液中のある点でローレンツ力を考えると，フレミングの左手の法則より，磁場は下向きである．

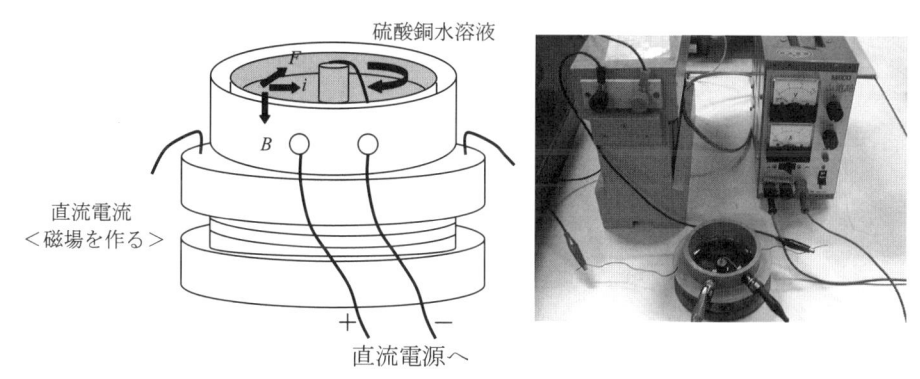

図 5-101#　磁場中の電解液の運動

※電源やアルカリ蓄電池の ＋・－ を逆に配線したときの回転方向も確認する．

5.6　荷電粒子の運動

5.6.A　ホール効果〈ホール係数測定素子 島津製〉

金属や半導体に電流が流れているとき，電流に垂直方向に磁場をかけると，両者に直角な方向に起電力が生じる現象．

① 図5-103のようにホール素子とデジボル，電源を配線して，（デジボルの）電圧値を測定する．

② ホール素子の中央部分に棒磁石を近づける．このとき磁場の影響によって電圧値が変化することを確認する

図 5-102#

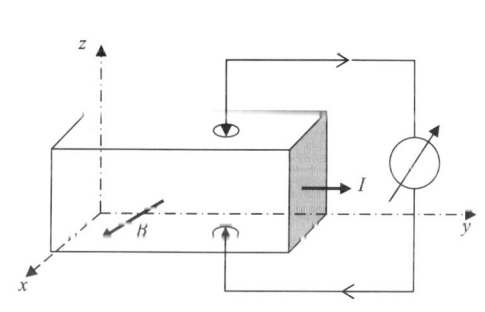

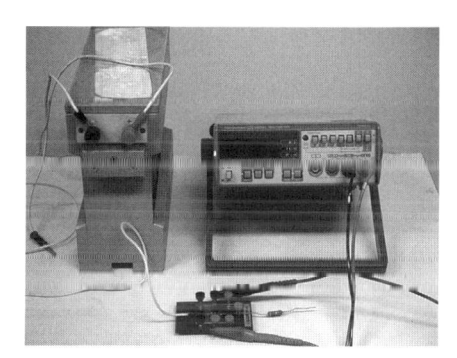

図 5-103#

第5章　電気と磁気

①の状態での電圧 16.3mV
S極を近づけたときの電圧 18.2mV
N極を近づけたときの電圧 14.7mV

ホール効果の応用：電圧値の変化を測定することで，磁場の大きさを求めることができる．ガウスメーターとして利用される．

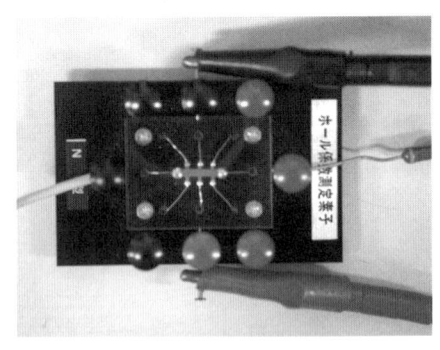

図5-104#　ホール素子

5.6.B　荷電粒子の運動（陰極線の性質）

★ 発見当時にわかった陰極線の性質
①物体によってさえぎられ，その物体の影をつくる．
②磁場によって曲げられる．
③電場によって，電場の向きと反対の方向に曲げられる．
④羽根車に当てると，それを回すことができる．
※上の性質は（陰極の）金属の種類や（管内の）気体の種類には無関係

陰極線は負電荷をもつ高速の粒子の流れで，19世紀末トムソン（J. J. Thomson）により発見された．現在ではブラウン管としてテレビジョンやシンクロスコープに使用されている．

実験：図5-105の装置を用いて陰極線（電子線）の性質を確認する．

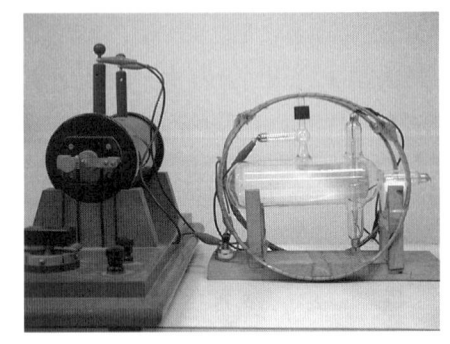

図5-105#

配線
　放電用コイル：陰極線を作る
　クルックス管専用電源器：電場を作る
　6Vアルカリ蓄電池：磁場を作る

①陰極線の向き：真空管の右から左向き
②①の状態に電場を上下（下が+）にかけると陰極線は下向きに曲がる．
③①の状態に磁場を電場に垂直にかけるとフレミングに左手の法則に従い陰極線は曲がる．

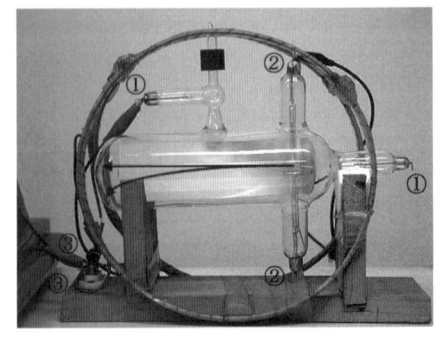

図5-106#

※コイルの巻き方向がわからないので，磁場の方向は陰極線の曲がった方向から確認する．
磁場の向きは紙面に手前から向こう側へ
④電場で曲がった陰極線を磁場によって元の位置まで戻すこともできる．
このとき (5-14) より $eE = evB$ となっている．

5.7 交流回路

交流に対してコンデンサは電流を通しやすいがコイルには逆起電力が働いて大きな抵抗を示す．これらの要素を含んだ回路について考える．

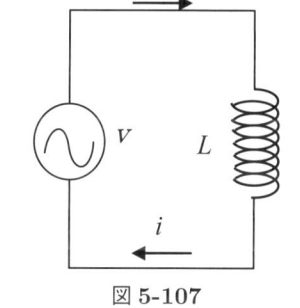

5.7.A 回路のインピーダンス

（1）L だけを含む回路

自己インダクタンス L [H] のコイルに，交流電圧 v [V] を加えたとき，$i = I_0 \sin \omega t$ [A] で与えられる交流電流が流れるとする．

Δt [s] 間に電流が Δi [A] だけ変化したとすると，コイルに生じる自己誘導起電力 v' [V] は，次の式で与えられる．

$$v' = -L\frac{\Delta i}{\Delta t} = -\omega L I_0 \cos \omega t = \omega L I_0 \sin\left(\omega t - \frac{\pi}{2}\right) \tag{7-1}$$

これが，電流の変化を妨げる働きとして，コイルに抵抗がなければ，外から加えられた電圧 v とつり合っている逆起電力である．従って，加えられた交流電圧 v $(= -v')$ [V] は，次のように表される．

$$v = \omega L I_0 \cos \omega t = V_0 \sin\left(\omega t + \frac{\pi}{2}\right) \tag{7-2}$$

$V_0 (= \omega L I_0)$ は，加えた電圧の最大値である．

このとき，流れる電流は上の式より次のように与えられる．

図 5-108# コイルと鉄心

$$i = I_0 \sin \omega t = \frac{V_0}{\omega L} \sin \omega t \tag{7-3}$$

コイルに流れる電流 i は，コイルにかかる電圧 v より位相が $\frac{\pi}{2}$ だけ遅れている．

また，上式より電流の最大値 I_0 と電圧の最大値 V_0 の間に次の関係が導かれる．

$$I_0 = \frac{V_0}{\omega L} \tag{7-4}$$

<u>交流の電流や電圧の実効値は振幅の大きさの 2 乗平均根（2 乗平均の平方根）である</u>．

実効値 $I = \dfrac{I_0}{\sqrt{2}}$, $V = \dfrac{V_0}{\sqrt{2}}$ についても同じ関係が成立する．

$$I = \frac{V}{\omega L} \tag{7-5}$$

ωL はオームの法則で抵抗 R に相当し，交流に対する抵抗の働きをする量で，**コイルのリアクタンス**と呼び，単位はオーム (Ω) である．

実験
① 図 5-109 のようにコイルを配線して直列回路を組み，140mA 程度の電流が流れるようにスライダックで調節する．
② コイルに鉄心を入れて自己インダクタンス L を変えた（大きくした）時の電流値の変化を確認する．

> 自己インダクタンス L を大きくすると，誘導リアクタンスが大きくなるので，電流値は小さくなる．

図 5-109

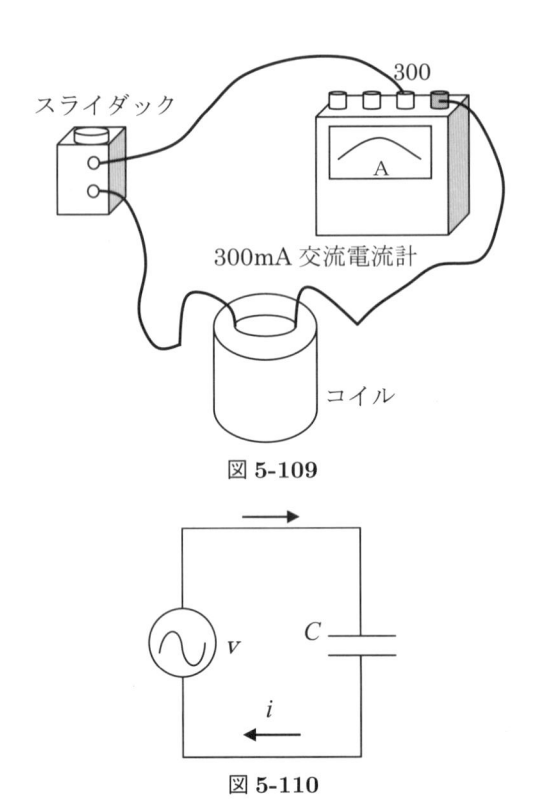

図 5-110

図 5-111# コンデンサ

(2) C だけを含む回路

電気容量 C [F] のコンデンサに交流電圧 $v = V_0 \sin \omega t$ を加える．回路に抵抗がなければ，電圧 v はコンデンサの両極板にかかる電圧になり，コンデンサにたまる電気量 q [C] は，次のようになる．

$$q = Cv = CV_0 \sin \omega t \tag{7-6}$$

である．電流は，この電気量の時間的な変化に

よって生じるから，
$$i = \frac{\Delta q}{\Delta t} = \omega\, CV_0 \cos \omega\, t \tag{7-7}$$

となる．ここで，$I_0 = \omega\, CV_0$ とおくと，上の式は
$$i = I_0 \cos \omega\, t = I_0 \sin\left(\omega\, t + \frac{\pi}{2}\right) \tag{7-8}$$

となり，電流の位相はコンデンサにかかる電圧の位相より $\frac{\pi}{2}$ だけ進んでいる．

$I_0 = \omega\, CV_0$ より，実効値について次の式が成立する．
$$I = \omega\, CV = \frac{V}{\left(\frac{1}{\omega\, C}\right)} \tag{7-9}$$

ここで $\frac{1}{\omega C}$ は容量リアクタンスと呼ばれ，交流に対する抵抗の働きをする量で，単位はオーム (Ω) である．

実験

① 図 **5-112** のように配線を行い，140mA 程度の電流が流れるようにスライダックで調節する．

② コンデンサの電気容量 $C[\text{F}]$（図 **5-111**）を変化させた時の電流値の変化を確認する．

> 電気容量を小さくすると，容量リアクタンスは大きくなるので，電流値は小さくなる．

図 5-112

(3) *LCR* 直列共振回路

図 **5-113** のように抵抗値 $R[\Omega]$ の抵抗，容量 $C[\text{F}]$ のコンデンサ，自己インダクタンス $L[\text{H}]$ のコイルを直列に接続し，交流電圧 $v = V_0 \sin \omega\, t$ を加えるとき，流れる電流 $i\,[\text{A}]$ が
$$i = I_0 \sin(\omega\, t - \alpha)$$

で表されるとする．また，抵抗，コンデンサ，コイルの両端の電圧を各々 V_R，V_C，$V_L\,[\text{V}]$

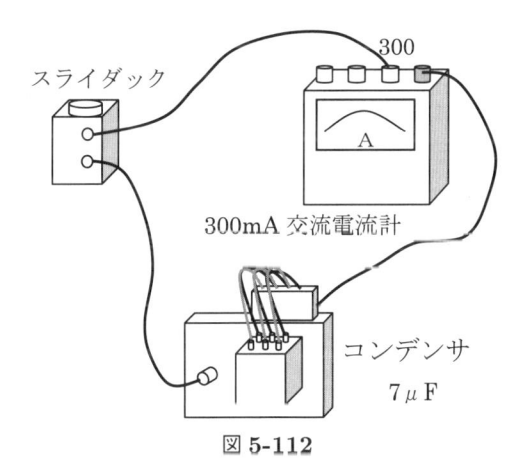

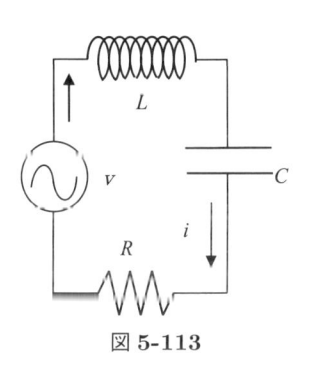

図 5-113

とすると，
$$v = V_R + V_C + V_L となる.$$

i の位相を基準にすると，V_R は同位相で，V_C は $\frac{\pi}{2}$ だけ遅れ，V_L は $\frac{\pi}{2}$ だけ進んで，同じ周期 $T = \frac{2\pi}{\omega}$ [s] で変化する．

この回路の電流 I_0 [A] は次の式であらわされる．
$$I_0 = \frac{V_0}{Z} \qquad (7\text{-}10)$$

ただし Z は次の式で与えられる．
$$Z = \sqrt{R^2 + \left(\omega L - \frac{1}{\omega C}\right)^2} \qquad \mathbf{(7\text{-}11)}$$

$\omega L - \frac{1}{\omega C} = 0$ のとき，Z は最小になり，回路に最大の電流が流れる．この Z をインピーダンスといい，交流に対する回路全体の抵抗の働きをする量である（単位はオーム [Ω] である）．

また，この時の周波数 f_0 [Hz] は次のようになる．
$$f_0 = \frac{\omega}{2\pi} = \frac{1}{2\pi\sqrt{LC}} \qquad (7\text{-}12)$$

この周波数 f_0 を**共振周波数**という．

実験

① 図 5-114, 115 のようにコンデンサとコイルを配線して直列回路を組み，100mA 程度の電流が流れるようにスライダックで調節する．
② コンデンサの容量を $7\mu F$ にする．
③ コイルに鉄心を入れて自己インダクタンス L を変えた時の電流値の変化を確認する．

> コイル中の鉄心がある位置にきた時電流値が最大になる〈さらに鉄心を入れていくと電流値は小さくなっていく〉

図 5-114#

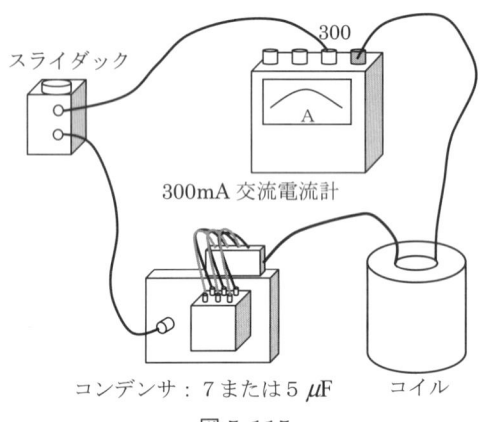

図 5-115

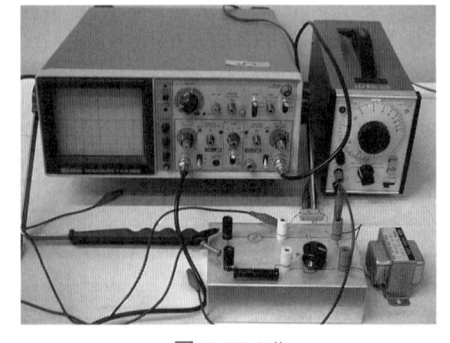

図 5-116#

※②を $5\mu F$ にした場合についても同様の実験を行う．

5.7.B LCR 直列回路の V と I の位相（直列共振回路の波形）

図 5-117 のように回路を組み，LCR の様々な値に対し直列回路での入力電圧と回路を流れる電流（抵抗を用いて電圧に変換したもの）をオシロスコープで確認する．

CH1：発信器①，②よりつないで入力電圧をモニターする．

CH2：回路に流れる電流 i を同位相の電圧に変換する 100Ω の抵抗の両端⑤⑥につなぐ．発信器の周波数を 1kHz として，コンデンサやコイルの交流抵抗（リアクタンス）が 100Ω より十分大きくなるようにしておく．

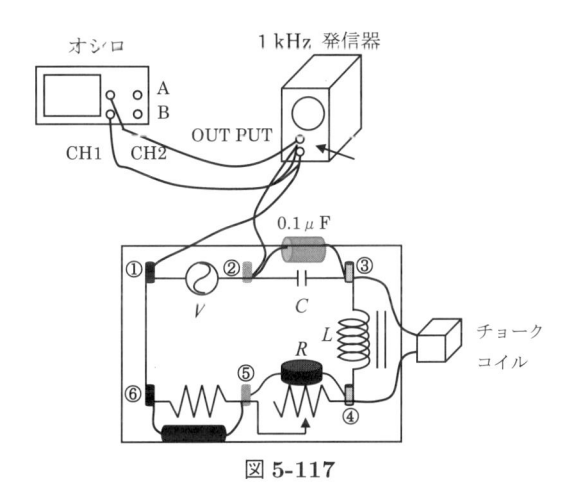

図 5-117

〈測定される波形〉 100Ω の抵抗の両端の電圧（CH2，電流 i に対応）を点線で，入力電圧（CH1）を実線で表す．

入力電圧　$V = V_0 \sin \omega t$

(a) 抵抗 R のみ　配線：②と④

電流 $i = I_0 \sin \omega t$

R の値を変えても，電流の位相は入力電圧と同じ．

(b) コンデンサのみ　配線：③と⑤

$$i = I_0 \sin\left(\omega t + \frac{\pi}{2}\right)$$
$$= \omega C V_0 \sin\left(\omega t + \frac{\pi}{2}\right)$$

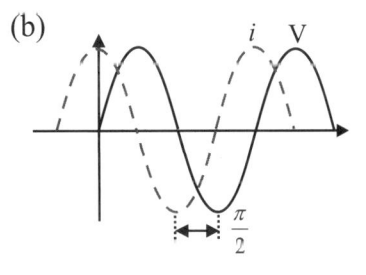

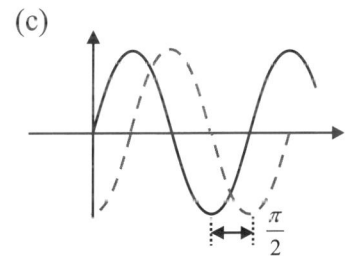

211

電流の位相は，コンデンサにかかる電圧の位相より $\frac{\pi}{2}$ だけ進んでいる．

(c) コイルのみ　配線：②と③，④と⑤

$$電流\ i = I_0 \sin(\omega t - \frac{\pi}{2}) = \frac{V_0}{\omega L} \sin\left(\omega t - \frac{\pi}{2}\right)$$

電流の位相は，コイルにかかる電圧の位相より $\frac{\pi}{2}$ だけ遅れている．

(d) LCR 回路

$$電流\quad i = I_0 \sin(\omega t - \phi) = \frac{V_0}{Z_0} \sin(\omega t - \phi)$$

$$Z_0 = \sqrt{R^2 + \left(\omega L - \frac{1}{\omega C}\right)^2} \qquad \phi = \tan^{-1}\left(\frac{\omega L - \frac{1}{\omega C}}{R}\right)$$

電流の位相は，抵抗値，コンデンサの容量，コイルの自己インダクタンス，入力電圧の周波数によって変わる．

5.7.C　整流

交流を直流に変換すること．

半波整流

図 **5-118** のように回路を組み，発振器で 50Hz の信号を与えると，オッシロスコープ上で図 **5-119** のような半波整流の波形が得られる．すなわち**直流電流が得られる**．

※オッシロスコープのスイッチを DC に切換えておくこと．

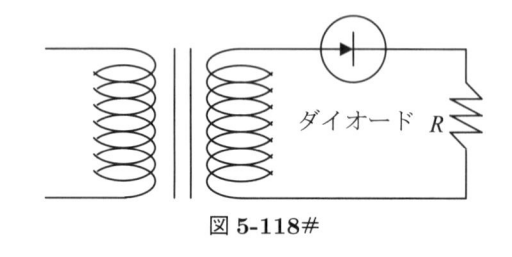

図 5-118#

参考）2 次コイル両端の電圧の波形は下図のようになっているにも関らず，直流電流が得られる．

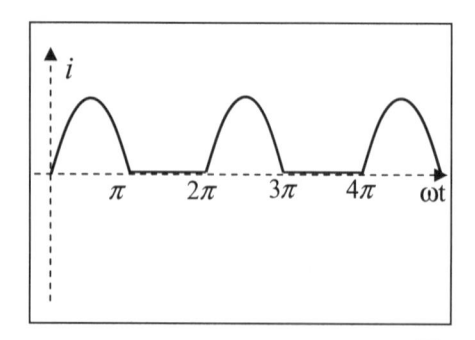

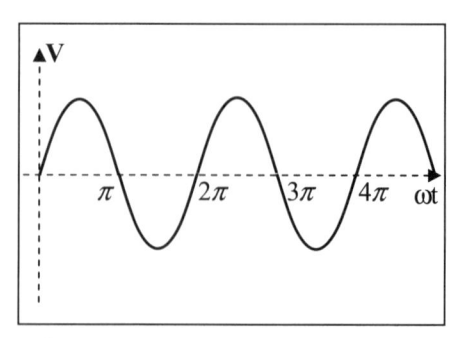

図 5-119#

この電流は脈流であるのでさらに平滑回路を通して直流を得る．より効率よく整流するには図 5-120 のようなブリッジダイオードを用いて全波整流する．

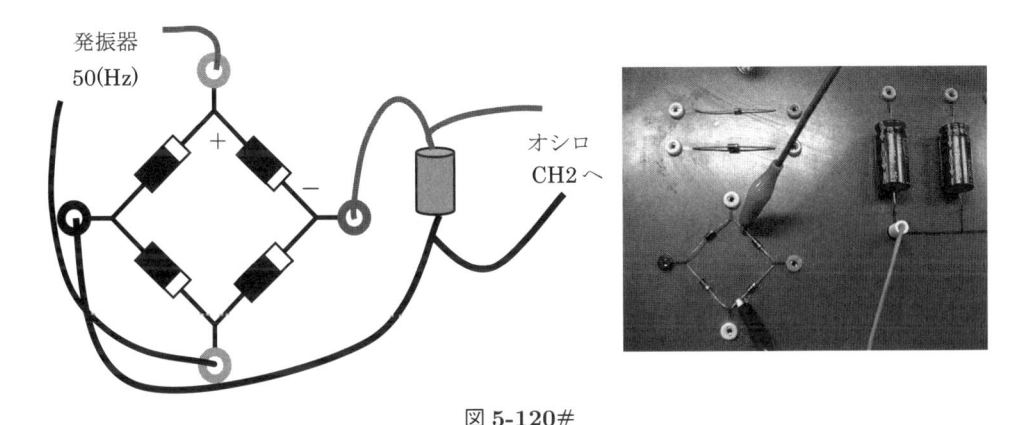

図 5-120#

5.7.D　ラジオ波の振幅変調
ラジオ放送の原理

　ラジオ放送のように音声を電波で伝えるためには，音の波に相当する電気振動で高周波を変調して電波を送る．変調には，高周波の振幅を変える振幅変調（AM）と，一定振幅の連続波の周波数を変える周波数変調（FM）がある．

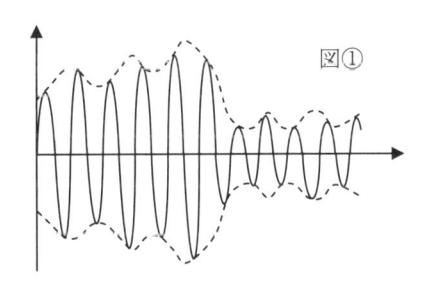

　ラジオ受信機は，同調回路，検波回路，電圧増幅回路，電力増幅回路から成り立っている．電波によって導体内に生じる高周波交流（図①）を整流して直流に変える（図②）ことを，検波という．図②の状態から，高周波チョークのフィルター作用で，高周波部分を取り除くと図③のようになる．さらに，この中の定常な直流部分をコンデンサのフィルター作用によって，取り除けば，図④のようになり，これがスピーカーに入る．（実際には，検波と同時に電圧増幅がなされ，スピーカーに入る前に電力増幅が行われる．）

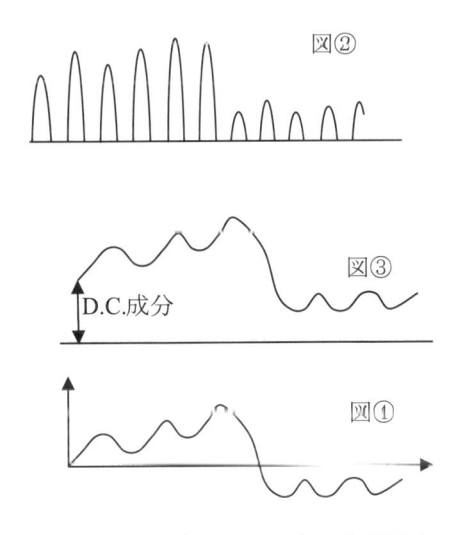

実験

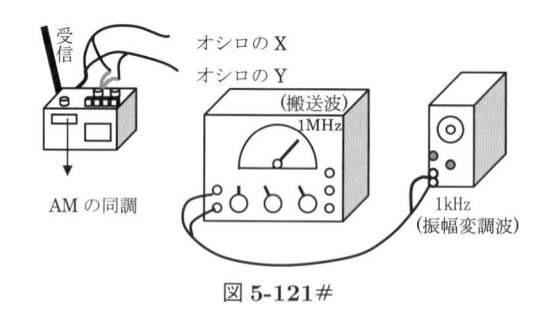

図 5-121#

図 5-121 のように装置を準備する．
① 1 kHz の変調をかけた 1 MHz の搬送波を発振器から出力する．
② ラジオのチューニングを行い，ピーという音 1kHz の変調波が最も良く聞こえるようにする．
③ オシロの波形を確認する．

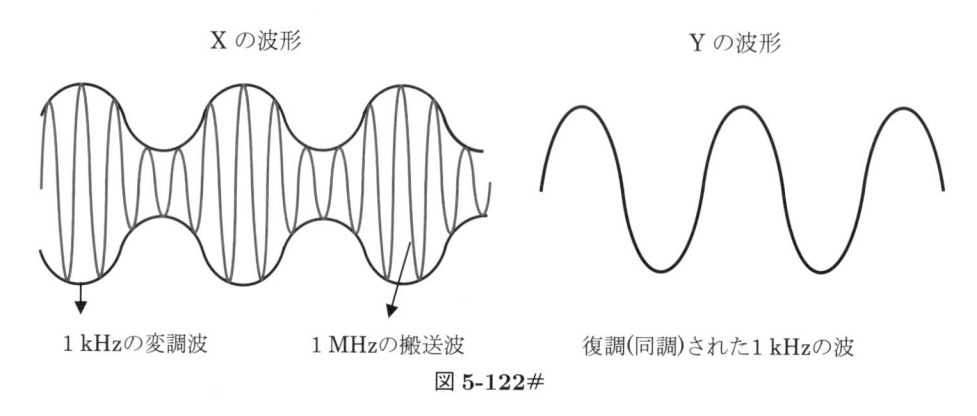

図 5-122#

5.8 電磁波

これまで静電場でのクーロンの法則，電流の作る磁場を記述するアンペールの法則，ファラデーの電磁誘導のいずれも実験からみちびかれたが，マックスウェルは一つ足りないことに気づいた．それはファラデーの電磁誘導が磁場の時間変化が電場を作るのなら電場の時間変化が磁場を作ってもよいと．したがってマックスウェルは3個の方程式に1個加えて電気と磁気の現象についてまとめ上げた．

第 4 の方程式を導くために最初次のような思考実験がなされた．

コンデンサから電荷が抵抗を通って流れるときコンデンサの極板間の電場が時間的に変化する．これは流れる電流に等しく次の式で表すことが出来る．

$$\partial \boldsymbol{D}/\partial t = -\boldsymbol{j} \tag{8-1}$$

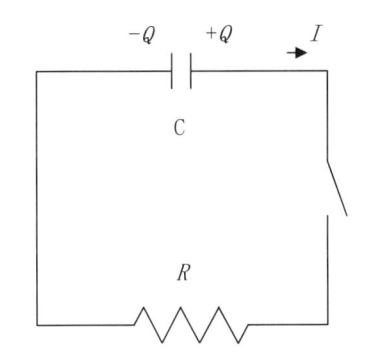

他方流れる電流は磁場を作り（アンペールの法則），電場の時間変化が磁場を作ることになる．

マックスウェルはクーロンの法則，アンペールの法則，電磁誘導に上述の思考実験（マクスウェル-アンペールの式）を加え，電気磁気の現象を空間の場の性質の微分形で 4 個の方程式に仕上げた．

$$\mathrm{div}\boldsymbol{D} = \rho \tag{8-2}$$

$$\mathrm{div}\boldsymbol{B} = 0 \tag{8-3}$$

$$\mathrm{rot}\boldsymbol{E} = -\partial \boldsymbol{B}/\partial t \tag{8-4}$$

$$\mathrm{rot}\boldsymbol{H} = \partial \boldsymbol{D}/\partial t + \boldsymbol{j} \tag{8-5}$$

ここで $\partial/\partial t$ などは多くの変数のあるとき特定の変数で微分するので偏微分とよぶ．また div, rot は，

$$\mathrm{div}\boldsymbol{F} = \boldsymbol{i}\partial F_x/\partial x + \boldsymbol{j}\partial F_y/\partial y + \boldsymbol{k}\partial F_z/\partial z \tag{8-6}$$

$$\mathrm{rot}\boldsymbol{F} = \begin{vmatrix} \boldsymbol{i} & \boldsymbol{j} & \boldsymbol{k} \\ \partial/\partial x & \partial/\partial y & \partial/\partial z \\ F_x & F_y & F_z \end{vmatrix} \tag{8-7}$$

で表される微分演算子である．

(8-4), (8-5) 式より真空中で電磁波が存在すること，速度 c で伝わることが予言され，実際 Hertz によって火花放電によって作り出される電磁波が遠方まで伝わることで検証された．

第 5 章　電気と磁気

実験　マイクロ波（島津製－前）

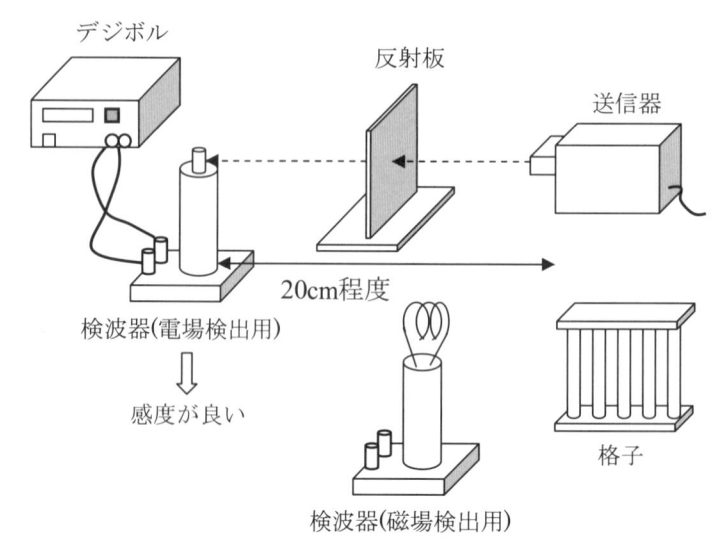

デジボル
反射板
送信器
検波器(電場検出用)
⇩
感度が良い
20cm程度
検波器(磁場検出用)
格子

図 5-123#　電磁波（Hertz 波）の実験

図 5-124#

図 5-125#

反射（透過性）の実験

（1）送信器から発信されたマイクロ波〈$\lambda =$ 3 cm(10.5 GHz)〉を検波器で受信していることを，デジボルで確認する．

（2）送信器と検波器の間に様々な障害物を置いた時の変化をみる．

① 反射板（アルミ板）：銀色

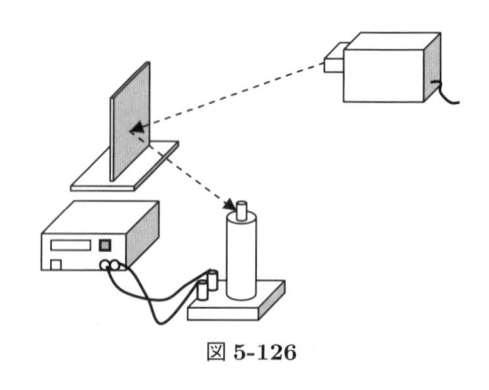

図 5-126

デジボルの値が（ほぼ）0になる → マイクロ波が反射板で<u>全て反射</u>された.

★吸収されたのではなく反射したという証明実験

図 **5-126** のように装置をセットしてデジボルの値を測定すると，(1) で測定した値と大体同じになる.

もし，吸収されたのであればデジボルの値は 0 になるはず

② 半透過板（塩ビ板）：黒色

デジボルの値が (1) で測定した値の約半分になる → マイクロ波が半透過板を約半分透過した

③ 木板（紙）

デジボルの値は (1) で測定した値と大体同じになる → マイクロ波は木を透過した

マイクロ波が横波であることを証明する実験（格子を使った実験）

※装置は**反射（透過性）の実験**と同じ状態で行う（図 **5-123 左**）.

(1) 送信器から発信されたマイクロ波を検波器で受信していることを，デジボルで確認する.

(1) 送信器と検波器の間に格子を置いた時の変化をみる.

① 格子（棒）が机の面と**垂直**になるように置いたとき（図 **5-127 左**），デジボルの値が（ほぼ）0 になる.

マイクロ波の電場の振動方向が机に垂直（直線偏光）になっているため，垂直方向の金属棒内の電子が振動し，マイクロ波のエネルギーは格子の後ろへ達しない.

② 格子（棒）が机の面と**平行**になるように置いたとき（図 **5-127 右**），デジボルの値は（ほぼ）(1) で測定した値と同じになる〈多少は小さくなる〉→ マイクロ波は格子を透過した

金属棒内の電子が振動できず，マイクロ波のエネルギーは格子を通過する.

①・②のような結果は縦波ではあり得ない.

つまり，<u>マイクロ波は横波</u>である.

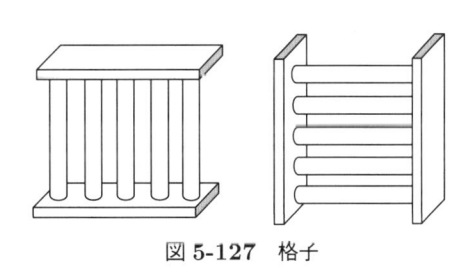

図 **5-127** 格子

電気と磁気　まとめ

5.1　電荷，電気力，電場

電荷 q, 正負あり，最小単位 $e = 1.602 \times 10^{-19}$ C

クーロン力 $\boldsymbol{F} = kq_1q_2\boldsymbol{r}_{12}/r^3$, $k=1/4\pi\varepsilon_0$　ε_0：真空の誘電率

電場（電界）Electric Field：$\boldsymbol{E} = kq_1\boldsymbol{r}/r^3$

電位（電圧）Electric Potential, Potential difference　$V = kq_1/r$

電気力線

摩擦電気（電気に正負あり），ボルタの帯電列，静電誘導（Electrostatic Induction），

先端放電（Point discharge）

実験　検電器を用いて電荷の存在と符号を調べる．

電圧を上げる機器とその応用．

導体 Conductor，金属 Metal, 不導体 Nonconductor，絶縁体 Insulator，誘電体 Dielectrics

分極 Electric Polarization，双極子モーメント Dipole Moment　$\boldsymbol{p} = q\boldsymbol{l}$

5.2　コンデンサと物質の電気的性質

1. 蓄電器 Condenser（電荷を蓄える）　$Q = CV$

    a) 2 枚の平行平面板

    　　C：コンデンサの容量 Capacitance　$C = \varepsilon S/d$

    　　単位　ファラッド　F（Farad），μF（micro-Farad）など

    　　ε：物質の誘電率　比誘電率 $\varepsilon/\varepsilon_0$ の色々　空気，水，アクリル，ガラス

    　　電束密度 $\boldsymbol{D} = \varepsilon\boldsymbol{E}$

2. 物質の電気的性質の応用

    コンデンサの色々；バリコン（Variable condenser），チタコン

3. 力学と電気

    a　圧電効果 Piezoelectric effect　力を加えると分極がおこる．

    　　クリスタルマイク，ロッシェル塩，ガスライター

    b　逆圧電効果　電歪　Electric striction　電圧をかけるとひずみがおこる．

    　　水晶振動子（超音波洗浄器），クリスタルイヤホン

4. 熱と分極　焦電気 Pyro-electricity　温度の上げ下げにより分極が現れる電気石

5.3 電流と種々の抵抗体

1. オームの法則 Ohm's Law

    $V = RI$　　V, 起電力；I, 電流；R, 電気抵抗

    $R = \rho L/A$　　L, 長さ；A, 断面積；ρ, 抵抗率；$1/\rho = \sigma$, 電気伝導度

2. 抵抗の温度変化（金属と半導体の違い）
3. 光と圧力の効果の実験　自動点灯装置，ひずみゲージ
5. イオン伝導の実験　水，ガラス

5.4 電流の作る磁場

1. アンペールの実験：2本の平行導線間に働く力，単位長さあたり

    $F = \mu_0 I_1 I_2 / 2\pi r$ で，方向は電流に垂直

    電流の作る磁束密度 $\boldsymbol{B} = \mu_0 \boldsymbol{H}$ 右ねじの向きで，大きさは $B = \mu_0 I / 2\pi r$

2. 磁性体の磁化

    磁化 $\boldsymbol{M} = \mu_0 \chi_m \boldsymbol{H}$

    磁束密度 $\boldsymbol{B} = \mu \boldsymbol{H}, \mu = \mu_0(1 + \chi_m)$

    χ_m　magnetic susceptibility 磁化率

    反磁性 $\chi_m < 0$

    常磁性 $\chi_m > 0$　温度変化 Curie's law $\chi_m = C/T$

    強磁性 $\chi_m \gg 1$, T_c（Curie 温度）以上で常磁性　$\chi_m = C/(T - T_c)$

3. 強磁性体の特徴

    磁区とヒステリシスループ，ヒステリシスループ，飽和磁化，磁化と消磁

    磁歪，磁化によるひずみ

5.5 電磁誘導 (electromagnetic induction)

1. 誘導起電力

    $V = -d\Phi/dt$

    磁束の変化を妨げる方向に起電力を生ずる

2. 自己誘導と逆起電力

    $V = -LdI/dt$, L：自己誘導係数 (self-inductance)，単位ヘンリー

    実験 1. 逆起電力

    　　　2. 蛍光灯点灯の原理（チョークコイルの役割）

    　　　3. 渦電流　磁束の変化を妨げる方向に発生

    　　　　ジュール熱 $W = RI^2$

3. 相互誘導 $V = -LdI_1/dt - M_{12}dI_2/dt$

   M_{12}: 相互誘導係数（Mutual Inductance）単位はヘンリー

   応用：トランス，一次側と二次側の巻数，電圧と電流の関係

   実験　電流を得る，高い電圧を得る，トムソンリング，拡声器

4. 高周波電流，表皮効果（skin effect）（逆起電力による）

   応用　テスラコイル

5.6　荷電粒子の運動

1. ローレンツ力

   磁場から受ける力 $\boldsymbol{F}_m = q\boldsymbol{v} \times \boldsymbol{B}$

   一様な磁場に垂直な速度　円運動

   電場から受ける力 $\boldsymbol{F}_e = q\boldsymbol{E}$

   一様な電場による加速　加速による運動エネルギーの獲得

   $eV = mv^2/2$

   実験　陰極線ブラウン管の構造と原理　e/m の観測

   　　　電解液のイオンに働く力，ホール効果とその応用

5.7　交流回路

1. 回路素子とインピーダンス（複素数）

   $V = ZI$　抵抗 $Z = R$

   コンデンサ　$Z = -j/C\omega$　電流の位相が90度進む（$j = \sqrt{-1}$）

   コイル　$Z = j\omega L$　電流の位相が90度遅れる

2. 交流の実験

   交流電源，スライダック，交流発振器

   観測　逆起電力の効果，交流電流計，2現象オッシロスコープ，

   　　　回路素子 R，C，L の動作を見る

3. LCR 直列共振回路

   交流電源の周波数とインピーダンス，位相

   $Z = \sqrt{R^2 + (L\omega - 1/C\omega)^2}$　$\phi = \tan^{-1}[(L\omega - 1/C\omega)/R]$

   電流が最大で位相が電源電圧と一致する周波数は $f = 1/2\pi\sqrt{LC}$（共振）

5.8　電磁波と送信，受信

1. 電磁波の存在

電流密度 i，電場に比例する電流密度 $\sigma \mathbf{E}+$ 電束電流密度 $\frac{d\mathbf{D}}{dt}$

電界の時間変化と磁場の発生

電磁誘導　磁場の変化は電場を生ずる

Maxwell の方程式より真空中で波の存在を予言，Hertz の検証

2. 電磁波の性質

   伝搬速度は光速，横波（弦の振動と類似），電場と磁場は直交，波長は長波から γ 線まで

3. 送信と受信（無線通信）

   a）マイクロ波による電磁波の性質を見る実験（金属，格子による反射など）

   b）ラジオの搬送波の変調と復調

演習問題

1. 長さ L の 2 本の細い導線で一支点から吊した質量 M の二つの小球の片方に電荷 Q を与えた所，球に反発力が働き角度 θ で止まった．この角度を M, Q, L の関数として導け．導線の質量とその間に働く力は無視する．

2. 検電器と直流電源を使用して例えば琥珀を毛皮でこすって生じた電気の正負を決めるにはどのようにすればよいか．

3. コロナ（先端）放電は，導体では電荷は表面にだけ存在することより<u>曲率半径の小さい先端に集まる</u>ために起こる．下線の理由を式で導け．

4. 電気盆により空気中への放電がなければ無限に電荷を取り出せる．この原理を図で説明せよ．

5. 平行平面板コンデンサに誘電率 ε のシートを挟んで同じ電圧 V の直流電源で充電した．空気（誘電率は大体 ε_0）コンデンサに比べてどれだけ多くの電荷が蓄えられるか．又容量はどう変わるか．

6. 検電器を平行平面型コンデンサとして，最初プラス電荷を与えて箔を開かせておく．検電器の皿板と相手の金属板の間隔を離すと箔はどうなるか．この間にプラスチック板を挿入したときは箔はどうなるか．

7. 水槽の蒸留水，水道水，食塩水の抵抗の違いを示す実験の回路を描け（スライダック，電球，配線，銅板，100V 交流を使用する）．またこれらの水の抵抗の異なる理由を述べよ．

8. 点灯装置は暗くなると光半導体 CdS と直結しているトランジスターのベースの抵抗が増しリレーを接続状態にする回路を使用して作る．その原理を説明せよ．

9. ガラスは SiO_2 を主成分とし，少量の Na, B, Fe, H_2O などを含んでいる．100V の交流電源をつなぎ，ガラスに導線を巻き付けガスバーナーで熱したとき電灯がともった実験の回路を図示し，その原理を説明せよ．
   ガスバーナーで熱するのをやめた後の変化について最後までのべよ．

10. 距離 r 隔てた 2 本の平行な直線電流の間にどのような力が働くか，電流の向きの組み合わせそれぞれに対して力の大きさと向きを答えよ．

11. 2 個の鉄の角棒があり，片方が磁化されている時見分ける方法を述べよ．

12. 鉄芯に一次側に N_1, 2 次側に N_2 巻きのコイルが巻かれているとき，一次側と二次側の電圧と電流，V_1, I_1 および V_2, I_2 と各電力の関係を述べよ．

13. 100Vの交流による蛍光灯の点灯の原理について述べよ．

14. 電子銃からx方向に速度v_0で出た電子線が行路長Lのy方向の電場Eを通るときその軌道はどうなるか，電子線は最初x-軸に沿って発射した．陰極線管の端は距離$a > L$の所にある．軌道の式を導いて図示せよ．

15. ある直方体（寸法は各辺a, b, c）半導体のキャリアqの濃度n/M^3を測定するため，ホール効果を観測する．a方向に電流Iを流し，c方向から磁束密度Bの一様な磁界をかける．b方向に生ずる起電力はV_hはいくらか．a方向の抵抗を測定し，キャリア濃度n/M^3を求めよ（参考 $I = nqvbc$）．

16. e/mの観測用に巻き数各60の直径30cmのヘルムホルツコイルに電流を0.8A流した．加速電圧40Vのとき球形の真空管内にできた軌道は半径7.5cmであった．e/mの値を求めよ．

17. LCR直列の回路の両端に周波数を変化できる交流をかけたときの電流の振幅と位相について周波数を横軸にして図示せよ．

18. PN接合半導体ダイオードのI－V特性と交流を通したとき出力する電流を図示せよ．PN接合半導体ダイオードを用いて6Vの定電圧電源回路を設計せよ．

19. マックスウェルの4個の方程式の内3個は実験に基づいたものである．3個の方程式に関連する実験について，また4個目の方程式を説明する思考実験について述べよ．

20. 変調と復調についてラジオの例を上げて述べよ．

A.1　物理量をあつかう数学（ベクトル解析）

1.　スカラーとベクトル

長さ，時間，質量のように単に大きさだけを持つ量を**スカラー**という．スカラーには時間や電荷のように $+-$ の符号を持つものもある．これに対して，変位，速度，力などのように大きさと方向を持つものを**ベクトル**という．

ベクトルには上に述べたような極性ベクトルと，大きさと方向さらに回転をを持つ軸性ベクトルがある．角速度，トルク，面積などは軸性ベクトルである．

2.　直交座標系によるベクトルの表示（図 A-1）

大きさが 1 であるベクトルを**単位ベクトル**という．

x, y, z 軸の正方向を向く単位ベクトル i, j, k は基本ベクトルという．

ベクトル A は基本ベクトルを用いて

$$A = A_x i + A_y j + A_z k \tag{2-1}$$

と表される．A_x, A_y, A_z をそれぞれ A の x, y, z 成分という．A の大きさまたは絶対値は

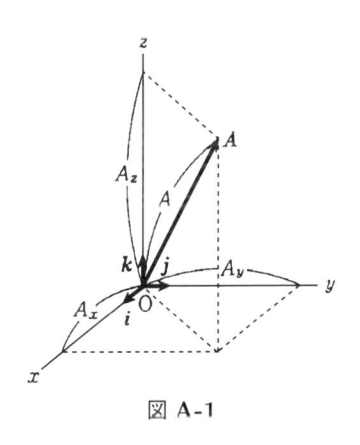

$$|A| = A = \sqrt{A_x^2 + A_y^2 + A_z^2} \tag{2-2}$$

図 A-1

座標変換について

　ガリレオ　等速度運動しているの座標系の変換
　特殊相対論　時間と空間の座標についての変換

3.　ベクトルの和，差，積

　i）和，差

$$C = A \pm B \tag{3-1}$$

$$C_x = A_x \pm B_x, \quad C_y = A_y \pm B_y, \quad C_z = A_z \pm B_z \tag{3-2}$$

　ii）スカラ積（図 A-2）

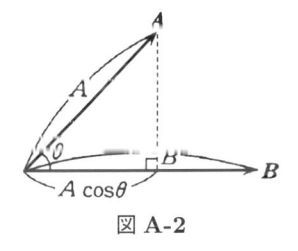

図 A-2

付録

ベクトル $\bm{A}$ と $\bm{B}$ とのなす角を θ とすると

$$\bm{A} \cdot \bm{B} = AB\cos\theta = \bm{B} \cdot \bm{A} = A_xB_x + A_yB_y + A_zB_z \tag{3-3}$$

$$\bm{i} \cdot \bm{i} = \bm{j} \cdot \bm{j} = \bm{k} \cdot \bm{k} = 1, \quad \bm{i} \cdot \bm{j} = \bm{j} \cdot \bm{k} = \bm{k} \cdot \bm{i} = 0 \tag{3-4}$$

スカラー積は**内積**ともいう.

iii) ベクトル積 (図 **A-3**)

$$\begin{aligned}\bm{A} \times \bm{B} &= -\bm{B} \times \bm{A} \\ &= (A_yB_z - A_zB_y)\bm{i} + (A_zB_x - A_xB_z)\bm{j} + (A_xB_y - A_yB_x)\bm{k} \\ &= \begin{vmatrix} \bm{i} & \bm{j} & \bm{k} \\ A_x & A_y & A_z \\ B_x & B_y & B_z \end{vmatrix}\end{aligned} \tag{3-5}$$

$$|\bm{A} \times \bm{B}| = AB\sin\theta \tag{3-6}$$

$$\bm{i} \times \bm{j} = \bm{k}, \quad \bm{j} \times \bm{k} = \bm{i}, \quad \bm{k} \times \bm{i} = \bm{j} \tag{3-7}$$

ベクトル積は**外積**ともいう.

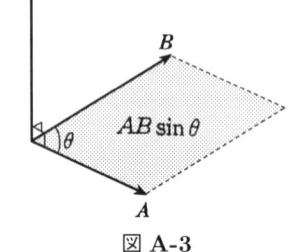

4. ベクトルの微分

i) 速度

運動が等速度運動でないときは速度 v は運動の各時刻における位置ベクトルの時間についての微分として導かれる. 時刻 t_1 での座標を x_1 とし, Δt 時間後の時刻 t_2 での座標を x_2 とすると x 方向の速度 v_x は $\Delta t = t_2 - t_1$ を使って次のように表される.

$$v_x = \lim_{\Delta t \to 0} \sum \frac{x_2 - x_1}{\Delta t} = dx/dt \tag{4-1}$$

ii) 勾配

一般にスカラー ϕ の勾配は

$$\mathrm{grad}\phi = \nabla\phi = \bm{i}\frac{\partial \phi}{\partial x} + \bm{j}\frac{\partial \phi}{\partial y} + \bm{k}\frac{\partial \phi}{\partial z} \tag{4-2}$$

勾配はスカラーから**偏微分**によって導かれるベクトルである.

図 **A-3**

iii) ϕ の l 方向微分

$$d\phi/dl = \boldsymbol{a} \cdot \mathrm{grad}\phi = \boldsymbol{a} \cdot \nabla\phi = a_x\frac{\partial \phi}{\partial x} + a_y\frac{\partial \phi}{\partial y} + a_z\frac{\partial \phi}{\partial z} \tag{4-3}$$

ただし，$\boldsymbol{a}$ は l 方向を指定する単位ベクトルである．

iv) $\boldsymbol{A}$ の発散

$$\mathrm{div}\boldsymbol{A} = \nabla \cdot \boldsymbol{A} = \frac{\partial A_x}{\partial x} + \frac{\partial A_y}{\partial y} + \frac{\partial A_z}{\partial z} \tag{4-4}$$

v) $\boldsymbol{A}$ の回転

$$\begin{aligned}\mathrm{rot}\boldsymbol{A} &= \nabla \times \boldsymbol{A} \\ &= (\frac{\partial A_z}{\partial y} - \frac{\partial A_y}{\partial z})\boldsymbol{i} + (\frac{\partial A_x}{\partial z} - \frac{\partial A_z}{\partial x})\boldsymbol{j} + (\frac{\partial A_y}{\partial x} - \frac{\partial A_x}{\partial y})\boldsymbol{k} \\ &= \begin{vmatrix} \boldsymbol{i} & \boldsymbol{j} & \boldsymbol{k} \\ \frac{\partial}{\partial x} & \frac{\partial}{\partial y} & \frac{\partial}{\partial z} \\ A_x & A_y & A_z \end{vmatrix}\end{aligned} \tag{4-5}$$

vi) ラプラシアン

$$\mathrm{div}\,\mathrm{grad}\phi = \nabla^2 \phi = \frac{\partial^2 \phi}{\partial x^2} + \frac{\partial^2 \phi}{\partial y^2} + \frac{\partial^2 \phi}{\partial z^2} \tag{4-6}$$

5. ベクトルの積分

i) $\boldsymbol{A}$ の曲線 C 上の線積分（図 A-4）

ベクトル場 $\boldsymbol{A}$ 中の 2 点 P_1，P_2 を両端とする曲線を C とし，C を n 個の微小な区間に分割する．i 番目の区間の端を結ぶ変位ベクトルを $\Delta \boldsymbol{l}_i$，この区間上の点 (x_i, y_i, z_i) におけるベクトル $\boldsymbol{A}$ を $\boldsymbol{A}(x_i, y_i, z_i)$ として

$$\int_C \boldsymbol{A} \cdot d\boldsymbol{l} = \lim_{n\to\infty} \sum_{i=1}^n \boldsymbol{A}(x_i, y_i, z_i) \cdot \Delta \boldsymbol{l}_i \tag{5-1}$$

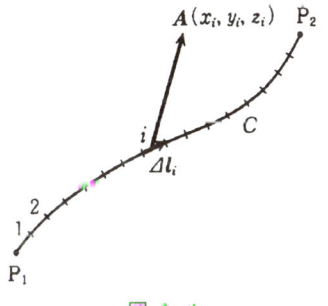

図 A-4

ii) A の曲面 S 上の面積分（図 A-5）

ベクトル場 A の中の 1 つの閉曲線によって囲まれた面積を S とし，S を n 個の微小な部分に分割する．i 番目の部分の面積を ΔS_i，この微小面上の点 (x_i, y_i, z_i) におけるベクトル A を $A(x_i, y_i, z_i)$，単位法線ベクトルを n_i として

$$\int_S \boldsymbol{A} \cdot \boldsymbol{n} ds \equiv \lim_{n \to \infty} \sum_{i=1}^{n} \boldsymbol{A}(x_i, y_i, z_i) \cdot \boldsymbol{n}_i \Delta S_i \tag{5-2}$$

dS を S の面積要素という．

iii) ϕ の領域 V における体積積分（図 A-6）

スカラー場 ϕ の中の 1 つの閉曲面によって囲まれた領域を V とし，V を n 個の微小な部分に分割する．

i 番目の部分の体積を Δv_i，この微小体積内の点 (x_i, y_i, z_i) におけるスカラー ϕ を $\phi(x_i, y_i, z_i)$ として

$$\int_V \phi dv \equiv \lim_{n \to \infty} \sum_{i=1}^{n} \phi(x_i, y_i, z_i) \Delta v_i \tag{5-3}$$

Δv を V の体積要素という．

iv) ガウスの定理（図 A-7）

閉曲面 S で囲まれた領域を V，S 上の外向きの単位法線ベクトルを n として

$$\int_S \boldsymbol{A} \cdot \boldsymbol{n} dS = \int_V \text{div} \boldsymbol{A} dv \tag{5-4}$$

v) ストークスの定理（図 A-8）

閉曲線で囲まれた曲面を S として

$$\oint \boldsymbol{A} \cdot d\boldsymbol{l} = \int_S (\text{rot}\boldsymbol{A}) \cdot \boldsymbol{n} dS \tag{5-5}$$

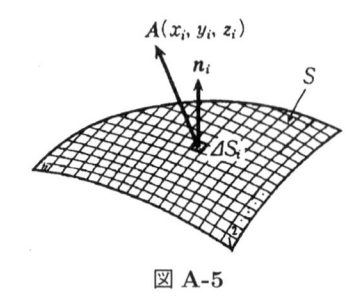

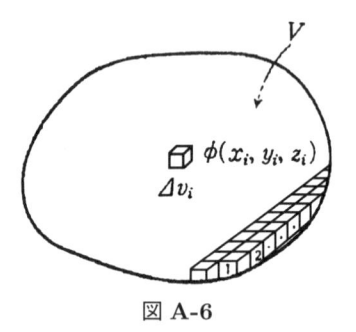

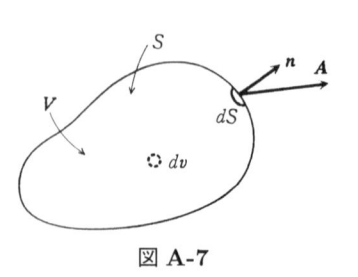

図 A-5

図 A-6

図 A-7

ただし，$\boldsymbol{n}$ は S 上の単位法線ベクトルであり，閉曲線 C に沿って進むとき S は常に左側にあるものとする．

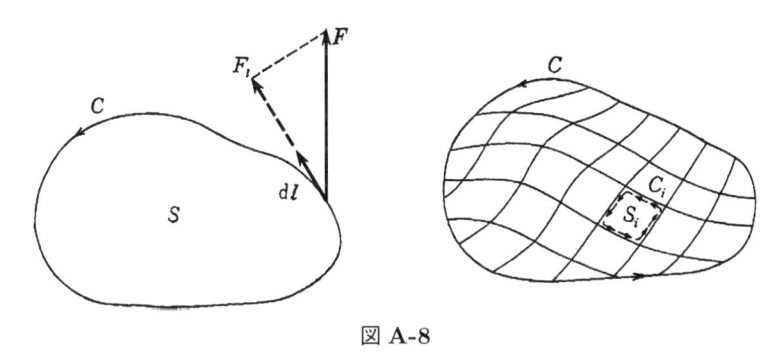

図 A-8

付録

B. デモンストレーション実験リスト

（今まで実際にデモンストレーションを行った実験項目を以下に示す．ページのあるものはテキスト参照）

第 1 章　力と運動

	項　目	テキストページ
1)	斜面を転がり落ちる球の速さは斜面の傾きに関係なく，最初の高さによってきまる	
2)	水平な板の上の物体は摩擦がなければ等速運動を続ける．（空気パック，ドライアイスパック，2枚円板の回転体）	
3)	作用反作用をはかりで見る	5
4)	浮力による作用反作用	6
5)	モンキーハンテング（鉄球では速度が交換される）	14–17
6)	メカニカル　アドバンテイジ（M.A. 機械にかかる荷重とこれを動かすための最小の力との比，てこ，滑車，ジャッキ油圧器）	
7)	自分を持ち上げることができるか	
8)	摩擦係数：プラスチックと木，ゴムと木	7
9)	2つの台車間にばねをはさんで押し付けて離すと〈台車の実験1〉	
10)	2つの台車間にはさんだゴムを伸ばしてはなすと〈台車の実験2〉	
11)	2つの台車の衝突〈台車の実験3〉	
12)	球の衝突とジャンプ：斜面を転がる球	12
13)	弾丸の速度測定	12–14
14)	種々の物質の跳ね返り：ベアリングボール，木の球，スーパーボール，弾まないプラスチックボール，粘土．	
15)	回転運動	18
	①おもりのついた糸を回転させる	19
	②回転する2つのおもり　重心を軸としてつりあう	19
	フーコーの振子（回転台：島津製）	20
	（回転台に砂の軌跡，観測者の位置（座標）による違い，西宮で1時間に約8.5°振動面が変化する）	
	③ガバナーの動き	
	④水を入れたU字管の片方の直管を回転軸にする	

16)	遠心分離機	22
17)	回転台上のローソクの炎の向きは？	
18)	高速で回転する紙の鋸で紙を切る	
19)	水と茶がらの入った底の平らな茶碗を回転させると茶がらの運動は？	
20)	慣性モーメント実験器	23
21)	球と円柱と円筒の坂を転がり落ちる速さの順序	
22)	回転台に乗った人が道具を使わずに自力で回転できるか	24
23)	ステーターも回転できるモーター（角運動量保存）	
24)	水平な平板の上で糸を結んだ液体窒素パックを回転させる 　①糸をくい（棒）に巻きつけた場合 　②板に開けた穴に糸を通して下におもりをつけた場合	
25)	参考：ブランコに乗っている人が自力で振幅を増すには？	30
26)	下への力が増すと単振動の周期は短くなる 　①おもりをゴムひもで下に引っぱられた振子 　②磁石をおもりにして下に鉄板を置いた振子	
27)	サイクロイド振子の周期は振幅を変えても一定	
28)	慣性モーメントと相当単振り子の長さ	26
29)	長さ1mの一様な棒の支点をいろいろ変えて周期を測る 回転軸の位置を変化させたときの棒の振動周期	27
30)	いろいろな実体振子の相当単振子の長さ（円い輪，一様な円板を面内で振る，面に垂直に振る）	
31)	**Kater の可逆振子（島津製）**	29
32)	地面に立てた棒の先端は自由落下より早く落ちる	
33)	**ジャイロスコープの歳差運動（島津製）**	32
34)	コマの運動．回転軸が固定されていない場合の運動	33
35)	地球こまでこまのいろいろな性質を示す・自転車の車輪の歳差運動	
36)	Maxwell のこま〈こまの重心を針の先端で支える〉	
37)	逆立ちこま（例；球体や円板の重心を中心からずらしたもの，円板に穴をあけて重心を中心からずらしたもの）	
38)	ジャイロコンパスの模型	
39)	空気中に回転しながら放り出された円板の運動	
40)	弾性余効（力学歪み） 　①プラスチック　②ガラス　③銅　④鋼（弾性余効少ない）	35
41)	ポアソン比	36

42)	剛性率	36
43)	ねじり振子による剛性率の測定	36
44)	金属棒の焼きなまし，加工硬化による弾性率の変化	
45)	弾む球・弾まない球：〈弾む球〉・スーパーボール，木，ベアリングボール，弾むプラスチック，跳ねるパテ．〈弾まない球〉・粘土，弾まないプラスチック	
46)	浮沈子	39
47)	石けん膜の作る最小表面積	40
48)	表面張力は沈むものを浮かすだけでなく，浮こうとするものも止める	
49)	管で接続された大小のシャボン玉	
50)	円筒形と球形の石けん膜の内圧の釣り合い	
58)	ガラス管の中の水は細い方に移動する（水銀は太い方に）	
59)	屏風〈毛細管現象〉	42
60)	穴の開いた水槽から飛び出す水はどこまで飛ぶか？	45
61)	細い管口から流れ出る水による音の増幅	
62)	親水性物質同士，疎水性物質同士は引き合い，親水性物質と疎水性物質は反発する	43
63)	重心を通る軸のまわりに自由に回転することのできる板を流体の流れの中に入れると，板の面は流れの方向に垂直の位置でおちつく	
	①翼の揚力	47
	②空気を吹き出しているロートに吸いつけられるピンポン玉	
	③吹き出す空気の上から落ちないピンポン玉	47
	④糸で吊るしたボールの振子の振動面	
	・糸にねじりを与えたとき　・ねじりが無いとき	
64)	液体中を落下する球の終速度	
65)	カルマン渦（水面にアルミニウムの粉）	
66)	風洞実験（島津製-前）空気の流れを見る	48
67)	煙の渦環（2つの相互作用）	
68)	ガラス管の中の流線（層流から乱流へ，赤インクで）	
69)	Venturi 管	
70)	Pitot 管	

B. デモンストレーション実験リスト

第 2 章　熱現象

	項　　目	テキストページ
1)	温度計	
	色々な温度計	57–58
	熱電対	59
	サーミスタ	58
	光高温計とその原理	58
2)	熱膨張	
	水の密度〈水の温度特性〉	72
	バイメタル：指針温度計（バイメタル説明器〈旧島津製〉）	61
	蛍光灯のスタータ（点灯管）	61
	熱膨張率測定装置（島津製）	63
	焼きはめ	
	ラパート滴（作り方と破砕の実演，光弾性写真）	62
	硬化ガラス	
3)	ゴムの断熱伸長（収縮）	66
4)	水の対流	75
5)	はちの巣（16 mm フィルム）小さな対流の集まり	
6)	Brown 運動（16 mm フィルム）（液体中の粒子，気体中の粒子）	
7)	Brown 運動の模型	
8)	Br の蒸気	
9)	輻射能と吸収能	76
10)	相変化	72
11)	酢酸の過冷却	74
14)	チオ硫酸ナトリウム（ハイポ）の過冷却	
15)	硝酸アンモニウムの相転移	
16)	鉄の相転移（鉄線の膨張で見る）	
17)	サーモカラー	
18)	蒸発熱をうばわれて水が凍る	
19)	エーテルの蒸気圧	
20)	凝結核と霧の発生	74
21)	蒸気圧と曲率半径（窓ガラスの微小水滴―大きい水滴にくわれる）	

(ガラス等にはさまれた水はなかなか蒸発しない)

22)	断熱膨張と断熱圧縮	65
23)	水のみ鳥：蒸発熱	73
24)	寒剤	77
25)	Osmosis（浸透）	
26)	Humidity（湿度）：乾湿計，アスマン通風乾湿計，露点湿度計	
27)	液体窒素による電気抵抗の変化	78

第3章　波　動

	項　目	テキストページ
1)	円運動（ビデオ）	83
2)	リサージュ図形	
	・レーザーを使って	
	・ブラックバーンの振子	
	・2台の発信機を使って	
3)	調和振動（ビデオ）	83
4)	振子の振動の減衰：減衰振動，臨界減衰，過減衰	84
5)	ガルバノメータの振動の減衰	
6)	不減衰振動 Undamped oscillation	
7)	音叉の不減衰振動（島津製）	84
8)	自励振動 (Self-excited oscillation)	
	・間欠泉	
	・コンデンサの充電・放電間隔	
	・チョークのきしみ	
	・コップのふちを指でこする	
9)	共振	
	・強制振動の振巾曲線（金属，塩ビの細い板，発信器，電磁石）	
	・細い鋼棒の共振	
	・細長い鋼板の共振	
	・バネの振動の共振	
10)	周波数計	87
11)	調和振動（ビデオ）	
12)	地震計の原理	
	・水平振子	

　　　　　・倒立振子
　　　　　・周期の長いバネとおもりで上下動を記録する
13)　磁針の共振
14)　振子の共振
15)　錘の上下運動の共振
16)　錘の上下運動と回転運動のエネルギー交換
17)　電流計の指針の共振
18)　スピーカーのコーンの共振
19)　アンチローリングタンク
20)　タコマナロウズ橋の崩壊（大沢ループフィルム）　　　　　　　87
　　　　ばねの振動運動：連結振動　　　　　　　　　　　　　　　88
21)　連成振動（16 mm フィルム）
　　　　弱く結合した 2 つの単振子間のエネルギー振動　　　　　　88
　　　　剛体の回転と振動間のエネルギー移動　　　　　　　　　　89
22)　多原子分子の規準振動モード（**16 mm** フィルム）　　　　　90
23)　弦を伝わる横波　　　　　　　　　　　　　　　　　　　　　92
24)　縦波をバネの運動で見る〈スプリングばねを用いた縦波の実験〉　94
25)　水波投影装置（さざ波発生器）による波動現象の実験　　　95–101
　　　平面波，球面波，浅瀬，レンズ作用，反射波，定常波，干渉・回
　　　折，回折格子
26)　波が岸辺に平行になる．（16 mm フィルム）
27)　波の上下運動と水平運動（16 mm フィルム）
28)　**群速度と位相速度（16 mm フィルム）**　　　　　　　　　　95
29)　気体中の音速測定
　　　　・2 つのマイクの距離から
　　　　　2 つのマイクによるリサージュ図形から
30)　風琴管（気体の種類を変える実験も）
31)　管の長さを変えるとその共鳴する音の周波数が変わる．
32)　瓶に水を入れるとき水の入った量によって共鳴する音がかわる．
33)　音波の干渉
34)　音波に対するフレネルの輪帯板
35)　共鳴音叉によるうなり（島津製）　　　　　　　　　　　　　104
36)　ドップラー効果（大沢ループフィルム）　　　　　　　　105–107

第 4 章　光

	項　目	テキストページ
1)	高速回転ミラーを用いた光速測定：フーコーの方法	115
2)	高電圧による放射：放電管	117
3)	3 原色：光の混合（3 つのプロジェクター，フィルター）	118
4)	：色の混合　絵の具の混合	119
5)	カラー TV の原理	120
6)	色ガラスフィルターと干渉フィルター	121
	1 枚フィルター，フィルターの重ね合わせ，分光器	
7)	表面色（赤インク，アニリン染料，金の薄膜の透過光と反射光）	
8)	ガラスの粉末や水滴が白く見える	
9)	白金黒—黒く見える	
10)	コーナーキューブ	123
11)	凹面鏡：マジックミラー	124
12)	凹面鏡の非点収差	125
13)	空気と水の界面での光の屈折と反射	126
14)	光の屈折：屈折率の測定	127
15)	全反射を利用した屈折計	128
16)	プリズムの最小偏角	129
17)	プリズムによる光の分散	130
18)	虹の原理	130
	虹（ガラス柱，水柱などによる主虹，副虹）	
19)	色消しプリズム〈Kent 製〉	131
20)	レンズの球面収差	133
21)	レンズの色収差と補正	134
22)	レンズによる結像	135
23)	光の屈折：シュリーレン法	131
24)	レンズのいろいろ	137–138
25)	反射による光の偏り：ガラス板からの反射による偏光	139
26)	ガラス板を透過した光の偏り：複数枚ガラス板による偏光	139
27)	水面下の物体を見る（水面による反射光をカット）	
28)	方解石による複屈折	140

B. デモンストレーション実験リスト

29) **2 色性結晶による偏光複屈折の観察** 141
30) **偏光プリズム** 141–142
    ニコルプリズム　・ロションプリズム
31) **紫外線に対する偏光プリズム・ウォーラストンプリズム** 143
    グラントムソンプリズム
32) **レイリー散乱の実験：夕日のモデル** 143
33) マルトース水溶液の旋光性
34) 旋光分散　2 枚のポラロイドにはさまれた鉱物の薄片，ガラス，
    高分子などの色
35) **光の干渉　2 つのスリットによるヤングの実験** 144
36) ロイドの鏡を用いた 2 光束の干渉 147
37) 等厚干渉縞：楔形の空気層による干渉縞 147
38) ニュートン環 148
39) 等傾角干渉（ファブリ・ペローのエタロン） 149
40) 石けん水の薄膜による干渉
41) 2 つの干渉性光源を結ぶ方向に見える干渉縞
42) フレネルの輪帯板　焦点がいくつもある
43) スリットによる光の回折縞を模型的に示す
    （スライドプロジェクター，同心円フィルムを振動）
44) 格子による回折縞の次数
45) マイケルソン干渉計 150
46) フラウンホーファー回折（エアリー像） 151
47) スリットによる回折像 152
48) **2 つの小穴による回折像** 152
49) 光ろ過 152
50) 原子，分子の発光スペクトル，吸収スペクトル 153
51) 蛍光，燐光（残光，輝尽，消尽）
52) **レーザー光の広がり（電灯との比較）** 155
53) レーザー光の可干渉性（スチール物指し，格子）
54) 光電効果（フィルム）
55) 光圧（フィルム）
56) ホログラフィー

第 5 章　電気と磁気

項　目	テキストページ
1) 摩擦電気を箔検電器で調べる（島津製―前）	163
検電器を＋に帯電させる方法	164
検電器を用いた実験例	164
水の帯電（噴霧帯電）	165
人体の帯電	165
同じ物質同士の摩擦による帯電	166
2) 電気盆（旧―島津製）	167
3) 検電器は D.C.（直流）電源につないでも開く	165
4) カーボンを塗った球で D.C. 電源から電荷を運ぶ	
5) ウイムスハーストの誘導起電機（島津製）	171
6) **Van de Graaff**：静電高圧発生機（島津製）	171
7) 静電誘導の実験	166
金属と誘電体	166
8) 放電管（真空放電）	173
9) 電気反動車	173
10) 電気力線	169
11) 電気毛細管現象	174
12) コットレルの集塵装置	174
13) コンデンサ各種	177
・バリコン・2連バリコン・トリマーコンデンサ・オイルコンデンサ	
14) 平行板コンデンサの電極間に誘電率の異なる物質を入れる	177
15) 圧電効果と逆圧電効果	178–179
①クリスタルマイク	179
②ガス器具の点火装置	179
③チタン酸バリウムを万力で押す	178
④ロッシェル塩	178
⑤クリスタルイヤホンをマイクに	179
⑥クリスタルマイクをスピーカーに	180
⑦超音波洗浄器	180

	⑧ホモジナイザー	180
16)	ピロ電気（焦電気）	180
17)	抵抗体の例	181
18)	電気抵抗の温度変化	
	①タングステン（電球のフィラメント）をうちわで扇ぐ	182
	②鉄コイルをバーナーで熱する	183
	③銅・鉄・ニクロム・コンスタンタン・マンガニン・カーボン（鉛筆の芯）・サーミスターを液体窒素につける	
	④金属の超伝導とマイスナー効果	183
19)	電気伝導関連実験	
	①食塩水中のイオン伝導	184
	②コールラウシブリッジ	
	③ CdS を使った点灯装置	185
	④ガラスの伝導	185
	⑤ストレインゲージ（歪み計）	184
20)	熱電効果	
	①ゼーベック効果	
	②熱電対	
	③ペルチエ効果	
21)	方位計で地磁気の方位角と伏角を測る（島津製）	188
22)	永久磁石の作る磁場	187
23)	反磁性体	191–192
24)	常磁性体の実験	191
25)	液体酸素の作り方	191
26)	強磁性体の磁気履歴曲線（ヒステリシスループ）	188
	オシロスコープで鉄やニッケルのヒステリシスループを見る	190
	ヒステリシスループを利用した消磁	190
27)	強磁性体のキュリー温度	190
	キュリー温度を利用した消磁：熱消磁	191
28)	バルクハウゼン効果（スピーカーで音）	
29)	磁歪（じわい）：磁気ひずみ	191
30)	電流による磁場	
31)	電流の流れている2本の導線間に働く力	186
32)	電磁誘導① 地球磁場を使ってコイルの中の磁束を変化させる	195
33)	電磁誘導② コイルの中を通っている磁束を変化させる方法	195–196
34)	自己誘導① 蛍光灯点灯の原理（逆起電力を見る）	197

36) 渦電流
　　①Waltenhofen の振子　198
　　②Arago の実験
　　③渦電流実験器（旧島津製）　199
37) 自己誘導②
　　ネオンランプを点灯して明るさを比較 1　200
38) 相互誘導
　　ネオンランプを点灯して明るさを比較 2　202
39) いろいろな変圧器
　　①低周波誘導炉
　　②電気溶接：釘の溶接　202
　　③高圧変圧の実験
　　④テスラコイル
　　⑤差動変圧器
40) トムソンリング　202
41) ローレンツ力
　　①金属棒ブランコ（磁場に直角に両端で吊り下げた金属棒に電流を流す）
　　②コイルの運動（棒磁石を囲んで吊り下げたコイルに電流を流す）
　　③磁場中の金属棒の運動　203
　　★ローレンツ力の応用
　　　・スピーカーのボイスコイル直流電流を流す　204
　　　・磁場の中で金属棒を動かすと棒の両端につないだガルバノメータが振れる
　　　・電磁オッシログラフ
　　　・イオンの動き　204
　　　・スピーカーをマイクロフォンに
　　ホール効果　205
42) 陰極線　電子の流れは磁場によって曲げられる　206
　　・（電子線）の性質を確認 e/m の測定
　　・磁界型電子レンズ
43) 回路のインピーダンス
　　①L だけを含む回路　207
　　②C だけを含む回路　208
　　③LRC 直列回路　209

44)	V と I の位相（直列共振回路の波形）	211
45)	くまどり環	
46)	真空管の温度制限電流	
47)	**整流**	212
48)	レッヘル線	
49)	**ラジオ波の振幅変調**	213
50)	**マイクロ波**	214
51)	電磁波（Hertz 波）の実験	

付録

C. 参考書

一般物理学参考書として

物理学総論 —上巻—・—下巻—；堀健夫，大野陽朗 共著：学術図書出版社

基準物理学；堀健夫 著：学術図書出版社

物理学実験；吉川泰三 編：学術図書出版社

物理実験事典；藤岡由夫，朝永振一郎 監修：池本義夫編：講談社

物理学の基礎 1.力学・2.波・熱・3.電磁気学；D. ハリディ/R. レスニック/J. ウォーカー 著，野崎光昭 監訳：培風館

バークレー 物理学コース

  1. 力学；C. Kittel, W.D. Knight and M.A. Ruderman：丸善

  2. 電磁気；E.M.Purcell：丸善

  付録 実験物理 上 下：丸善

教員のデモンストレーション用に

物理実験のコツと基礎知識 教師のための高校物理実験 　　島津理化機器

物理実験テキスト（2年生）：東京高専物理教室編集 　　島津理化機器

物理実験テキスト（1年生）：東京高専物理教室編集 　　島津理化機器

本テキストの参考

Demonstration Experiments in Physics; R. M. Sutton　　　　Mcgrow Hill Company

Physics Demonstration Experiments; Harry F. Meiners　　　The Ronald Press Company

Mechnik, Akustik und Wärumelehre; R.W.Pohl　　　　　　Springer

Elektrizitätslehre; R.W.Pohl　　　　　　　　　　　　　　Springer

Optik und Atomphysik; R.W.Pohl　　　　　　　　　　　　Springer

物理学講義実験；服部学順 誠文堂新光社

応用物理教育；応用物理学会

日本物理教育学会誌；日本物理教育学会

D. デモンストレーションカラー版目次

第1章　力と運動

図番号	内容	本文のページ	CD部ページ
図1-4#	摩擦角	7	1
図1-8#	運動量と力積	10	2
図1-16#	実験装置全体	14	4
図1-17#	弾丸発射装置部分	14	4
図1-18#	弾丸受け取り用振り子部分	14	4
図1-19#	振り子の移動距離測定部分	14	4
図1-22#	実験装置全体：モンキーハンティング	16	6
図1-23#	弾丸（鉄球）発射装置〈銃〉	16	6
図1-25#	銃口部分の拡大（その1）	16	7
図1-26#	銃口部分の拡大（その2）	16	7
図1-27#	鉄球（リル）保持の電磁石	17	7
図1-28#	照準を合わせるための標線	17	7
図1-34#	回転する2つのおもり	19	8
図1-37#	実験装置：フーコーの振り子	20	9
図1-40#	遠心分離機	22	11
図1-43#	慣性モーメント実験器	24	11
図1-49#	実験装置全休図：回転軸の位置を変化させたときの棒の振動周期	28	12
図1-52#	実験装置：Katerの可逆振子	29	14

付録

図番号	内容	本文のページ	CD 部ページ
図 1-57#	地球ゴマ	32	16
図 1-58#	コマが 90° 傾いても落ちない	32	16
図 1-59#	ジャイロスコープ	32	17
図 1-70#	浮沈子	40	19
図 1-71#	浮沈子 写真	40	19
図 1-72#	表面張力	40	19
図 1-73#	石鹸膜	41	20
図 1-74#		41	20
図 1-75#		41	20
図 1-76#		41	20
図 1-77#		41	20
図 1-78#		42	21
図 1-79#		42	21
図 1-80#	毛細管現象	42	21
図 1-81#		42	21
図 1-88#	揚力計	47	22
図 1-91#		48	23
図 1-92#		48	23
図 1-93#		48	23

第 2 章　熱現象

図番号	内容	本文のページ	CD 部ページ
図 2-2#	銅－コンスタンタン　熱電対	59	24
図 2-6#	バイメタル説明器	61	25
図 2-7#	点灯管	61	25

D. デモンストレーションカラー版目次

図 2-8#	ラパート滴（オランダの涙）	62	26
図 2-9#	ラパート滴の干渉縞	62	26
図 2-10#	粉々になったラパート滴	62	26
図 2-18#	水の密度〈水の温度特性〉	72	27
図 2-19#	水飲み鳥	73	28
図 2-20#		73	28
図 2-21#	霧の発生実験	74	29
図 2-23#	水の対流	75	29
図 2-24#	電気抵抗の変化	78	30

第3章 波動

図番号	内容	本文のページ	CD部ページ
図3-9#	周波数計	87	31
図3-10#	共振り振子	88	31
図3-11#	二つの振子	89	32
図3-13#	ウィルバーフォース振子	90	33
図3-14#	2原子分子の振動モード	91	34
図3-15#	3原子分子の振動モード	92	35
図3-16#	つるまきばね	92	36
図3-18#	定常波	93	37

付録

図 3-19#	疎密波	94	37
図 3-20#	縦波の実験	94	38
図 3-21#	縦波発生用装置	95	38
図 3-22#	水面波発生装置（全体）	96	39
図 3-23#	撮影用光源	96	39
図 3-24#	水面波発生装置：概略説明図	96	40
図 3-25#	パルスモータ	96	40
図 3-26#	パルスモータ（拡大）	96	40
図 3-27#	様々な波形を発生させるための道具	97	41
図 3-28#	台形のガラス（波の屈折）	97	41
図 3-29#	凸レンズ形のガラス板	97	41
図 3-30#	平面波	98	41
図 3-31#	球面波	98	41
図 3-32#	2つの波源（球面波）からの干渉	98	42
図 3-33#	定常波	99	42
図 3-34#	平面波の反射	99	43
図 3-35#	平面波の屈折	100	44
図 3-36#	波の回折 1	100	45
図 3-37#	波の回折 2	101	45
図 3-38#	レンズ効果	101	46
図 3-39#	音の定常波	102	47
図 3-42#	クントの実験	103	49
図 3-43#	うなり	105	50
図 3-44#	音叉	105	50

D. デモンストレーションカラー版目次

第4章　光

図番号　内容	本文のページ	CD 部ページ
図 4-2#　加熱による赤外線の放射	117	51
図 4-3#　放電管（真空放電）	118	52
図 4-4#　加法混色	118	52
図 4-5#　実験装置概観（ミノルタ Mini35）	119	53
図 4-6#　光源フィルター部分詳細	119	53
図 4-7#　減法混色	119	53
図 4-8#　カラー TV の原理	121	55
図 4-9#　色ガラスフィルター　干渉フィルター 　　　　　フィルターの構成	122	56
図 4-10#　フィルターによる波長の選択	123	57
図 4-11#　コーナーキューブ	123	57
図 4-12#　コーナーキューブの模型	124	58
図 4-13#　装置全体図	124	58
図 4-14#　反射光の位置	124	58
図 4-15#　応用例：テイルランプ	124	58
図 4-16#　マジックミラー	124	58
図 4-17#　マジックミラー内部（底とふた）	125	59

247

付録

図 4-18#	底に置いた物体	125	59
図 4-19#	凹面鏡のふたの穴の上に浮いているように見える	125	59
図 4-20#	つかめない（実物はない）	125	59
図 4-23#	光学用水槽	126	59
図 4-25#	光学用水槽を用いて観察した空気と水の界面における光の屈折と反射	127	60
図 4-27#	臨界角を利用した屈折率測定	129	61
図 4-28#	糖度計	129	61
図 4-29#	液体の糖度の違いによる糖度計の見え方	129	61
図 4-31#	プリズムによる光の分散	130	62
図 4-32#	水滴内部で反射される光線	130	62
図 4-33#	主虹と副虹の原理	131	62
図 4-34#	色消しプリズム	131	63
図 4-36#	シュリーレン実験で使用する凹面鏡	132	64
図 4-38#	光学用実験板（旧－島津製）	133	65
図 4-39#	球面鏡を用いた球面収差	133	65
図 4-40#	光源とレンズの配置	134	66
図 4-41#	2枚の屈折率の異なる材質のレンズの組み合わせによる色消しレンズ	134	66
図 4-42#	色消しレンズの原理	135	67
図 4-43#	凸レンズと矢印型ホール	135	67
図 4-44#	凸レンズによる結像位置の作図	136	68
図 4-45#	凸レンズによる虚像位置の作図	136	68

D. デモンストレーションカラー版目次

図 4-47#	虫めがねの拡大能	137	69
図 4-51#	複数枚のガラスによる反射光と透過光	140	69
図 4-52#	方解石による二重像	140	70
図 4-55#	複屈折の実験	141	71
図 4-56#	偏光プリズムの実験装置と偏光プリズムの種類	142	72
図 4-59#	地球大気による散乱	143	73
図 4-60#	レイリー散乱の波長依存性	143	73
図 4-61#	ホイヘンスの原理	144	74
図 4-62#	V字スリットによる干渉実験	145	74
図 4-64#	V字スリットによる干渉縞の実際の見え方	146	76
図 4-65#	ロイドの鏡による2光束の干渉実験	147	76
図 4-66#	楔形の空気層による等厚干渉縞の観察	147	77
図 4-67#	横から見たニュートン環のレンズ	148	77
図 4-70#	ファブリ・ペローの干渉計による干渉縞の観察	150	79
図 4-71#	マイクルソン干渉計の原理	150	80
図 4-81#	エネルギーメータ	155	81

249

付録

第 5 章　電気と磁気

図番号　内容	本文のページ	CD 部ページ
図 5-1#　箔検電器	164	82
図 5-3#　水の帯電	165	83
図 5-8#　静電誘導実験	166	83
図 5-10#　電気盆	167	84
図 5-13#	168	85
図 5-18#　誘導起電機	171	85
図 5-19#　Van de Graaff：静電高圧発生機	171	86
図 5-22#　先の尖った金属板	173	87
図 5-23#　電気反動車	173	87
図 5-24#　コットレルの集塵装置	174	87
図 5-25#　電気毛管現象	174	88
図 5-27#	175	88
図 5-30#　コンデンサの実験	177	89
図 5-31#　色々なコンデンサ	178	90
図 5-32#　圧電効果	178	90
図 5-33#　圧電結晶	178	90
図 5-34#　左は点火装置　右は電気石	178	91

図 5-35#	マイク端子	179	91
図 5-36#	クリスタルマイク	179	91
図 5-37#	クリスタルイヤホン	179	91
図 5-38#	コンデンサマイク 逆圧電効果	179	92
図 5-39#	水とベンゼン	180	92
図 5-40#	超音波洗浄器にかけたとき	180	92
図 5-41#	抵抗体の例	181	93
図 5-42#		182	93
図 5-43#	サーミスタ	182	94
図 5-44#	実験装置 タングステンをうちわで扇ぐ	182	94
図 5-45#	電球のフィラメント	183	94
図 5-46#	実験装置 鉄コイルを熱する	183	95
図 5-47#	マイスナー効果	183	95
図 5-49#	ストレインゲージ	184	96
図 5-51#	食塩水中のイオン伝導	184	97
図 5-52#	ガラスの伝導	185	97
図 5-56#	電流の流れている 2 本の導線間に働く力	187	98
図 5-58#	永久磁石の作る磁場	188	99
図 5-60#	地磁気の伏角の測定	189	99
図 5-61#	方位角の測定	189	99
図 5-64#	ヒステリシスループの実験	190	100
図 5-65#	キュリー温度	190	101

付録

図 5-66#	熱消磁	191	101
図 5-67#	磁歪	191	102
図 5-68#	実験装置全体図　磁気ひずみ	192	102
図 5-69#	ミラー部分	192	102
図 5-71#	附磁用電磁石	192	102
図 5-72#	液体酸素の作り方	192	103
図 5-74#	ビスマス	193	103
図 5-75#	ガラス片	193	103
図 5-78#	ガルバノメーター	194	104
図 5-82#		196	105
図 5-83#		196	105
図 5-84#	1巻きコイル	196	105
図 5-85#	蛍光灯点灯の原理	197	106
図 5-86#	点灯管	198	107
図 5-87#	Waltenhofen の振子	198	107
図 5-90#	渦電流実験器	199	108
図 5-91#	渦電流なし	199	108
図 5-93#	ネオンランプを点灯して明るさを比較	200	109
図 5-96#	釘の溶接	202	109
図 5-97#	トムソンリング	202	110

図 5-99#	磁場中の金属棒の運動	203	110
図 5-100#	ローレンツ力の応用 スピーカー	204	110
図 5-101#	磁場中の電解液の運動	205	111
図 5-102#		205	111
図 5-103#	ホール効果	205	111
図 5-104#	ホール素子	206	112
図 5-105#	陰極線	206	112
図 5-106#	陰極線	206	113
図 5-108#	コイルと鉄心	207	113
図 5-111#	コンデンサ	208	115
図 5-114#	コンデンサとコイルを含む回路	210	116
図 5-116#	LCR 直列共振回路の実験装置	210	116
図 5-118#	半波整流	212	118
図 5-120#	整流回路	213	118
図 5-121#	ラジオ波の振幅変調	214	119
図 5-122#	X の波形	214	120
図 5-123#	電磁波（Hertz 波）の実験	216	120
図 5-124#		216	121
図 5-125#		216	121

253

索　引

あ 行

圧縮空気	84,85
圧電気	178
圧電結晶	178
圧電効果	178
Abbeの屈折計	129
圧力	38
アボガドロ数	65
アルコール温度計	57
アンペールの法則	186,214,215
E光線	140,141,142
イオン伝導	184
位相	83,86,87,88,89,95,97,144,145,147,149,152,154,155,207,209,210,211,212
位相速度	95,104
位置エネルギー	9,10,45,84
異常光線	140
1次コイル	194,202
色	116
色ガラスフィルター	119,121,122,123
色消しプリズム	131
色消しレンズ	134,135
色収差	131,134
色の混合	119
陰極線の性質	206
インピーダンス	207,210
ウイムスハーストの誘導起電機	171
ウイルソンの霧箱	74
ウイルバーフォース(Wilberforce)振子	89,90
ウエーバー	201
ウォーラストンプリズム	142,143
渦電流	198,199
渦電流実験器	199
薄膜	122
うなり	104,105
運動エネルギー	9,10,22,45,57,65,66,72,84
運動の第1法則	5
運動の第2法則	5
運動の第3法則	5
運動方程式	5,10,17,25,26,84,85,89
運動摩擦力	7
運動量	10
運動量保存の法則	8,10,11,13
エアリー像	151,152
永久磁石	187,188
エーテル	73,131,132,133
液体温度計	60,61
液体酸素	192,193
液体窒素	78,180,184,193
エタロン	149,150
エチルアルコール	77
X線	116
X線回折	152
エネルギー	9
エネルギー等分配則	65
エネルギー保存	8,13
LCR直列共振回路	209,211
円運動	18,22,34,83
遠心分離機	21
遠心力	18,19,20,22
エントロピー	66,67,69,70
エントロピー増大則	70,71
オイルコンデンサ	178
往復運動	25,83,87
凹面鏡	124,125,126,132
凹面鏡の非点収差	125,126
応力	35
O光線	140,141,142
オームの法則	181,208
オランダの涙	62
音叉	84,85,104,105
温度計	57
温度勾配	75
温度放射	117
音波	94,102,104,180

か 行

開口端	102,103

255

回折	95,97,100,101,144, 151,152,153	加速度運動	17,18	輝線スペクトル	154
		加速度系	18,21	気体分子運動論	64,66
回折格子	122,123	可塑性	34	基底状態	154
ガイスラー管	117,173	荷電粒子	202,205,206	希薄溶液	77
回転運動	18,23,31	加法混色	118	基本振動	93,102
回転儀	32	カラーTVの原理	120,121	逆圧電効果	179
回転系	20	ガラスの伝導	185	逆位相	86,92
回転数	83	カルノー・サイクル	66,67, 68,69,70	逆起電力	62,197,207
回転体	32			キャッツアイ	124
回転ミラー	115	カルノーの定理	69	吸収能	76
開放端	102	ガルバノメータ	194,195	吸収率	76,77
界面での光の屈折と反射 126		過冷却	74,75	求心力	18
		寒剤	77	急速圧縮	66
ガウスの法則	169,170	干渉	97,144,145,147,148, 149,150,151,152,155	急速膨張	66
ガウスメーター	206			球面鏡	133
可逆振子	29	干渉可能な光	144	球面収差の観察	133
角運動量	23,24,31,33,34	干渉縞の間隔	146	球面波	97,98,144
角運動量の保存則	24,30	干渉フィルター	119,121, 122,123	キュリー温度	190,191
角運動量ベクトル	23			キュリーの法則	188,193
角加速度	23,24	干渉フィルターの製法	122	キュリー・ワイスの法則	191
拡散	75	慣性	5,32	凝結核	74
拡散係数	76	慣性系	18,20	凝固点	57,74
拡散方程式	76	慣性モーメント	22,23,26, 27,30,31,38,89,90	強磁性体	188,189,190,191, 192
角周波数	83				
角振動数	25,83,85,89,93	慣性モーメント実験器	23,24	共振	85,86,90
角速度	18,19,21,22,23,30, 32,33,34,83	慣性力	18,20	共振周波数	210
		完全弾性衝突	11,64	強制振動	85,88,90,91
角速度ベクトル	20,21,23, 33,34	完全弾性体	34	共鳴	86,89,90,91,102,103, 104
		完全流体	43		
拡大能	137	ガンマ（気体のγ）	65	共鳴音叉	104
過減衰	84	γ線	116	共鳴曲線	86
重ね合わせの原理	169	幾何光学	123	共鳴振動数	86,102,103
可視光線	116,143	気化熱	72	共融点	77
加速度	5,8,9,10	規準振動モード	90	虚像	136,137,147

霧	74	原子スペクトル	153	固有振動数	87,88,90,91
キルヒホフの法則	76	原子のエネルギーレベル	153,154	コリオリの力	20,21
キルヒホッフの回折理論	151	減衰振動	84	ころがり摩擦	7
偶力	37	懸垂点	26,27,28,29	コロナ放電	171,172,174
クーロンの法則	168,214	検波回路	213	コンデンサ	165,175,177,178,190,208,209,210,211,212,213,215
楔形の空気層による干渉縞	147	検波器	216,217		
屈折	95,97,99,100,101,126,127,130,132,133,151	顕微鏡	137	コンデンサマイク	179, 180
		減法混色	119		
屈折計	128	弦を伝わる横波	92	さ 行	
屈折率	122,126,127,129,130,131,132,133,134,140	光学てこ	63,64	サーミスター温度計	58
		光学用実験板	133,139	歳差運動	31,32,33,34
屈折率の測定	127,128,129	光学用水槽	126,127	最小表面積	40
クラウジウスの関係式	67,69	光源	116,135	最小偏角	129,130
クラウジウスの原理	68	高周波チョーク	213	最大透磁率	189
クリスタルイヤホン	179	向心力	34	最大摩擦力	7
クリスタルマイク	179,180	剛性率	35,36,37,38,89	酢酸の過冷却	74,75
グロー球	197,198	光速度不変	150	さざ波発生器	95
グロー放電	61,198	光速の測定	115	座標系	17
群速度	95	剛体	26	作用反作用	5
クント (Kundt) の実験	103	剛体の回転と振動	89	3原子分子	91
群波	95	後退波	93	3原色	118,119
傾角	188	高電圧による放射	117	3重点	72
蛍光	118,120	交流回路	207	3倍振動	93
蛍光灯点灯の原理	197	交流抵抗	211	散乱による偏光	143
蛍光灯のスタータ	61	抗力	7,34	残留磁化	189
蛍光面	120	コーナーキューブ	123,124	CdS	185
ケーター (Kater) の可逆振子	29,30	氷の融解熱	72	紫外線	116,142,143
		黒体輻射	58,76	磁化曲線	188,189
ケミカルコンデンサ	178	コットレルの集塵装置	174	視角倍率	138
ケルビン	57	固定端	93,94	磁化率	188,101,103
弦	92	琥珀力	163	磁気ひずみ	191
検光子	141	コヒーレント光	144	磁気モーメント	190,192
		こまの運動	31,33	磁気履歴曲線	188

257

磁区		188
自己インダクタンス		
	200,207,208,209,210,212	
仕事	8,40,45,64,65,85,86,	
	170	
自己誘導		199,201,202
自己誘導係数		200
指針温度計		61
磁性体		186,188
自然光		140
磁束	194,195,196,198,199,	
	200,201,203	
磁束密度	186,188,190,196,	
	197,200,202,203,204	
実効値		208
実在気体		71
実像		136,151,153
実体振子		26,27,31
質点		22
自動点灯装置		185
磁場	186,187,188,189,191,	
	192,195,197,202,205,206,	
	207,214,215	
磁場中の電解液の運動		204
ジャイロスコープ		32
シャドーマスク		120,121
斜面		7,12
周期	19,25,26,29,30,38,83,	
	89,93,104,210	
周期運動		83
重心		19,26,28,29,33
自由端		93
周波数	83,87,97,102,104,	
	116,180,210,211,212,213	

周波数計		87
周波数変調 (FM)		213
重力加速度		9,26,29
ジュール		8
ジュール熱		185,198,202
主虹		130,131
シュリーレン法		131,132
準安定準位		154
準安定状態		74
昇華曲線		72
蒸気圧曲線		71,72
蒸気圧降下		77
常光線		140
消磁		190,191
常磁性体		188,191,192,193
状態方程式		64
蒸着		122
焦点	101,124,128,134,135,	
	137,138,149	
焦電気		180
衝突		8,11,12,64
焦平面		138
蒸発熱		72,73
初期位相		83
初期磁化曲線		189
初期透磁率		189
磁力線		183,184,187,196
磁歪		191
真空蒸着金属膜		122
真空蒸着透明膜		122
真空の誘電率	168,174,175,	
	176	
真空放電		117,118,173
シンクロスコープ		206

進行波		93
伸縮振動		89,90,91,92
親水性物質		43
人体の帯電		165
振動子		143
振動数	83,91,92,97,101,	
	102,104,105,106,107	
振動面		20,21
振幅	26,30,83,86,87,89,90,	
	93,102,140,144,145	
振幅変調 (AM)		213
振幅変調波		104,105,214
水圧		39
水銀温度計		57
水晶		122,143,163,178
水波投影装置		95,96
ストレインゲージ		184
Snell の法則		127,128
スペクトルの選択		121
すべり摩擦		7,34
スライダック	182,183,184,	
	185,190,196,208,209,210	
スリットによる回折		152
スリット幅		100
ズリひずみ		36
ずれ（ずり）		36
ずれ応力		37
静止摩擦力		7
静水圧		38,39
正電荷		163,169
静電気		163
静電序列		163
静電誘導		166,171
制動力		198

静力学	38	素元波	144,151	短波	116
整流	212,213	疎水性物質	43	単振り子	25
ゼーベック効果	59	塑性	34	力のモーメント	22,23,33,37
赤外線	116,117	疎密波	94,95,102	地磁気	188
絶縁体	166,167,181			チタン酸バリウム	178,180
接眼レンズ	137,138	た 行		中間物質の法則	60
石けん膜	40,41,42	体積弾性率	35,38	中波	116
絶対温度	57,64	帯電	163,164,165,166,167,	超音波洗浄器	180
セラミック	183,184		171,174	超短波	116
セラミックコンデンサ	178	帯電列	163	超伝導	183
尖端放電	172	第2種の永久機関の否定	67	長波	116
潜熱	72	対物レンズ	137,138	調和振動	25,83,85,102,103
全波整流	213	体膨張率	60,61	チョークコイル	62,197,
全反射	127,128,141	太陽光	116,117,130		198,211
線膨張率	60,63	対流	74	直線偏光	139,140,144,217
線膨張率測定装置	63	Townes	154	つるまきばね	92
像	126,132,134,135,136,	多原子分子	90,91	定圧熱容量	65
	137,138,141	タコマナロウズ橋	87	低温	78
造球波	96,97,98	縦波	92,94,95,102,104,217	抵抗温度計	57
相互インダクタンス	201	縦波の実験	94	抵抗の温度係数	182,183
相互誘導	199,200,201,202	弾丸発射装置	14,16	抵抗率	181
相互誘導係数	201	タングステン	182	定常	43
走査線	121,122	単色光	116,119,120,145,	定常波	94,95,97,98,99,102,
送信器	216,217		149,154,155		103
相図	72	単振動	25,26,37,83,84,198	定常波の生成	93
相対性理論	150	弾性エネルギー	9	定積熱容量	65
相当単振り子	26,27,28,29,	弾性体	34	テイルランプ	124
	30	弾性余効	35	鉄コイル	183
増幅回路	213	弾性率	35	鉄粉	187
相変化	72,74	弾性力	9,66	テレビジョン	206
層流	44,47	断熱圧縮	65,66,74	電位	167,169,170,171,172,
速度交換	11	断熱自由膨張	68		173,174
速度独立	14	断熱伸長	66	電解コンデンサ	178
速度ベクトル	20,23	断熱膨張	65,66,67,74	電荷の面密度	177

259

電気石	178,180	等温膨張	65,66,67,68,69	入射角	126,128,129,133,139
電気感受率	177	透過光	121,122,129,130,139,140,148,149	入射波	93
電気双極子	143			ニュートン	5,8,168
電気抵抗の変化	78,181	等加速度運動	9	ニュートン環	148,149
電気反動車	173	等傾角干渉	149,150	ニュートンの運動の法則	5
電気ひずみ	178	透磁率	188,189		
電気盆	167,171	等速円運動	18,83	ネオンランプ	200,202
電気毛管現象	174	等速度運動	5,7	ねじり係数	37,89
電気溶接器	202	導体	166,173,175,181	ねじり振子	36,37,89
電気容量	175,176,177,178,208,209	同調回路	213	ねじり能率	89
		等電位面	170	ねじりモーメント	37
電気力管	170	糖度計	129	熱	64,74,180
電気力線	169,170,175	ドップラー効果	105	熱機関	66,69
電磁波	116,143,214,215,216	凸レンズ	97,101,134,135,136,137,138,148,149	熱起電力	59,60
				熱吸収	77
電磁波の分類	116	トムソン	206	熱効率	67,69,70
電磁波の放射	76	トムソンの原理	67,68,69	熱消磁	191
電子ビーム	120,121	トムソンリング	202	熱電対	58,59,60
電磁誘導	194,215	共振り振子	88	熱電対温度計	57,58
電束密度	176,177	ドライアイス	77	熱伝導方程式	76
伝導	74	トラス	87	熱伝導率	75,76
点灯管	61,62,198	トリマーコンデンサ	178	熱電能	59
伝導電子	59	トルク	22,23,31,32,33,34	熱の移動	74
点灯の原理	197			熱の伝導	75
電場	143,169,170,172,174,175,176,204,206,207,214,215,217	な 行		熱の輸送現象	75
		内部エネルギー	64,65,66,67,68	熱輻射	77
				熱輻射エネルギー	76
電波	116	波の回折	97,100,101	熱放射	117
伝播	92,93,94,95,97,104	波の屈折	97,99	熱膨張	60
電流と電気抵抗	181	2原子分子	91	熱膨張率	61
電流の位相	209,211,212	2光束の干渉	144,147	熱膨張率測定装置	63
電流の作る磁場	186,214	ニコルプリズム	141,142	熱容量	76
等厚干渉	147	虹の原理	130	熱力学の第0法則	57
等温圧縮	65,66,71	2倍振動	93	熱力学の第1法則	64,65

熱力学の第2法則 66,67,68, 69,74	126,127,131,147,148,149, 150,151,216,217	ファラデーの電磁誘導 の法則　194,203,214
眠りごま　34	反射による光の偏り　139	ファンデグラーフ
粘性　43,47	搬送波　104,214	静電高圧発生器　171,172, 173,174,175
濃度勾配　75	反転分布　154	ファン・デル・ワールス
伸びの弾性率　35	半導体　181,205	の状態方程式　71
	半波整流　212	V字スリット　145,146,152
は 行	反発係数　11	フィルター　119,121,122, 123,145,213
ハーゲン-ポアズイユの法則　47	ビームスプリッター　150	
ハーフミラー　148	光高温計　58	フイルムコンデンサ　178
媒質　126,127,144	光通信　154	フーコー (Foucault)　115
バイメタル　61,62,198	光伝導効果　185	フーコーの振り子　20,21
バイメタル説明器　61	光の回折　144,151	風洞　48,88
箔検電器　163,164	光の屈折　129,131,133	フーリエ変換　151
白色光　116,117,119,120	光の混合　118	不可逆過程　68,69,70
波数　93	光の反射　123	不均一磁場　188
パスカルの原理　39	光の分散　130	複屈折　139,140,141
波長　76,77,93,97,100,102, 103,104,105,106,116,119, 121,122,123,130,143,145, 147,150,151,155	光ろ過　152	複屈折の観察　141
	非慣性系　18	輻射　74,76
	比重　6	輻射能　76,77
	ヒステリシスループ　188, 189,190	復調　214
波長と色　116		副虹　131
白金抵抗温度計　58	ビスマス　193,194	不減衰振動　84
波動　37,95,114	歪み　35	附磁用電磁石　192
波動光学　139	歪み計　184	2つの小穴による回折　152
波動説　115	非点収差　125,126,130	浮沈子　39,40
跳ね返り係数　11	1つの小穴による回折　151	伏角　188,189
波面　95,97,99,100,101,144	火花放電　117,172,215	フックの法則　35
バリコン　178	比誘電率　176,177	物体　135,136,137,138
バルスモータ　95,96	標準温度計　57	沸点上昇　77
反作用　5	表面張力　40,42,43,174	負電荷　163,169
反磁性体　188,193,194	表面電荷密度　175	部分偏光　139,140
反射　95,97,98,99,123,124,	屏風　42	ブラウン運動　75,76
	ファブリ・ペロー　149,150	

ブラウン管 120,121,206	ヘルツ（Hertz） 215	ポンピング 154
フラウンホーファー回折 137,145,151	ベルヌーイの定理 44,45,46	**ま 行**
フラッシュオーバー 172	偏角 129,188	マイカーコンデンサ 178
フランクリン 163	偏光 139	マイクロ波 116,216,217
ぶらんこ 30	偏光角 139	マイケルソン干渉計 150
振り子 12,21	偏光子 141	マイスナー効果 183,184
振り子の等時性 26	偏光板 62,139,140,144	Maiman 154
プリズム 129	偏光プリズム 141,142,143	摩擦 7,34,84,87,163,165, 166,167,171
プリズムの最小偏角 129,130	ヘンリー 200,201	摩擦角 7
	ポアソン比 36	摩擦係数 7
プリズムの分散 131	ポアソンの関係式 65	摩擦電気 163,164,166
プリズム分光器 130	ホイヘンス (Huygens) の原理 95,99,144,151	マジックミラー 124,125
プリュッカー管 117		マックスウェル 214,215
浮力 6	ホイヘンス・フレネルの原理 151	マックスウェル-アンペール の式 215
ブルースター角 139		
フレネル回折 151	ボイル・シャルルの法則 64,71	マックスウェルの規則 71
ふれの角 129		右ネジの法則 203
フレミングの左手の法則 187,204,206	方位角 188,189	水の温度特性 72
	方位針 186,188	水の気化熱 72
フレミングの右手の法則 203	望遠鏡 138	水の帯電 165
	方解石 140,141	水の対流 75
分極 166,176,178,180	放射温度計 117	水の密度 72
分子間に働く引力 40,71	放電管 117,118,153,173	水のみ鳥 73
噴霧帯電 165	放物運動 12	虫めがね 137
平行軸の定理 27	放物面鏡 124	毛管現象 40
平行平面板コンデンサ 175,176,177	飽和磁束密度 189	毛細管現象 42
	ホール効果 205,206	モンキーハンティング 14
平面波 95,97,98,99,100, 101,155	ホール素子 205,206	
	補色 120	**や 行**
ペーパーコンデンサ 178	保磁力 189	ヤングの実験 145,147,152
ベッセル関数 152	ホモジナイザー 180	ヤング率 35,104
He-Ne レーザー 151,154, 155,192	ボルツマン定数 65	融解曲線 72
	ホログラフィー 154,155	
	ホログラム 155	

融解熱	72,77	ランダムウォーク	76	レーザーの特徴	154,155
誘電現象	175	乱流	47,48	レーザー発振の原理	154
融点降下	77	リアクタンス	208,211	レーザーメス	154
誘電体	166,167,176,177,178	力学的エネルギー	9,10,11,12	レナード効果	165
誘電分極	166,173,176	力積	10,64	連結振動	88,89
誘電率	168,176,177	理想気体	64,65,66,68,69,71	レンズ	133,134,135,137,145
誘導起電力	194,197,198,199,200,203,207	流管	43,170	レンズ作用	97,101
誘導吸収	154	硫酸銅水溶液	204,205	レンズによる結像	135,136
誘導電流	194	流線	43,44,46,84	レンズの色収差と補正	134
誘導放出	154	流速	44,75	レンズの球面収差	133
誘導リアクタンス	208	流体	38,43,170	レンズの後側焦平面	137,145,151,153
夕日のモデル	143	流量	44	連成振動	88
ユニットセル	152	量子光学	153,154	連続の原理	44,45
溶解熱	77	両端開口端	102	レンツの法則	194,199
容量リアクタンス	209	臨界角	126,127,128,129	ロイドの鏡	147
揚力	46,47	臨界減衰	84	ローレンツ力	202,203,204
横波	92,217	臨界点	71,72	ロッシェル塩	178
		燐光	118	ロッションプリズム	142,143
ら 行		ルビーレーザー	154		
ライデン瓶	171	レイリー (Rayleigh) 散乱	143	**わ 行**	
ラウールの法則	77	レイリー散乱の実験	143	Waltenhofen の振子	198
ラジオ受信機	213	レーザー光	123,154		
ラジオ波	116	レーザー光の広がり	155		
フバート滴	62				

物理学の基本定数

名称	記号	主値	乗数と単位（MKSA）
真空中の光速度	$c =$	2.99792458	$\times 10^8$ m·s^{-1}
電子の質量	$m_e =$	9.1093826	$\times 10^{-31}$ kg
陽子の質量	$M_p =$	1.67262171	$\times 10^{-27}$ kg
中性子の質量	$M_n =$	1.67492728	$\times 10^{-27}$ kg
原子量の1単位	$u =$	1.66053886	$\times 10^{-27}$ kg
素電荷	$e =$	1.60217653	$\times 10^{-19}$ C
プランク定数	$h =$	6.6260693	$\times 10^{-34}$ J·s
	$\hbar = h/2\pi =$	1.05457168	$\times 10^{-34}$ J·s
リュドベルグ定数	$R_\infty =$	1.0973731568	$\times 10^7$ m^{-1}
ボーア半径	$a =$	0.5291772108	$\times 10^{-10}$ m
ボーア磁子	$\mu_B =$	9.27400949	$\times 10^{-24}$ J·T^{-1}
核磁子	$\mu_N =$	5.05078343	$\times 10^{-27}$ J·T^{-1}
陽子の磁気能率	$\mu_p =$	1.41060671	$\times 10^{-27}$ J·T^{-1}
ボルツマン定数	$k =$	1.3806505	$\times 10^{-23}$ J·K^{-1}
モル気体定数	$R =$	8.314472	J·mol^{-1}·K^{-1}
アボガドロ数	$N =$	6.0221415	$\times 10^{23}$
熱の仕事当量	$J_{15} =$	4.1855	J·cal$_{15}^{-1}$
万有引力定数	$G =$	6.6742	$\times 10^{-11}$·m^3·kg^{-1}·s^{-2}
標準重力加速度	$g =$	9.80665	m·s^{-2}
真空の誘電率	$\varepsilon_0 =$	0.8854187817	F·m^{-1}
真空の透磁率	$\mu_0 = 4\pi/10^7$	1.2566370614	$\times 10^{-6}$ N·A^{-2}

Rev. Mod. Phys. **77** 1–107(2005)　より引用

著者紹介

河盛阿佐子（かわもり・あさこ）
　　大阪大学理学部　化学科　1957 年卒
　　大阪大学　理学博士　1962 年
　　関西学院大学理学部　教授　1972 年
　　現在　関西学院大学理工学部*　名誉教授
　　［専門］生物物理学

渡辺泰堂（わたなべ・やすたか）
　　大阪大学理学部　物理学科　1960 年卒
　　大阪大学　工学博士　1969 年
　　関西学院大学理学部　教授　1975 年
　　現在　関西学院大学理工学部*　名誉教授
　　［専門］応用物理学

瀬川新一（せがわ・しんいち）
　　名古屋大学理学部　物理学科　1968 年卒
　　東京大学　理学博士　1973 年
　　関西学院大学理学部　教授　1987 年
　　現在　関西学院大学理工学部*　教授
　　［専門］分子生物物理学

加藤　知（かとう・さとる）
　　名古屋大学理学部　物理学科　1979 年卒
　　名古屋大学　理学博士　1985 年
　　関西学院大学理学部　教授 1998 年
　　現在　関西学院大学理工学部*　教授
　　［専門］生物物理学

野田康夫（のだ・やすお）
　関西学院大学理学部　物理学科　1990年卒
　関西学院大学　博士（理学）　1998年
　関西学院大学理学部　実験助手　1994年
　現在　関西学院大学理工学部*　教育技術主事
　[専門] 分子生物物理学

東やすよ（あずま・やすよ）[現姓　石口（いしぐち）]
　関西学院大学理学部　化学科　1995年卒
　関西学院大学理学部　実験実習指導補佐　1996年
　関西学院大学理工学部*　契約助手　2002年-2004年

山地健次（やまじ・けんじ）
　北海道大学理学部　物理学科　1951年卒
　北海道大学　理学博士　1961年
　関西学院大学理学部　教授　1969年
　現在　関西学院大学理学部　名誉教授
　[専門] 応用物理学

*関西学院大学理学部は2002年改組により理工学部に名称変更した。

デモンストレーション物理学

2007年10月30日　初版第一刷発行

編著者　河盛阿佐子

発行者　山本　栄
発行所　関西学院大学出版会
所在地　〒662-0891　兵庫県西宮市上ケ原一番町1-155
電話　0798-53-7002

印刷　大和出版印刷株式会社

©2007 Asako Kawamori
Printed in Japan by Kwansei Gakuin University Press.
ISBN 978-4-86283-001-2
乱丁・落丁本はお取り替えいたします。
本書の全部または一部を無断で複写・複製することを禁じます。
http://www.kwansei.ac.jp/press